Fons Trompenaars / Peter Woolliams
Business weltweit

Fons Trompenaars • Peter Woolliams

BUSINESS
WELTWEIT

DER WEG ZUM
INTERKULTURELLEN
MANAGEMENT

Aus dem Amerikanischen von
Wolfgang Rhiel

MURMANN

MURMANN BUSINESS & MANAGEMENT

Die Deutsche Bibliothek – CIP Einheitsaufnahme
Ein Titelsatz für diese Publikation
ist bei der Deutschen Bibliothek erhältlich
ISBN 3-938017-05-8

1. Auflage September 2004

Die Originalausgabe erschien unter dem Titel »Business Across Cultures«
bei Capstone Publishing Ltd. (A Wiley Company)
Copyright © 2003 by Fons Trompenaars and Peter Woolliams
Copyright der deutschen Ausgabe
© 2004 by Murmann Verlag GmbH, Hamburg.
Lektorat: Wolfgang Gartmann, München.
Umschlaggestaltung: Rothfos & Gabler, Hamburg.
Umschlagabbildung: CSA Plastock/Photonica.
Herstellung und Gestaltung: Eberhard Delius, Berlin.
Satz: Gaby Michel, Hamburg.
Gesetzt aus der Minion und Triplex
Druck und Bindung: Kösel GmbH, Krugzell.
Printed in Germany

Besuchen Sie uns im Internet:
www. murmann.de

Inhalt

Einführung

Da die Wirtschaft immer globaler und die Arbeit immer heterogener wird, bekommt auch der Stellenwert der »Kultur« für die Manager und ihre Unternehmen eine immer größere Bedeutung. Natürlich haben schon viele Forscher und Autoren über die Kultur geschrieben. Es wurden Modelle und Systeme entwickelt und beschrieben, von frühen anthropologischen Studien bis zu Untersuchungen über nationale und unternehmerische Kultur. Die meisten Arbeiten haben sich allerdings auf das Wissen *von* Kulturen konzentriert. Dieses Buch beschäftigt sich dagegen mit dem Wissen *für* Kulturen und liefert einen neuen begrifflichen Rahmen für den Umgang mit den unternehmerischen Auswirkungen von Kultur. Wir möchten Managern und Führungskräften ein praktisches Werkzeug an die Hand geben, indem wir dabei behilflich sind, eine neue Haltung zur Arbeit mit und innerhalb der Kulturen zu entwickeln. Der Leser wird feststellen, dass sich durch dieses Buch eine ganz andere Logik zieht, die sich frei macht von traditionellen Managementtexten, in denen häufig angloamerikanische Forschung und Denken vorherrschen.

Die Leser unserer früheren Bücher und auch die Teilnehmer an Konferenzen haben uns erklärt, dass sie ein gegliedertes Wissen in unternehmerischem Zusammenhang benötigen, das über das bloße Erkennen kultureller Unterschiede hinausgeht. Die früheren Arbeiten hatten den Vorzug, dass sie den Managern halfen, die eigenen Erfahrungen zu strukturieren und zu begreifen, dass sie die Welt nicht so sehen, wie sie ist, sondern aus der Warte dessen, wer sie sind. Immer häufiger verlangten sie nach einem allgemein verbindlichen System, das zu mehr interkultureller Kompetenz verhilft und sie in die Lage versetzt, sich wirtschaftlich und unternehmerisch erfolgreicher in den verschiedenen Kulturen zu betätigen.

Das in diesem Buch vorgestellte neue Denken und Wissen ist aus einem synergetischen Mix verschiedener Quellen hervorgegangen. Zunächst ist da die eigene konsequente Forschung zu nennen, grundlegende, angewandte und strategische Untersuchungen unseres Teams und anderer Netze, bei denen auch Geisteswissenschaftler mitgewirkt haben. Dann die eigene multikulturelle Beratungspraxis von Trompenaars Hampden-Turner, die weltweit vielfältig vermittelnd tätig ist. Wir haben sehr vom Sammeln, Analysieren und der Zusammenarbeit mit Führungspersonen bei zahlreichen echten Fällen profitiert, die ihren Ursprung im Kulturellen hatten. Nicht zuletzt prüfen und beurteilen wir die Arbeit anderer Autoren, um sie mit der eigenen zu vergleichen, wenngleich wir meinen, dass ihre Lösungen für den Umgang mit kulturellen Unterschieden nur von begrenztem Nutzen sind.

In den bisherigen Veröffentlichungen haben wir hervorgehoben, wie wichtig es ist, fundierte Modelle zu haben, um die Vielschichtigkeit der multikulturellen Welt strukturieren und erklären zu können. Mit dieser Arbeit haben wir den Managern zunächst geholfen zu erkennen, dass es kulturelle Unterschiede gibt, deren Bedeutung zu begreifen und zu verstehen, wie sie sich auf fundamentale Wirtschaftsprozesse auswirken. In *Riding the Waves of Culture* haben wir ein begriffliches Modell benutzt, das auf sieben bipolaren Dimensionen beruht, um die Vielfalt der Wertvorstellungen zu verdeutlichen. In *Seven Cultures of Capitalism* haben wir dieses System auf sieben wichtige nationale Themen angewandt, um dem Kapitalismus Profil zu geben. In *21 Leaders for the 21st Century* erkundeten wir die kulturellen Schwierigkeiten, vor denen Wirtschaftsführer in großen internationalen Unternehmen stehen.

Uns war jedoch bewusst, dass diese Werkzeuge, wie viele andere seither veröffentlichte kulturelle Modelle, Kulturen weltweit dadurch zu gestalten suchten, dass sie sie auf bipolaren Skalen erfassten. Für derartige kulturelle Profilierungsinstrumente beruht jede Dimension auf einer einachsigen Reihung. Wenn wir diese Art der Typologie oder auch jedes andere assoziative Modell in einem internationalen Zusammenhang anwenden wollen, merken wir, dass die Beschränkung auf die Extremwerte der Skalen eine Einengung bedeutet. Derartige Modelle sind grundsätzlich eingeschränkt, denn sie implizieren, dass eine Kultur, je stärker sie einem Ende einer bipolaren Dimension zustrebt, umso weniger zum anderen Ende tendieren muss. Was aber bedeutet es, wenn wir die Möglichkeit in Erwägung ziehen müssen, dass beide Extreme in einer einzigen Kultur vertreten sind?

Mehr und mehr sind wir an Grenzen gestoßen, kulturelle Unterschiede auf diese Art einzuordnen – insbesondere bei dem Versuch, Managern und Führungskräften beim Umgang mit diesen Unterschieden zu helfen. Bipolare Modelle ergeben häufig stereotype Beschreibungen, denen es nicht gelingt, viele Seiten der Kultur, die sie darzustellen suchen, zu erklären.

So kann man Bemerkungen wie diese hören:

»Offensichtlich sind die Japaner nicht kreativ! Sie sind stark kommunitaristisch orientiert und wagen sich nicht aus der Deckung heraus aus Angst, den Teamgeist zu gefährden.«

Oder diese:

»Jetzt ist mir klar, warum die Kultur in den USA so viele Anwälte hervorbringt. Sie sind so allgegenwärtig geworden, weil sie Regeln brauchen, die ihre individualistischen Beziehungen beherrschen.«

Und diese:

»Außerdem hat ihre Besonderheit damit zu tun, dass sie so mobil sind. Sie haben keine Zeit, Beziehungen aufzubauen, denen sie trauen. Deshalb treten Anwälte und deren besondere Verträge an ihre Stelle.«

Was halten Sie von folgender Aussage über die Franzosen und Italiener?

»Ist es nicht unglaublich, wie locker sie Verabredungen und Termine nehmen? Sie kommen 20 Minuten zu spät und halten es nicht einmal für nötig, sich zu entschuldigen! Sie erledigen mehrere Dinge gleichzeitig, sie entstammen einer synchronistischen Kultur, wohingegen wir Nordwesteuropäer sequenziell sind. Wir würden eher warten.«

Das war die unbeabsichtigte Folge davon, Kulturen mithilfe linearer Modelle zu erfassen. Die quantitative Unterstützung und die erschöpfende statistische Analyse verliehen ihnen den wissenschaftlichen Touch, den die Wirtschaft der 1970er- und 1980er-Jahre wünschte. Erinnern wir uns, dass das angelsächsische Unternehmensmodell damals so beherr-schend war, dass es schon als ein großer Schritt nach vorn galt, kulturelle Unterschiede und die Folgen für die Anwendung angelsächsischer Modelle aufzuzeigen.

Wie kam es dann zu dieser Denkweise, die zu erklären versuchte, warum die Franzosen nicht mit der Matrixorganisation zurande kommen oder dass die Japaner das MBO (Management by Objectives) wohl nie ernst nehmen würden? Das war schon ziemlich dürftig. So schrieb z. B. Hofstede einen Artikel nach dem anderen, um zu »beweisen«, dass Kulturen sich unterscheiden – bis zu dem Punkt, wo sein Ansatz die Entwicklung alternativer Denkmodelle behinderte und das Verständnis und die Entfaltung der angloamerikanischen Unternehmenstheorie einengte. Doch er war ein Pionier und wir sollten nicht ihm die Schuld geben. Es sind vielmehr seine Anhänger, die ihn ohne nachzudenken zitieren, denen man ein warnendes Wort zukommen lassen sollte. Zu viele gelehrte Untersuchungen und Veröffentlichungen sind diesem linearen Denkansatz gefolgt und haben nachzuweisen versucht, dass es kulturelle Unterschiede gibt und dass sie die Anwendbarkeit standardisierter Unternehmensprak-tiken beeinflussen. Wir haben festgestellt, dass seit Mitte der 1990er-Jahre eine wachsende Notwendigkeit bestand, eine alternative Logik zu entwi-ckeln und die Enge dieses veralteten Denkens zu überwinden.

Wir haben außerdem ein neues Instrumentarium entwickelt, kul-turelle Unterschiede in einem alternativen Muster zu erfassen, das die Beschränkungen der linearen bipolaren Modelle überwindet. Die neue Logik wird im Wesentlichen durch die Komplementaritätstheorie erklärt – dass kein Wert sich verändern kann, wenn ihm die Spannung zu seinem Gegenpol fehlt. Ampeln, die nur Rot und Grün zeigen, können den Kreuzungsverkehr nicht bewältigen – nur der ständige Wechsel zwischen Rot, Gelb und Grün erhält das System aufrecht. Wenn Einzelpersonen von der Gemeinschaft abgeschnitten sind, werden sie zu Egoisten. Wenn die Gemeinschaft keinen Kontakt zu den Einzelnen hat, können wir von Kommunismus sprechen. Und sowohl Egoismus als auch Kommunismus haben (für sich genommen) auf lange Sicht wahrscheinlich keinen Erfolg.

Erkennen, achten und aussöhnen

Zurück in die Schule zu unserem Dreigestirn. Das ist das Wesentliche unseres neuen Ansatzes, der auf der Notwendigkeit beruht, kulturelle Unterschiede zu erkennen, zu achten und sie auszusöhnen. Dem Leser wird die erste Anforderung, kulturelle Unterschiede zu *erkennen*, einleuchten. Das zumindest haben die früheren Modelle erreicht, womit sie den Managern helfen, nicht ethnozentrisch zu werden. Die Komplementaritätstheorie zu akzeptieren wäre ein erster nächster Schritt, bei dem es darum geht, kulturelle Unterschiede zu *achten*.

Wie unsere umfassenden Untersuchungen belegen, sind alle Werte in jedem von uns grundsätzlich angelegt, manifestieren sich jedoch in einer Reihe von Widersprüchen. Die Widersprüche an sich stehen außerhalb der Kultur, aber wie der Mensch sie angeht und löst, ist kulturell determiniert. Achtung kommt von innen. Wenn man weiß, dass man etwas »Japanartiges« in sich hat, das einem aber von der eigenen Kultur in sich leise zugeflüstert wird, beginnt die Achtung.

Fons Trompenaars schreibt:

»Ich weiß noch, dass ich in meine Freundin verliebt war (die heute meine Frau ist). Das war vor 25 Jahren, wir verbrachten ein Wochenende in London. An einem Sonntagmorgen zeigte sie mir ein Kleid, das sie am Tag zuvor gekauft hatte, und fragte mich, wie ich es fände. Sie sagte, sie habe es gekauft, um mir zu gefallen. Ich fand das Kleid schrecklich, sagte ihr jedoch, dass es mir gefalle. Kommt Ihnen das nicht bekannt vor? Wenn wir verliebt sind, wird aus einem ehrlichen ›Nein‹ ein taktvolles ›Ja‹. Wir erkennen plötzlich, dass wir etwas Japanisches haben. Aber in den Niederlanden müssen wir verliebt sein, damit eine Beziehung über eine Meinung zu einem materiellen Gegenstand obsiegt.«

Peter Wooliams ergänzt:

»Die Briten ihrerseits würden ›interessant‹ sagen, wenn sie ihren Widerwillen ausdrücken wollten.«

Es fällt sehr schwer zu erkennen, dass wir viel zu oft ethnozentrisch sind.

»Haben Sie von dem Mann gehört, der an einem Samstagnachmittag mit seinen Kindern ins örtliche Schwimmbad gehen wollte und deshalb vorher anrief, um sich zu erkundigen, ob es geöffnet ist? Als sich jemand meldete, fragte er, ob er mit jemandem vom örtlichen Schwimmbad spreche. ›Nun, das kommt darauf an, von wo Sie anrufen‹, bekam er zur Antwort.«

Sobald man sich kultureller Unterschiede bewusst ist und sie achtet, ist der Weg frei für den dritten Schritt, die *Aussöhnung*. Man hört oft, die Welt der Wirtschaft brauche den Beweis nicht mehr, dass die Menschen unterschiedlich sind. Dann wäre die Frage zu stellen, was wir mit den Unterschieden machen können, um geschäftlich erfolgreicher zu sein, sobald wir Grenzen der Kultur oder Andersartigkeit überschreiten. Die Antwort lautet: die kulturellen Unterschiede aussöhnen.

Zuerst wollen wir betrachten, wie die Kultur die Wirtschaft durchdringt, und dann aus nationaler und organisatorischer Sicht einen Blick darauf werfen. In den weiteren Kapiteln zeigen wir, wie unser allgemeines Modell auf Marketing, Rechnungswesen und Finanzen, Personalmanagement und Führung anwendbar ist. Wir schließen mit unserem Muster der abgestimmten (ausgesöhnten) Organisation, in der die von uns diskutierten Grundsätze sowohl in der Einstellung als auch in den Handlungen der Führungskräfte und ihrer Organisationssysteme verankert sind.

Weitere Informationen und Material finden Sie auf der Website: www.cultureforbusiness.com.

Kapitel 1

Die Organisation als kulturelles Konstrukt

Wenn wir die Zukunft des globalen Unternehmens erkunden wollen, sollten wir zunächst darüber nachdenken, wohin die Vergangenheit uns gebracht hat. Wenn wir die Arbeit betrachten, die im späten 19. und zu Beginn des 20. Jahrhunderts geleistet wurde, können wir deutlich erkennen, wie die Gesellschaftstheorie im Allgemeinen und die Organisationstheorie im Besonderen versucht haben, die Entwicklungen zu erklären, die von der Industriellen Revolution eingeleitet wurden.

Unter den großen Theorien, die die Zeit überdauert haben, finden wir die Arbeiten von Durkheim, Tönnies und Weber, die die großen gesellschaftlichen Entwicklungen zu erklären suchen. Emile Durkheim beschäftigte sich vor allem mit dem Übergang von der unbewussten zur systematischen Solidarität als einem Ergebnis der Arbeitsteilung. Ford Tönnies beobachtete eine Bewegung von der Gemeinschaft zur Gesellschaft, während Max Weber die unvermeidliche Entfaltung des bürokratischen »Idealtyps« als logische Folge des »Geistes des Protestantismus« diskutierte. Im Bereich der Organisationstheorie können wir ernsthafte Bemühungen von Taylor und Fayol erkennen, verlässliche, reproduzierbare und übertragbare Grundsätze zu finden, die Management und Arbeitern helfen würden, effizienter zu werden. Frederick Taylor wird die Entwicklung der wissenschaftlichen Betriebsführung zugeschrieben (auch wenn er diesen Begriff nie verwendete, um das zu beschreiben, was er »wissenschaftlich führen« nannte), und sein Bericht über die Pennsylvania Dutch ist bekannt. Durch einfaches Beobachten des Bewegungsablaufs bei körperlicher Arbeit und Ratschläge an die Arbeiter, wie sie effizienter arbeiten können, wurde die Produktivität deutlich beeinflusst. Parallel dazu achtete man auf wirksame Systeme variabler Entlohnung, um die Arbeiter zu motivieren, effizientere Arbeitsmethoden anzuwenden. Henri Fayol befasste sich mit der Organisationsstruktur und Dingen wie der idealen Gruppengröße und der optimalen »Kontrollspanne«. Das Axiom, auf das diese Ideen zurückgingen, ist jedoch eindeutig die Definition eines rein rational sich verhaltenden Einzelnen – eines »Akteurs« – in einem geschlossenen Organisationssystem.

| Motivationsbereich | Organisationssystem | |
	Geschlossen	*Offen*
Rational	• Wissenschaftl. Betriebsführung (genau genommen »wissenschaftlich führen«)	• Funktionalismus • Frühe Systemtheorie • Situative Theorie
Sozial	• Human Relations School der Sozialpsychologie	• Moderne Systemtheorie • Symbolischer Interaktionismus • Chaostheorie

Mit steigender organisatorischer Effizienz nahm auch das Wachstum kräftig zu, und zwar so sehr, dass private Eigentümer an die Börse gehen mussten, nicht nur weil es den Aktienmarkt jetzt gab, sondern weil sich eine Kluft zwischen Eigentum und Management herausbildete. Eine neue Aktionärslogik kam auf, der zwar weiterhin die Vorstellung vom individuellen rationalen Handeln zu Grunde lag, die das Organisationssystem aber öffnete. Gleichzeitig experimentierte die wissenschaftliche Betriebsführung weiter damit, wie man die Produktivität der Arbeiter durch Änderung der »Hygienefaktoren« wie der Lichtintensität am Arbeitsplatz steigern konnte. Die so genannten Hawthorne-Experimente führten zu Ergebnissen, welche die Theoretiker überraschten: Der Mensch funktionierte nicht wie eine Maschine. Daraus wurde unter Elton Mayo und Dick Roethlisberger, den beiden Hauptexperimentatoren, die spätere Human

Relations School. Die Arbeiter wurden dadurch, dass sie Beachtung fanden und sich als Teil einer Elite fühlten, stärker motiviert als durch die Beleuchtung an ihrem Arbeitsplatz. Das brachte dem Akteur neue Aufmerksamkeit als vollwertiges soziales Individuum, ganz anders als beim angeblich eindimensionalen, materialistischen, rationalen Akteur, wie er in der Schule der wissenschaftlichen Betriebsführung existierte.

Dennoch blieben Organisationssysteme und -denken viel zu geschlossen. Viele Sozialpsychologen der 1950er-Jahre folgten ähnlichen Annahmen. Leider werden diese Modelle zu oft auch von neueren Autoren zitiert, um die eigenen Erläuterungen zu rechtfertigen. Funktionalismus und Systemtheorie wurden als Methodologien entwickelt, um bessere Einsichten in die Interaktionen zwischen Organisationssystem und Umwelt zu bekommen. Indem man ein Unternehmen als ein offenes System betrachtete und Begriffe wie Input, Output, Feedback und Verzögerung einführte, wurden viele neue Verbindungen entdeckt, die beachtet werden mussten. Systemjargon – etwa Entropie, Grundsatz der Äquifinalität und »Law of Requisite Variety« (Gesetz der notwendigen Vielfalt) – kam auf oder wurde von anderen Disziplinen übernommen. Autoren wie Parsons, Merton und von Bertalanffy wurden kritisiert, weil sie ein Organisationssystem genauso betrachteten wie ein Naturwissenschaftler ein Molekül. Die Systembewegung gipfelte im Club of Rome (*Die Grenzen des Wachstums*), der der westlichen Ökonomie das Ende durch den Teufelskreis des Wachstums voraussagte, das Verschwendung produzierte und die Rohstoffe ausplünderte. Auch heute ist eine Version dieses offenen Systemansatzes immer noch populär, nehmen wir etwa die situative oder Kontingenztheorie. Sie hat einige Anhänger, weil sie u. a. von den Harvard-Professoren Paul Lawrence und Jay Lorsch in sehr kritischen und genauen Untersuchungen gewürdigt worden ist. Im Wesentlichen war die Kontingenztheorie eine Rache an der und ein Gegenargument zur »einzig richtigen Organisationsmethode«, wie die wissenschaftliche Betriebsführung sich verstand. Kontingenztheoretiker wie Derek Pugh und Paul Hickson (die so genannte Aston-Forschungsgruppe) legten dar, dass die optimale Organisationsstruktur von wichtigen Umweltbedingungen wie der Verbindung zwischen Technologie und Markt abhängig war.

Lawrence und Lorsch fanden eine eindeutige Wechselbeziehung zwischen dem Grad der Differenzierung und der Auslegung organisatorischer Prozesse in Branchen, die in unterschiedlichen Feldern tätig waren. Andere fanden Beziehungen zwischen der Anzahl hierarchischer Ebenen und der Komplexität der Technologie. Man unternahm Versuche, die Ursache-Wirkung-Beziehungen von Umweltfaktoren zu quantifizieren, wie bei der Frage der Komplexität von Markt und Technologie, indem man das Verhältnis Aufwendungen/Umsatz bei Forschung und Entwicklung heranzog oder die durchschnittliche Lebensdauer eines Produkts. Die Suche galt Variablen, Kovariablen und Übertragungsfunktionen (Input-Output). Die strukturellen Besonderheiten einer Organisation wurden ihrerseits quantifiziert, indem man die hierarchischen Ebenen und die durchschnittliche Kontrollspanne zählte. In einigen Fällen gab man Arbeitsbewertungen in computerisierte Personalplanungsmodelle ein. Und tatsächlich hing die geforderte optimale Organisationsstruktur von den quantifizierbaren Umweltmerkmalen ab, die sich im Modell darstellen ließen!

Die Motive für diese Forschung und die behaupteten Erkenntnisse waren vielfältig. Das Denken folgte häufig der Vorstellung, wenn die optimale Organisationsstruktur entworfen und ausgeführt werden könnte, dann würde eine schlanke, effiziente Organisation es der Unternehmensführung ermöglichen, die Ziele der Anteilseigner zu realisieren. Und in dieser optimalen Organisation könnte die Führung die Mitarbeiter motivieren und kontrollieren, um die gewünschten Ergebnisse zu liefern, sofern sie wüsste, welche Hebel sie umzulegen hatte – etwa den Hebel »leistungsgerechte Bezahlung«.

Halten wir uns noch einmal vor Augen, dass der Großteil dieser Publikationen, der Trägerorganisationen, in denen die Forschung durchgeführt wurde, und der Forscher selbst angloamerikanisch war – oder zumindest in dieser Gedankenwelt zu Hause. Doch dann kam ein Quantensprung: Der Beginn der Globalisierung in den 1970er-Jahren.

Die Organisationstheoretiker führten den kulturellen Faktor in die Debatte ein. In großen, multinationalen Unternehmen wie Shell und IBM, die auf globalen Märkten tätig waren, wurden Untersuchungen durchgeführt. Der unmittelbare Vorteil solcher Marktgefüge bestand darin, dass

Faktoren wie Finanz-, Technologie- und Marktbedingungen sich ähnelten, denn die Unternehmen verkauften globale Produkte. Der einzige bedeutsame Unterschied war tatsächlich das kulturelle Umfeld, in dem das Unternehmen auftrat. Aus einigen frühen Ergebnissen jener Zeit geht hervor, dass der kulturelle Faktor nur geringfügig Einfluss darauf hatte, wie die Organisation strukturiert war – insbesondere dort, wo die Struktur der Zentrale oder Muttergesellschaft ohne lokale Anpassung exportiert worden war. Es galt allgemein die Ansicht, die Organisation sei (national) kulturfrei und in mancher Hinsicht stoßen wir bei unserer Beratungsarbeit heute immer noch auf diese Haltung – mehr als man erwarten sollte.

Fons Trompenaars merkt an:

»Ich erinnere mich noch gut, als ich zu Beginn meiner Laufbahn bei Shell und noch zur Zeit meiner Doktorarbeit mit dem niederländischen General Manager der Raffinerie in Singapur zusammentraf. Ich fragte ihn, wie die Raffinerie sich der singapurischen Kultur angepasst habe. Er fragte sofort zurück, ob ich in der Personalabteilung arbeite. Das war damals tatsächlich der Fall und so nahm er mich mit in die wirkliche Welt der Unternehmensführung und führte mich herum. Unter dem Zischen von Dampf aus heißen Rohren fragte er mich, ob ich verstehen könne, dass ›man die Dinge nicht so ohne weiteres an die singapurische Kultur anpassen könne. Wenn die Singapurer nicht gern in Schichten arbeiten, können wir unser Vorgehen dann so einfach anpassen? Doch wohl nicht.‹ Das machte mir einmal mehr klar, dass der Unternehmensaufbau hier weit gehend dem der Raffinerie in Rotterdam-Pernis ähnelte. Tatsächlich wurden die Organisationspläne dort entwickelt und nach Singapur ›exportiert‹, sogar mitsamt der Beschreibungen für die meisten Arbeitsplätze. Kurz, die Produktionstechnik war so beherrschend, dass man die Kultur für unmaßgeblich erachtete.«

Wie ist es heute bei den Finanzanalysten oder Tradern und ihrer Vorgehensweise? Wenn sie eine Fusion oder Übernahme einfädeln, denken sie da überhaupt an mögliche kulturelle Unverträglichkeiten in den Unternehmen, die sie zusammenbringen? Nein, weil die finanzielle Seite Vorrang hat. Das wurde sehr schön deutlich, als uns ein Analyst einmal zuraunte: »Wir sind in der Hochzeitsbranche tätig, nicht im Bereich langfristiger Ehen.«

Kultur als das kontextuelle Umfeld

Die obigen Argumente klingen zwar sehr logisch, sind es aber nur innerhalb eines unlogischen Systems. Die Annahmen, auf denen diese Wahrnehmungen der Realität beruhen, kommen direkt aus den Naturwissenschaften. Die Suche galt der wissenschaftlichen, weniger der ontologischen Wahrheit. Die Kontingenzschule deutete die Wirklichkeit ebenfalls so, wie Wissenschaftler Zellen untersuchen würden. Man hatte keine anderen Methoden, dem, was man beobachtete, eine Bedeutung beizumessen. Der Phänomenologe Alfred Schutz drückte es so aus: »Der Vorteil, den ein Naturwissenschaftler gegenüber einem Sozialwissenschaftler hat, ist der, dass Atome und Moleküle keine frechen Antworten geben.« Der Forscher hat das beobachtete Individuum oft als rein rational Handelnden betrachtet, der exakt den gleichen Motiven folgt, denen auch der Beobachter folgen würde. Das gilt nicht nur für die Definition des Umfelds, sondern auch für die Interpretation organisatorischer Strukturen. Kehren wir zur Definition der Komplexität der benutzten Technologie oder zur Anzahl der hierarchischen Ebenen in der Organisation zurück. Erstere wurde durch Indizes oder Verhältniszahlen wie F&E/Umsatz wiedergegeben. Würden wir einen heutigen Teenager – der keinen Taschenrechner hat – nach dem Ergebnis der Wurzel aus 144, multipliziert mit 13 und dividiert durch 10, fragen, könnte die Antwort durchaus lauten, das könne er unmöglich ausrechnen. Ein Mathematikstudent würde über eine so leichte Aufgabe lachen. Was ist komplex und/oder macht etwas komplex?

Um uns der Antwort zu nähern, müssen wir die Wahrnehmung derjenigen einbeziehen, die in dieser Realität leben. Auf die Frage an einen Singapurer, wie viele Entscheidungsebenen er über und unter sich habe, antwortete er, drei über sich und fünf unter sich. Wir waren überrascht, denn Fons Trompenaars hatte einen Mitarbeiter einer sehr viel größeren Raffinerie in Rotterdam mit exakt der gleichen Arbeitsplatzbeschreibung befragt. Dessen Antwort lautete, zwei Ebenen über sich, drei unter sich. Der

Unterschied erklärte sich so, dass ein älterer Kollege des Singapurers als hierarchisch höher stehend angesehen wurde, obwohl beide einer ähnlichen Arbeitsgruppe angehörten; dass außerdem eine Frau auf der gleichen formalen Ebene stand, hatte für den Befragten in Singapur keine große Bedeutung. Das interne und externe Umfeld entsteht im Kopf dessen, der es beobachtet. Der Systemdenker Russ Ackoff hätte es wohl so ausgedrückt: Der Kontingenztheoretiker beobachtet Verhalten, während ein moderner Systemtheoretiker Handlungen erklären muss. Wenn wir eine Maus beobachten, die zu einem Käsebrocken läuft, können wir annehmen, dass der Käse das Ziel ist. Es ist jedoch schwer zu prüfen, ob die Maus sich dieses Ziels bewusst ist oder es gesetzt hat. Es könnte auch lediglich eine automatische Reaktion sein. Und wie sieht es bei einem Computer aus? Wie die Maus scheint er das Ziel zu suchen, nicht es zu setzen. Und das spricht für Verhalten, weniger für Handeln. Es ist zweckmäßiges Verhalten, nicht zielbewusstes Verhalten oder Handeln. Handeln ist motiviertes Verhalten. Beim Verhalten sucht der Einzelne nicht nur ein Ziel, er setzt auch ein Ziel.

Der Organisationsforscher hat, wenn er das ganze Spektrum möglicher Verhaltensweisen eines Einzelnen kombinieren und das Umfeld einbeziehen möchte, größere Widersprüche auszusöhnen. Deshalb wurden zu Beginn der 1980er-Jahre so viele alternative Methoden entwickelt, die dem Beobachter helfen sollten, sich einen Reim auf all das zu machen. So manche logische Grundlage wurde bemüht, um die Beschäftigten zu Verhaltensweisen zu bewegen, die als effektiv galten. Aber schon wenn man einfach nur jemanden für eine Arbeit sucht, besteht das Problem darin, dass auf der anderen Seite immer ein Mensch steht!

Das Dilemma ist klar. Sozialpsychologen können sinnvolle Verallgemeinerungen über menschliches und organisatorisches Verhalten aufstellen, aber die Umwelt ist oft ausgeschlossen. Andererseits, als die frühen Theoretiker und Funktionalisten der offenen Systeme die Umwelt einbezogen, dominierte noch die Verhaltenssichtweise. Wir sind von all diesen Theoretikern beeinflusst worden, vor allem aber von den späteren wie Russ Ackoff und Eric Trist, von symbolischen Interaktionisten wie Mead, von schwer fassbaren Managementdenkern wie Charles Handy und von den Anfängen der Chaostheorie.

Sobald wir bei der Darstellung organisatorischen Verhaltens das zielsuchende und zielsetzende Individuum ernsthaft als Kern unserer Debatte sehen, stellen wir fest, dass wir sofort vor einer ganzen Reihe organisatorischer Dilemmata stehen. Wenn wir Menschen in Organisationen als zielbewusste Individuen einführen, die mit einer bevorzugten Umwelt interagieren und auch einen freien Willen haben, wie können wir uns da eine Organisation in einer größeren Gemeinschaft vorstellen, die Disziplin und Kontrolle fordert?

Handeln ist motiviertes Verhalten und deshalb muss ein Grundprinzip der Motivation eingeführt werden. Etymologisch ist der Begriff Motivation von dem abgeleitet, was einen Menschen bewegt. Warum nicht auf Aristoteles zurückgreifen, der die drei Beweggründe *causa ut, causa quod* und *causa sui* einführte? Das »*Causa ut*«- oder »Um zu«-Motiv ist der Beweggrund, den die Menschen von den Bildern herleiten, die sie sich im Voraus machen; das kann vom detaillierten, kurzfristigen Projekt bis zur vagen, langfristigen Vision reichen. Das »*Causa quod*«- oder »Weil«-Motiv bezieht sich auf die treibende Kraft einer Situation, die jemandem widerfahren ist. »*Causa sui*« schließlich meint die Tatsache, dass der Handelnde »sich selbst veranlasst«. In jeder Handlung sind alle drei Motive enthalten, wobei ein oder zwei ein größeres Gewicht haben können. Warum all diese Umstände? Weil es uns hilft, das zentrale Dilemma des Führens oder Geführtwerdens anzugehen – nämlich die Differenzierung der Gedanken und Gefühle, die dem freien Willen und der Integration durch das Organisiertwerden zugänglich sind. Die Gründe, die unser Verhalten aus der Vergangenheit heraus motivieren, und der Entwurf unserer Visionen sind beide sozial bedingt. Wenn wir das begriffen haben, begreifen wir auch, dass es eine Evolution der Gemeinsamkeiten zwischen Menschen gibt, die sie befähigt, sich organisieren zu lassen.

Fügen wir noch einen weiteren logischen Gedanken des Interaktionismus an. Wenn wir uns die Definitionen der Organisationsstruktur ansehen, finden wir als Kernaussage »ein System aus Beziehungen der Teile untereinander sowie zwischen den Teilen und dem Ganzen«. Naturwissenschaftler würden sich für die Art von Beziehungen entscheiden, nach denen sie suchen, und fragen, wie diese vom Ganzen bestimmt werden. Die Sozialwissenschaftler müssen die Menschen mit einbeziehen, die diese Struktur geschaffen haben. Wenn wir einfach sagen würden, dass wir in Singapur eine Organisation mit großer Leitungsspanne beobachtet haben und dass die Menschen, die diese Struktur ausmachen, nicht einverstanden waren, wer hat dann Recht? Im Grunde ist es egal, solange wir wissen, dass »das, was als real bestimmt worden ist, in seinen Konsequenzen real ist«. Wir sollten nie vergessen, dass das Wesentliche der Beziehungen zwischen den Teilen die kommunizierenden Individuen sind. Kommunikation ist der Austausch von Informationen. Informationen sind der Bedeutungsträger. Wenn wir also darin übereinstimmen, dass Kultur im Wesentlichen ein System gemeinsamer Bedeutung ist, verstehen wir allmählich, dass jede Organisation ein kulturelles Konstrukt ist.

Wir haben versucht darzustellen, dass Kultur nicht nur ein Faktor ist, den wir so einführen können wie Technologie, soziopolitische, finanzielle und andere Elemente, aus denen das Transaktionsumfeld besteht. Kultur ist vielmehr das kontextuelle Umfeld, das viel vom Wesen der Beziehungen zwischen einer Organisation und der Umwelt definiert, in der diese sich betätigt.

Kapitel 2

Die Organisation von Bedeutung: Wertdimensionen einführen

Kulturelle Unterschiede erkennen

K ultur besteht, wie eine Zwiebel, aus verschiedenen Schichten, die man abziehen kann. Wir können hier drei Hauptschichten unterscheiden.

Die äußere Schicht ist das, was Menschen hauptsächlich mit Kultur verbinden: die sichtbare Realität des Verhaltens, die Kleidung, Nahrung, Sprache, das Organigramm, das Handbuch für Human-Relations-Maßnahmen etc. Dies ist die Ebene der expliziten Kultur, die mit deren artikulierten Manifestationen zu tun hat. Auf dieser Ebene muss man vorsichtig sein, weil anfängliche Beobachtungen häufig mehr über einen selbst aussagen als über die Kultur, die man beobachtet. Wo ein Franzose sich fast immer zur Qualität des Essens äußert, wird der Engländer das vielleicht übergehen.

Etliche Leute sind der Ansicht, kulturelle Unterschiede würden durch die Globalisierung der Wirtschaft und das weltumspannende Fernsehen eingeebnet und allmählich verschwinden. Wir finden Hamburger von McDonald's, Gucci-Taschen, Lexus-Autos, Coca-Cola, AOL und Microsoft Windows in London, Moskau, Rio de Janeiro und Lagos. Das stimmt. Aber Vorsicht. Was wir hier sehen, sind lediglich die Artefakte. Um die kulturellen Wirkungen zu erkennen, muss man tiefer in die Zwiebel vordringen und nach den Gründen fragen, warum Menschen diese Produkte kaufen. Wir erhalten z. B. ganz unterschiedliche Antworten, wenn wir auf die Bedeutung eines Hamburgers in verschiedenen Zivilisationen schauen. Ein New Yorker kauft sich einen Big Mac vielleicht, weil es ein schneller Happen für einen schnell verdienten Dollar ist, während ein Moskowiter ihn vielleicht kauft und die Verpackung aufhebt als Beweis dafür, dass er bei McDonald's gegessen hat.

Der zweite Bereich ist die mittlere Schicht, die sich auf die Normen und Werte bezieht, die eine Organisation vertritt: Was gilt als richtig und falsch (Normen) oder als gut und schlecht (Werte)? Werte sind die gemeinsame Orientierung einer Gruppe an dem, was die Menschen als das definieren, was sie mögen und sich wünschen. Normen sind die gemeinsame Orientierung an dem, was nach Meinung der Menschen getan werden sollte. Ziehen Sie am Freitag im Büro etwas Lässiges an, keinen korrekten Anzug? Bei Werten geht es darum, was Sie gern tun würden und wobei Sie sich wohl fühlen. Bei Normen geht es darum, was die meisten anderen in der Organisation am Freitag anziehen würden – um den Dresscode. Wenn eine Kultur erfolgreich ist, werden Werte zu Normen. Besteht zwischen beiden eine Spannung, ist das ein Kraftquell für Änderungen.

Wenn man Sie nach den Normen und Werten Ihres Landes fragen würde, würden Sie wahrscheinlich differenzieren wollen: »Im Norden oder Süden, in der Stadt oder auf dem Land?« Sobald man Teil einer Kultur ist, besteht eine Tendenz, die Unterschiede in ihr wahrzunehmen. Das geschieht deshalb, weil man die Gemeinsamkeiten in einer Kultur nicht sieht. Die Shoppingmall fällt in den USA nicht weiter auf, ebenso wenig wie die Armbanduhr in der Schweiz. Nur ein USA-Besucher aus einem Land, das keine großen Malls hat, findet sie beachtens- und bemerkenswert.

Das lässt sich am besten darstellen, wenn man Kultur als eine (statistische) Normalverteilung betrachtet. Unter der glockenförmigen Kurve gibt es Unterschiede in allen Kulturen, insbesondere aber zwischen verschiedenen Kulturen. Woher kommen diese kulturellen Unterschiede? Warum haben die Franzosen ein lockereres Verhältnis zur Zeit als die Amerikaner und warum bringen die Amerikaner so viele Anwälte hervor? Warum suchen Niederländer die Übereinstimmung, während Koreaner dazu neigen, schneller zu entscheiden? Wir müssen zurück zu den etymologischen Wurzeln des Wortes »Kultur« – das lateinische »cultura« bedeutet Ackerbau. Es geht um menschliche Interaktion mit der Natur. Kultur meint die Werte und Normen, die Menschen vertreten, um in einer feindlichen Umwelt besser überleben zu können. Aber wir vergessen, dass das, was alltäglich wird, keine Beachtung mehr findet. Bei Präsentationen und

Workshops baten wir die Teilnehmer, die Luft anzuhalten. In Deutschland mussten wir damit aufhören, weil die Teilnehmer es übertrieben. Warum machen wir dieses Experiment? Um zu zeigen, dass Atmen eine normale Reaktion auf einen Sauerstoffmangel ist. Sauerstoff ist ein Wert, der zu einer Norm geworden ist; deshalb denken wir nicht mehr daran. Er ist zu einer Grundvoraussetzung geworden. Erst wenn nicht genügend Sauerstoff zur Verfügung steht, wie beim Luftanhalten oder Schwimmen unter Wasser, merken wir, wie wichtig er ist.

Die dritte und tiefste Schicht der kulturellen Zwiebel ist die Ebene der unbestrittenen, eigentlichen Kultur. Sie ist das Ergebnis von Menschen, die sich organisieren, um die immer wieder auftretenden Widersprüche auszusöhnen. Sie besteht aus Grundvoraussetzungen, vielen eingefahrenen Prozeduren und Methoden, die entwickelt wurden, um mit den üblichen Problemen des Menschen umzugehen. Diese Methoden der Problembewältigung sind, wie das Atmen, so selbstverständlich geworden, dass wir gar nicht mehr darüber nachdenken, wie wir sie handhaben. Für einen Außenstehenden sind diese Grundvoraussetzungen sehr schwer zu erkennen. Der Schlüssel zur erfolgreichen Arbeit mit anderen Kulturen, zu gelungenen Bündnissen und grenzüberschreitender Zusammenarbeit liegt im Verständnis des inneren Bereichs der kulturellen Zwiebel.

Während wir also sofort explizite kulturelle Unterschiede feststellen, erkennen wir implizite kulturelle Unterschiede möglicherweise nicht. So erklärt sich, warum die notwendige und angemessene kulturelle Sorgfalt vor und nach Fusionen und Übernahmen zumeist nicht auf der Tagesordnung steht. Wir haben auf Grund unserer Forschung und Erfahrung Modelle und Diagnoseinstrumente entwickelt, um diese Grundvoraussetzungen offen zu legen und zu messen. Sie beruhen auf dem Sieben-Dimensionen-Modell der kulturellen Unterschiede, das in den letzten 15 Jahren entstanden ist, und bilden den Kern unseres neuen Modells der notwendigen kulturellen Sorgfalt sowie des Systems der Aussöhnung.

Wir können also zusammenfassen, dass es bei Kultur um Bedeutung geht, darum, welche Bedeutung Dingen, Handlungen und Verhaltensweisen beigemessen wird. Auch wenn eine Hochzeit am Beginn jeder Ehe steht, hat sie in verschiedenen Kulturen doch eine unterschiedliche

Bedeutung. In einigen Fällen ist es steuerlich vorteilhaft, verheiratet zu sein, in anderen geht es um die Vereinigung zweier Familien und ihrer Geschäfte, nicht nur um Braut und Bräutigam. Das Motiv ist demnach in verschiedenen Kulturen ein anderes, auch wenn eine Hochzeit äußerlich ähnlich ablaufen mag – eine Zusammenkunft von Verwandten und Freunden in der beschwingten Atmosphäre einer offiziellen Feier. Es ist anders, weil es in verschiedenen Kulturen eine andere Bedeutung hat.

Wir können damit beginnen, dass wir das Sieben-Dimensionen-Modell verwenden, mit dem Manager lernen können, diese kulturellen Unterschiede zu erkennen, auf sie vorbereitet zu sein und zu prüfen, wo und wie sie vorhanden sind und sich manifestieren.

Kulturelle Unterschiede achten

Unterschiedliche kulturelle Ausrichtungen und Ansichten sind weder richtig noch falsch – sie sind lediglich verschieden. Man urteilt viel zu schnell und misstraut denen, die ihrer Welt eine andere Bedeutung geben als man selbst der eigenen. Der nächste Schritt besteht demnach darin, diese Unterschiede zu achten und das Recht anderer anzuerkennen, die Welt so zu deuten, wie sie es tun. Achtung fällt am leichtesten, wenn wir erkennen, dass alle kulturellen Unterschiede in uns selbst liegen. Wir sehen die Welt nicht so, wie sie ist, sondern nur so, wie wir sind. Es ist, als betrachteten wir die Welt ständig durch eine kulturelle Brille. Und die Brille, die ein anderer trägt, unterscheidet sich von unserer.

Sobald wir über die einfachen Unterschiede der Artefakte hinauskommen und auf die Unterschiede in der Bedeutung stoßen, stellen wir auf Grund der unterschiedlichen Weltsicht und unterschiedlichen Bedeutung, die offensichtlich gleichen Dingen beigemessen wird, fest, dass diese Unterschiede sich als Dilemmata oder Widersprüche manifestieren. Wir haben in uns zwei anscheinend gegensätzliche Ansichten. Während wir uns vor Augen halten, dass Achtung von selbst entstehen muss, beginnen die eigentlichen Schwierigkeiten dann, wenn wir die Unterschiede erkennen und sie achten. Vor einigen Jahren erzählten uns IBM-Manager, dass man die Mitarbeiter dort in drei Schritten ausbilde: 1 – erkennen, 2 – achten, 3 – die Unterschiede ignorieren. Sie nannten das Globalisierung.

Wir möchten eine Alternative dazu anbieten. Diese Alternative ist eine Aussöhnung der Unterschiede, also die Integration scheinbar gegensätzlicher Werte, an deren Ende die Integrität im wahrsten Sinne des Wortes steht.

Kulturelle Unterschiede aussöhnen

Man hat viel Aufmerksamkeit darauf verwandt, kulturelle Unterschiede zu erkennen und zu achten. Wenn wir jedoch bei den ersten beiden Bereichen stehen bleiben, laufen wir Gefahr, nur stereotype Kulturansichten zu unterstützen. In unserer umfassenden kulturübergreifenden Datenbank bei Trompenaars Hampden-Turner haben wir für jedes Land genug Varianten gefunden, um zu wissen, dass es sehr riskant ist, in bloßen Klischees von nationaler, unternehmerischer oder gar funktionaler Kultur zu sprechen. Wir halten unsere Arbeit insofern für einmalig, als es uns vor allem darauf ankommt, die Erforschung von Kultur auszuweiten und der Aussöhnung der Unterschiede mehr Beachtung zu widmen, statt diese Unterschiede lediglich zu bestimmen.

Wir haben zahlreiche Beweise dafür zusammengetragen, dass Wohlstand auf Grund erfolgreichen Wirtschaftens dadurch geschaffen wird, dass man Wertvorstellungen aussöhnt. Das gilt sowohl für Allianzen (auch Fusionen und Übernahmen) als auch in der Personalbeschaffung. Es gilt für die Führung[1] und auch für Staaten, die anderen Staaten Frieden predigen.[2]

Unser neuer Ansatz hilft, Verhaltensweisen zu bestimmen, die weltweit und zwischen Unternehmen verschieden sind. Dieser Ansatz zeigt Managern, wie sie die Aussöhnung unterschiedlicher Wertvorstellungen »vom Menschen her« führen. Er besitzt eine Logik, die Unterschiede

Was bezeichnen wir als Dilemma?

Wir definieren Dilemma oder Widerspruch als »zwei offensichtlich widerstreitende Aussagen«. Dilemma beschreibt also eine Situation, in der man zwischen zwei guten oder wünschenswerten Möglichkeiten wählen muss.

Ein Beispiel: Wir brauchen einerseits Flexibilität, andererseits aber auch Beständigkeit.

Ein Dilemma beschreibt also die Spannung, die durch widerstreitende Anforderungen entsteht.

Was ist kein Dilemma? Hier einige Beispiele:

— Eine Beschreibung eines aktuellen, idealen Zustands: »Wir haben gute Kommunikationsinstrumente, müssen sie jedoch besser einsetzen.«

— Eine Entweder-/Oder-Entscheidung: »Sollen wir jetzt mit Neueinstellungen beginnen oder bis zum nächsten Jahr warten?«

— Eine Klage: »Wir machen gute strategische Pläne, sind aber mangels Führung nicht in der Lage, sie umzusetzen.«

Wenn Sie also ein Dilemma formulieren wollen, vermeiden Sie die obigen Negativbeispiele. Denken Sie an beide Seiten des Widerspruchs (z. B. individuell und Gruppe; objektiv und subjektiv; logisch und kreativ; analytisch und intuitiv; formal und formlos; Regeln und Ausnahmen etc.). Benutzen Sie, wenn Sie ein Dilemma beschreiben, immer die Formulierung »einerseits... andererseits«.

integriert und unterschiedliches Verhalten beinhaltet, um erfolgreiche Wechselbeziehungen zwischen Personen gegensätzlicher Wertvorstellungen zu ermöglichen. Er zeigt eine Neigung zum gemeinsamen Verständnis der Position des anderen in der Hoffnung auf Gegenseitigkeit und verlangt ein neues Denken, das Westlern zunächst schwer fallen wird.

Aber was sind denn zunächst einmal die großen Dilemmata oder Widersprüche, die der Aussöhnung bedürfen? Wie schon erwähnt, haben wir ein Modell entwickelt, um die Unterschiede in sieben grundlegenden bipolaren Ausrichtungen zu strukturieren. Dieses siebendimensionale Modell ist ein Mittel, die großen Widersprüche aufzuzeigen und zu beschreiben, die Unternehmen lösen müssen, wenn sie vor der Integration von Menschen und Systemen stehen. In unserer globalisierten Welt wird das »Leben als Selbstverständlichkeit« im eigenen Land oder der eigenen Organisation durch diese alternative Logik abrupt herausgefordert.

Eine Einteilung der Dilemmata

Das siebendimensionale Kulturmodell zeigt nicht nur kulturelle Unterschiede auf, sondern ermöglicht uns auch, Dilemmata zu beschreiben, die sich häufig aus Spannungen zwischen den Werten ergeben, aus denen sie erwachsen. Wir können die Widersprüche betrachten, die in jeder der folgenden Dimensionen auftreten:

1. Universalismus-Partikularismus. Folgen die Menschen in der Organisation zumeist standardisierten Regeln oder gehen sie einmalige Situationen lieber flexibel an?
2. Individualismus-Kommunitarismus. Fördert die Kultur individuelle Leistung und Kreativität oder liegt das Schwergewicht auf der größeren Gruppe und führt zu Zusammenhalt und Übereinstimmung?
3. Neutral-affektiv. Werden Emotionen kontrolliert oder zeigen die Menschen sie ganz offen?
4. Spezifisch-diffus. Wie hoch ist das Engagement bei persönlichen Bezie-

hungen (hoch = diffus, gering = spezifisch)? Ergibt sich ein spezifisches Geschäftsprojekt schnell, aus dem sich eine diffusere Beziehung entwickeln könnte, oder müssen Sie Ihre Geschäftspartner erst kennen lernen, bevor Sie mit ihnen Geschäfte machen?

5. Errungenschaft-Zuschreibung. Sind Status und Macht von Ihrer Leistung abhängig oder spielen eher Ihr Alter, Geschlecht, familiärer Hintergrund oder die Schule, die Sie besucht haben, eine Rolle?

6. Sequenziell-synchron. Teilen Sie Zeit sequenziell ein und erledigen eine Sache nach der anderen oder arbeiten Sie parallel, sodass viele Dinge gleichzeitig laufen?

7. Interne-externe Kontrolle. Lassen Sie sich vom inneren Antrieb und Gespür für Kontrolle leiten oder passen Sie sich äußeren Ereignissen an, die außerhalb Ihrer Kontrolle liegen?

Wenn man vor kulturellen Unterschieden steht, besteht ein guter Ansatz darin, die beiden Profile zu vergleichen, die auf dem linearen siebendimensionalen Modell beruhen, um festzustellen, woher die großen Unterschiede kommen. In der Praxis liegt der eigentliche Ursprung kultureller Unterschiede zwischen Ihrer Organisation und einem neuen Geschäftspartner vielleicht hauptsächlich in ein oder zwei kulturellen Bereichen. Durch das Aussöhnen der Widersprüche, die sich aus der unterschiedlichen Ausrichtung ergeben, können die Organisationen auch ihre kulturellen Ausrichtungen allmählich aussöhnen. Es reicht nicht, diese Unterschiede nur zu erkennen. Es ist jedoch sehr wichtig, sie vor und während der Vorgänge zu berücksichtigen, bei denen sich unterschiedliche Kulturen begegnen. Kulturelle Vielfalt äußert sich in Standpunkten und Wertvorstellungen bezüglich betrieblicher Prioritäten und Handlungsweisen, die zu Widersprüchen führen. Diese lassen sich nicht einfach dadurch lösen, dass man sich für eines der befürworteten Vorhaben entscheidet und andere Standpunkte ignoriert. Deshalb müssen wir Unterschiede aussöhnen, d. h. wir selbst sein, gleichzeitig aber sehen und verstehen, wie uns die Sichtweise anderer helfen kann. Wir definieren Führung als die Neigung, Dilemmata auszusöhnen. Sobald man sich der eigenen geistigen Modelle und kulturellen Vorlieben bewusst ist und respektieren und verstehen kann, dass die einer anderen Kultur berechtigterweise anders sind, wird es möglich, diese Unterschiede auszusöhnen. Wir laden Sie ein, ständig an der Verbesserung Ihrer Fähigkeit zu arbeiten, mit Widersprüchen auf der persönlichen und unternehmerischen Ebene umzugehen. Ihre Fähigkeit, Dilemmata auszusöhnen, äußert sich darin, wie wir interkulturelle Führungskompetenz definieren, und ist ein direkter Maßstab Ihres Führungspotenzials im 21. Jahrhundert.

Mit unseren Fragebogen, Interviews, Verbraucherbefragungen und der Beratungspraxis tragen wir stichhaltige Beweise dafür zusammen, dass diese neue Kompetenz eng mit Erfolgen in Umfeldern zusammenhängt, in denen eine Seite sich mit einer Vielfalt von Werten auseinander setzen muss. Kurz, wo verschiedene Seiten aussöhnen und integrieren können, tritt der erwartete Nutzen der interkulturellen Begegnung ein, oft sogar mehr.

Wenn die Beteiligten interkultureller Interaktionen sich der eigenen Einstellungen und kulturellen Neigungen bewusst sind und wenn sie respektieren und verstehen können, dass die einer anderen Kultur berechtigterweise anders sind, dann wird es möglich, Unterschiede auszusöhnen und daraus geschäftlichen Nutzen zu ziehen.

Der Einfachheit halber haben wir beschlossen, dies anhand der sieben Dimensionen zu erläutern, in denen die Wertvorstellungen verschiedener Kulturen sich unterscheiden.

Universalismus versus Partikularismus

Universalistischere Kulturen halten allgemeine Regeln und Pflichten oft für eine wichtige Unterstützung des moralischen Bezugssystems. Universalisten befolgen Regeln meist auch dann, wenn Freunde betroffen sind, und suchen nach dem einen, besten Weg, in allen Fällen nach dem gleichen und gerechten Maßstab zu handeln. Sie sind von der Richtigkeit ihrer

Normen überzeugt und versuchen, das Verhalten anderer zu ändern und dem ihren anzunähern.

Partikularistischen Gesellschaften sind die jeweils besonderen Umstände sehr viel wichtiger als die Regeln. Besondere Bande (Familie, Freunde) sind stärker als abstrakte Regeln und die Reaktion kann je nach den Umständen und Beteiligten so oder so ausfallen.

Um diese extremen Definitionen zu testen, haben wir weltweit 65 000 Manager gebeten, folgende Situation zu bewerten.

Sie sind Beifahrer in einem Auto, das von einem guten Freund gesteuert wird. Er fährt einen Fußgänger an. Sie wissen, dass er mindestens 50 km/h gefahren ist, obwohl maximal 30 km/h erlaubt waren. Es gibt keine Zeugen. Sein Anwalt macht Ihnen klar: Wenn Sie bereit sind zu beeiden, dass er nur 30 km/h gefahren ist, wird ihm das schwer wiegende Folgen ersparen.

Hat Ihr Freund ein Recht, von Ihnen Hilfe zu erwarten?

1. Mein Freund hat, als mein Freund, ein eindeutiges Recht zu erwarten, dass ich die geringere Geschwindigkeit bestätige.

2. Er hat, als mein Freund, ein gewisses Recht zu erwarten, dass ich die geringere Geschwindigkeit bestätige.

3. Er hat, selbst als mein Freund, kein Recht zu erwarten, dass ich die geringere Geschwindigkeit bestätige.

Würden Sie Ihrem Freund angesichts Ihrer Pflichten, die Sie der Gesellschaft gegenüber empfinden, helfen?

Diese schwierige Situation wird, neben anderen, in dem Buch von Fons Trompenaars *Did the Pedestrian Die?* erörtert. Die von Stouffer und Toby stammende Fallstudie ist eine aussagekräftige, kritische und provozierende Übung aus unseren Workshops. Sie ist in Form eines Dilemmas dargestellt, das universalistische und partikularistische Reaktionen misst und herausfordert.

Abbildung 2.1 zeigt die Reaktionen aus mehreren Ländern (unsere Datenbank mit 65 000 Managern enthält Antworten aus 100 Ländern). Wir sehen, dass Nordamerikaner und Nordeuropäer das Problem fast aus-

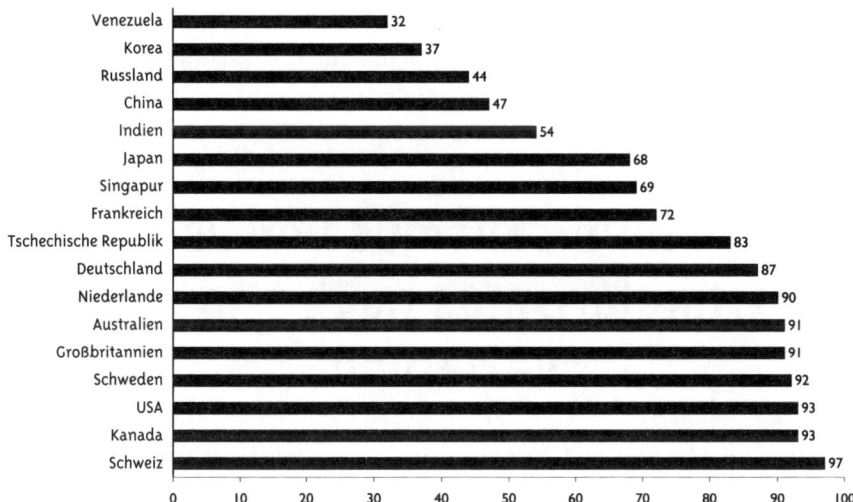

Venezuela	32
Korea	37
Russland	44
China	47
Indien	54
Japan	68
Singapur	69
Frankreich	72
Tschechische Republik	83
Deutschland	87
Niederlande	90
Australien	91
Großbritannien	91
Schweden	92
USA	93
Kanada	93
Schweiz	97

0 10 20 30 40 50 60 70 80 90 100

Abbildung 2.1 Das Auto und der Fußgänger: Prozentsatz der Probanden, die angaben, dass ihr Freund kein oder nur ein eingeschränktes Recht hat, Hilfe zu erwarten, und dass der Proband seinem Freund nicht helfen würde.

schließlich universalistisch angehen. Bei Lateinamerikanern, Afrikanern und Asiaten sinkt der Anteil auf unter 70 Prozent und sehr viel tiefer. Sie tendieren zur Lüge, um ihren Freund zu schützen.

Die Reaktion der Universalisten ist immer wieder so, dass ihre Bereitschaft, dem Freund zu helfen, in dem Maß abnimmt, in dem die Schwere des Unfalls zunimmt – wenn der Fußgänger also unter Umständen tödlich verletzt wird. Offenbar sagen sie sich, »das Gesetz wurde verletzt und der bedenkliche Zustand des Fußgängers macht deutlich, wie wichtig es ist, das Gesetz zu achten«. Das lässt vermuten, dass der Universalismus den Partikularismus selten völlig ausschließt, er vielmehr eher der wichtigste Grundsatz in der moralischen Argumentation ist. Bestimmte Folgen erinnern uns an die Notwendigkeit allgemein gültiger Gesetze.

Dank weiterer Fragen zu anderen universalistisch-partikularistischen Dilemmata können wir die Antworten auf einer Skala erfassen, die misst, in welchem Umfang sich die Probanden universalistisch oder partikularistisch verhalten. Die Skalen wurden nach umfassenden Tests mit alternativen Fragen entwickelt und erst zugelassen, als Cronbachs Alpha-Test für Zuverlässigkeit und Widerspruchsfreiheit eindeutige Ergebnisse erbrachte (Woolliams und Trompenaars, 1998).

Universalismus versus Partikularismus nach anderen Variablen

Wir haben die Beziehung Universalismus versus Partikularismus auf allen Maßskalen untersucht – auch mit anderen Variablen wie Geschlecht, Alter, Auslandserfahrung, Branche, Tätigkeit etc. Diese Analyse erfolgte nach konventionellen statistischen Tests und Datenerhebungen. Wir haben darauf geachtet, parameterfreie Methoden für die Rangordnung oder Nominaldaten zu verwenden, und nicht den zentralen Grenzwertsatz benutzt, um die Anwendung parametrischer Methoden zu rechtfertigen, wie es viele Forscher fälschlicherweise tun. Wir haben also Variationen der Korrespondenzanalyse und mehrdimensionale Skalierung verwendet, keine einfache Korrelation. Die Datenerhebung beruhte auf einer Entropieanalyse unter Verwendung des ID3-Algorithmus, um die durch die Variablen bedingte Abweichung zu bewerten. Während bei allen Dimensionen die nationale Kultur der Teilnehmer die meisten Abweichungen erklärte, erwies sich die Branche oft als eine zweite Quelle für Abweichungen (für alle Dimensionen bis auf den Individualismus, wo die Religion die höchsten Werte erzielte).

Auf der Grundlage der obigen Analysemethoden geben die Tabellen in diesem (und dem nächsten) Kapitel die relative Bedeutung der Variablen an.

Bandbreite der Wertunterschiede

Entropie	Universalismus-Partikularismus
Am niedrigsten (die wichtigere Variable)	Land Branche Religion Tätigkeit Alter Unternehmensklima/-kultur (Aus)Bildung
Am höchsten (die unwichtigste Variable)	Geschlecht

Ein Analysebeispiel der Datenbank macht tatsächlich interessante Unterschiede deutlich (vgl. Abb. 2.2). Bergbau, Sportartikel und Geräteindustrie zeigen die höchsten universalistischen Werte, dicht gefolgt von Pharmazie, Banken und Staatsdienst. Auf der partikularistischen Skala finden wir die Fahrzeugbranche sowie Erdöl/Raffinerien an der Spitze, dicht gefolgt von

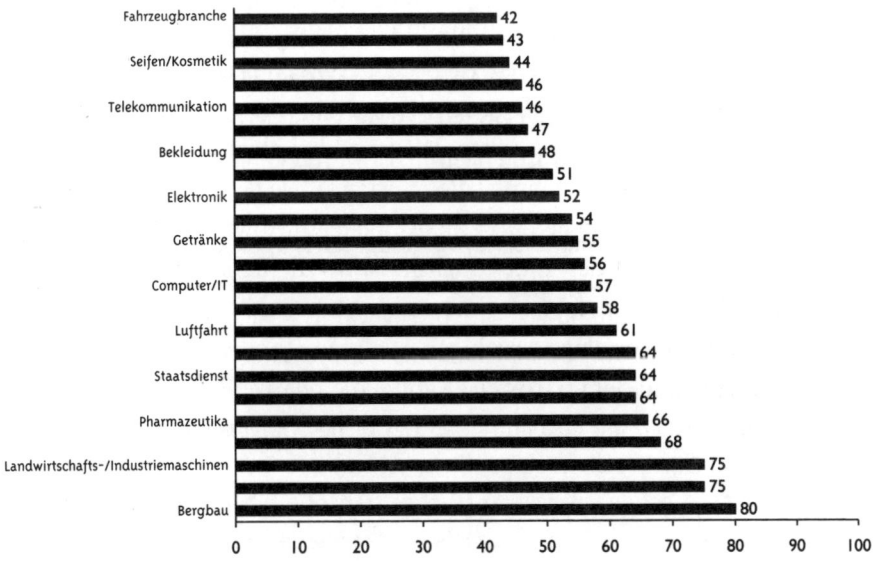

Abbildung 2.2 Universalismus – durchschnittliche Bewertung nach Branchen

Waschmitteln, Fotoerzeugnissen und Telekommunikation. Diese Gruppe wird sehr stark von Marketingaktivitäten beeinflusst, während die Spitzenuniversalisten mehr darauf achten, zunächst einmal Recht zu haben.

Universalismus versus Partikularismus im internationalen Management

Wir haben oft mit Dilemmata wie dem Autounfall gearbeitet (womit jeder etwas anfangen kann), aber es gibt natürlich auch im Alltagsleben viele Widersprüche, die Auswirkungen auf internationale Manager haben. Am wichtigsten und häufigsten ist die Zweiteilung global-lokal. Sollen wir mit nur einem standardisierten oder mit dem lokalen, partikularistischeren Ansatz arbeiten? Wenn wir nur ein universelles Modell haben, das sich in unserem Land offenbar bewährt, können wir es dann einfach weltweit einsetzen? Der Ford Mondeo (das »Weltauto«) z. B. war als Modell gedacht, das weltweit gleich hergestellt und verkauft werden sollte.

Es gibt unterschiedliche Ansichten darüber, ob wir global universeller und gleich werden oder ob wir stärker von partikularen und nichtvertrauten nationalen Kulturen beeinflusst werden.

Einheitliche Kleidung und Auftreten der Euro-Disney-Mitarbeiter

Die amerikanische Führung von Euro Disney war in Personalfragen universalistisch. Mitarbeiter durften weder Bart noch Lidschatten tragen. Außerdem mussten sie sich gleich kleiden und bestimmte Verhaltensnormen befolgen (z. B. viel lächeln). Die Ausbildung an der Disney Universität hatte Gleichartigkeit zum Ziel; Disney stand für amerikanische Kerntugenden. Dieses Vorgehen fand bei den partikularistischen französischen Mitarbeitern keine Gegenliebe, was sich in den ersten 16 Monaten in einer 50-prozentigen Fluktuation niederschlug.

Rückblickend war dieses Dilemma eine große Gefahr für den Erfolg der Allianz KLM-Alitalia. Die protestantischen Niederländer nahmen es mit der Einhaltung des Vertrags ganz genau. Die Vorauszahlung von 100 Millionen US-Dollar für den Ausbau des Flughafens Malpensa war eine der zentralen Bedingungen. Die Italiener sahen das eher als ein Zeichen für die Ernsthaftigkeit des Bündnisses an, weniger für die finanzielle Bewertung der Investition. Als die Investition nicht planmäßig erfolgte, fingen die Niederländer an, über die Vorauszahlungen zu diskutieren – Vertrag ist Vertrag. Die Italiener führten alle möglichen Gründe an, warum es nicht nach Plan lief. Das Leben ist voller Hektik und verlangt zuweilen unerwartete Ausnahmen. »Wo ist also die Schwierigkeit? Wir machen es dann eben anders.«

Das schwankende, ergebnisbedingte Verhalten bei interkulturellen Begegnungen kann wie folgt bestimmt werden:

Andere Kulturen übergehen

Eine Verhaltensweise besteht darin, die andere Sichtweise zu ignorieren. Sie bleiben bei Ihrem (kulturellen) Standpunkt. Sie treffen Entscheidungen, indem Sie entweder Ihre Handlungsweise durchsetzen, weil Sie sie und Ihre Wertvorstellungen für die besten halten, oder indem Sie andere Denk- und Handlungsweisen verwerfen, weil Sie sie entweder nicht erkannt oder keine Achtung vor ihnen haben. Wir möchten Ihnen helfen, als ersten Schritt kulturelle Unterschiede zu erkennen und zu achten, um die Unterschiede auszusöhnen.

Die eigene Sicht aufgeben

Die zweite Möglichkeit zu reagieren besteht darin, die eigene Sicht aufzugeben und sich der Landesart anzupassen – nach dem Motto »Wenn du in Rom bist, verhalte dich wie ein Römer«. Ein solcher Versuch der Anpassung wird nicht unbemerkt bleiben – Sie werden des Öfteren unprofessionell wirken. Die Menschen aus dem anderen Kulturkreis werden Ihnen misstrauen und Sie werden die eigenen Stärken nicht in ein Bündnis einbringen können.

Kompromiss

Handeln Sie zuweilen auf Ihre Art und geben Sie gelegentlich nach. Doch dabei wird eine Seite gewinnen und die andere verlieren, vielleicht verlieren sogar beide. Ein Kompromiss kann keine Lösung bringen, die beide Seiten zufrieden stellt; irgendetwas muss dabei auf der Strecke bleiben.

Aussöhnung

Benötigt wird ein Ansatz, bei dem die beiden gegensätzlichen Sichtweisen verschmelzen können – bei dem das eine Extrem dadurch stärker wird, dass man das andere berücksichtigt und anpasst. Das verstehen wir unter aussöhnen und dieses Vorgehen macht Sie effektiver, vor allem in komplexen Situationen oder bei interkultureller Arbeit. Eine Möglichkeit ist, mit der eigenen Sichtweise zu beginnen, den anderen Standpunkt jedoch einzubeziehen, um zu einer Aussöhnung zu kommen. Eine zweite besteht darin, mit der Ihren Werten entgegengesetzten Sichtweise zu beginnen, dann aber die eigenen Vorstellungen einzubeziehen und so zum notwendigen Ausgleich zu kommen.

Ein Unternehmen kann also eine globale Extremstrategie verfolgen – indem es andere Kulturen ignoriert und weltweit seine ursprüngliche und erfolgreiche Vorgehensweise durchzusetzen sucht. Dabei kann es sich Probleme einhandeln, wenn es etwa versucht, Hamburger in Ländern zu verkaufen, in denen die Religion Rindfleisch verbietet. Es kann aber auch multilokal vorgehen und sich der jeweiligen Gegend anpassen, in der es sich betätigt. Im letzteren Fall können allerdings die Kosten steigen, weil bei der Unterstützung mehrerer Teilsysteme die Größenvorteile verloren gehen. Außerdem kann die Organisation durchaus ihre Corporate Identity verlieren.

Auf Unternehmensebene muss eine Organisation den jeweiligen universalistischen, globalen Ansatz mit dem multilokalen, partikularistischen Ansatz aussöhnen. Wie schon erwähnt, reicht ein Kompromiss wie in einem multinationalen Unternehmen nicht.

Erforderlich ist die Aussöhnung von Universalismus und Partikularismus. Generell hängt internationaler Erfolg davon ab, in unterschiedlichen Kulturen Bereiche mit besonderen Leistungen aufzuspüren. Nur weil irgendwelche Leute Englisch sprechen, heißt das noch nicht, dass sie auch gleich denken. Dass keine Kultur der anderen gleicht, macht den Multinationalismus so reich und vielfältig. Um eine Aussöhnung zu erreichen, muss eine Organisation einen begrifflichen Sprung tun. Die Antwort liegt in der transnationalen Spezialisierung, die es jedem Land ermöglicht, sich auf das zu spezialisieren, was es am besten kann, und in dem globalen Unternehmen für diese besondere Leistung zu einem Hort der Kompetenz und Führung zu werden. Die Reichweite ist definitiv global, aber die Ursprünge wichtiger Einflüsse sind national. Die Führung bei bestimmten Aufgaben verlagert sich in die Länder, die diese Aufgaben am besten bewältigen. Dieser Zyklus ist tatsächlich spiralförmig.

Internationale Organisationen müssen nach einer ähnlichen Logik suchen: Sie ist das Ergebnis, bestimmte Lernbemühungen mit einem universellen System zu verbinden und umgekehrt. Sie ist die Verbindung

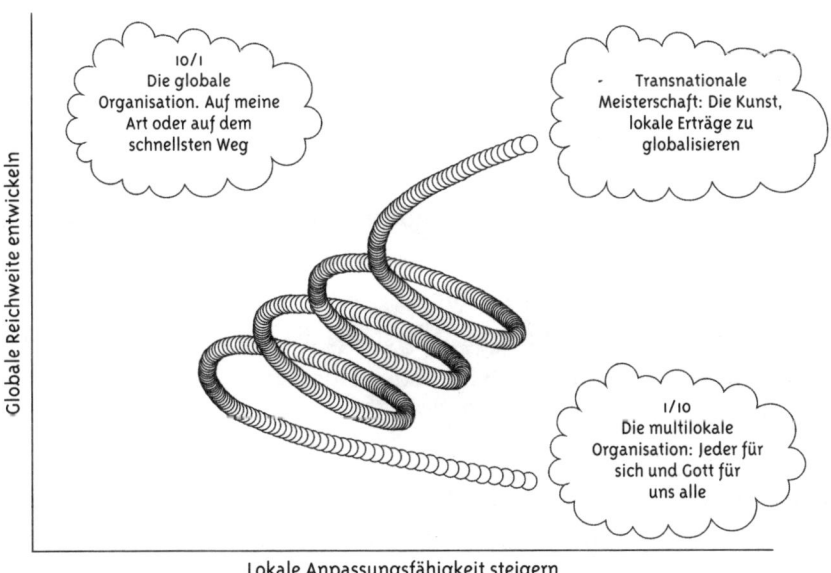

Abbildung 2.3 Aussöhnung von Universalismus und Partikularismus bei Globalisierung

zwischen praktischem Lernen in einem Kontext intelligenter Theorien. In dieser Dialektik entstehen die besten Integrationsprozesse und werden aus Nachteilen Vorteile. Sie ist jedoch nicht leicht zu verwirklichen und verlangt den Einsatz von Führungskräften. Man spricht auch von der Rechtsspirale, d. h. man beginnt auf der waagerechten (partikularistischen) Achse und arbeitet sich bis zur Aussöhnung vor, indem man sich der senkrechten Achse annähert (vgl. Abb. 2.4). Das alternative Vorgehen zur Aussöhnung (die Linksspirale), wobei man bei der senkrechten Achse beginnt und sich den Werten auf der waagerechten Achse annähert, ist ebenfalls gültig.

Bei der Ausbildung von Managern rund um den Globus musste der Heineken-Konzern ein Ausbildungsprogramm für die verschiedenen Länder bereitstellen, in denen das Unternehmen vertreten war. Aber sollte man an jedem Zielort ein einziges Standardprogramm (universalistisch) einsetzen oder eher verschiedene Programme (partikularistisch), um auf die lokalen Bedürfnisse einzugehen? Man löste dieses Dilemma erfolg-

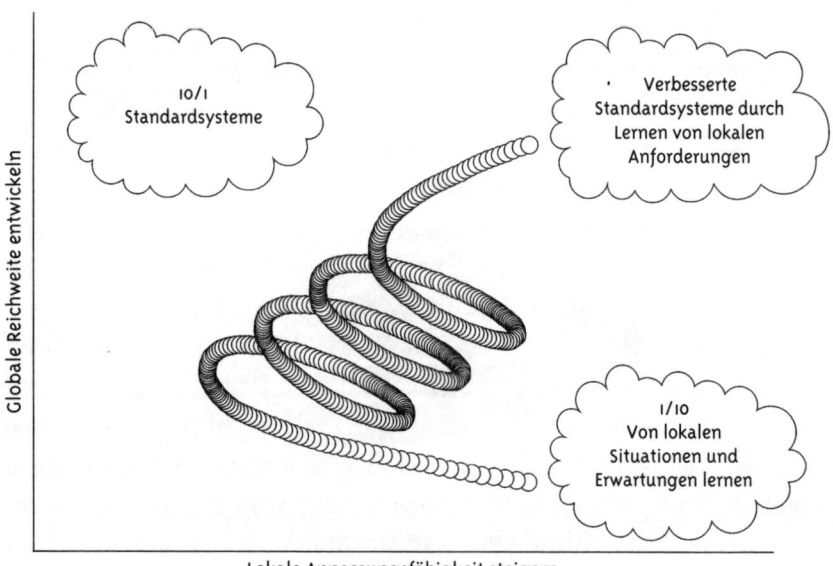

Abbildung 2.4   Von Best Practices lernen

reich auf, indem man sich von den beiden Extremen stetig aufeinander zubewegte. Man nutzte lokale Kenntnisse für ein standardisiertes Ausbildungsprogramm, adaptierte dann aber auch das verbesserte allgemeine Programm, um den lokalen Anforderungen nachzukommen.

In einigen Situationen erwächst Marktstärke aus dem Aufbau von Weltmarken. So ist Coca-Cola überall Coca-Cola und verkörpert den amerikanischen Traum, auch wenn die Zutaten in der Landessprache auf der Dose oder Flasche stehen können. Ähnlich verkauft British Airways die sichere, zuverlässige, typisch britische Art mithilfe lokaler Agenten an den verschiedenen Zielorten, die man anfliegt.

Es gibt eine Alternative dazu, um die besten Verfahren zu nehmen und zu globalisieren. Als Fons Trompenaars gebeten wurde, bei Applied Materials im kalifornischen Santa Clara einen Vortrag zu halten, staunte er nicht schlecht: Unter den 100 Topmanagern waren 57 Nationalitäten vertreten. Der amerikanische CEO Jim Morgan teilte sich die Macht mit seinem israelischen Mitbegründer. Wir trafen einen japanischen Personalmanager, einen deutschen technischen Leiter und einen französischen Marketingvize. Wenn das, was man global anbietet, von einem multikulturellen Team entwickelt wird, dreht sich die Spirale wieder links herum. Man beginnt mit einem globalen Ansatz, der auf Grund der vielen Nationalitäten in der Firmenspitze auf lokale Umstände Rücksicht nimmt.

Wir wissen um die Grenzen des früheren Fragebogens, der auch die Fragen zum Autounfall enthielt (vgl. S. 38). Der Vorteil einer Zwangswahl besteht darin, dass sie den Teilnehmer veranlasst, über das Dilemma nachzudenken – und darüber, wie man das Problem angehen kann. Auf diese Weise können wir Personen auf der bipolaren Skala unterbringen; das verrät uns allerdings nichts darüber, wie der Einzelne mit Blick auf eine eventuelle Aussöhnung der gegensätzlichen Wahlmöglichkeiten auf das Dilemma reagiert. Um die persönliche Reaktion zu beurteilen, haben wir daher die ursprünglichen Zwangswahlfragen erweitert und Optionen eingefügt, die Aussöhnung abzulehnen (Antworten 1 und 3), einen Kompromiss einzugehen (Antwort 5), eine Aussöhnung vom Universellen zum Partikularen vorzunehmen (Antwort 2) oder umgekehrt (Antwort 4).

So können wir sowohl die kulturelle Ausrichtung des Einzelnen

Das Auto und der Fußgänger

Sie sind Beifahrer in einem Auto, das von einem guten Freund gesteuert wird. Er fährt einen Fußgänger an. Sie wissen, dass er mindestens 50 km/h gefahren ist, obwohl dort maximal 30 km/h erlaubt waren. Es gibt keine Zeugen. Der Anwalt Ihres Freundes macht Ihnen klar: Wenn Sie bereit sind zu beeiden, dass Ihr Freund nur 30 km/h gefahren ist, wird ihm das ernsthafte Folgen ersparen.

Wie würden Sie in diesem Fall handeln?

1. Es gibt eine allgemeine Pflicht, als Zeuge die Wahrheit zu sagen. Ich werde vor Gericht keinen Meineid leisten. Und ein wahrer Freund sollte das nicht von mir erwarten.

2. Es gibt eine allgemeine Pflicht, vor Gericht die Wahrheit zu sagen, und das will ich auch, ich schulde meinem Freund jedoch eine Erklärung und jede soziale und finanzielle Hilfe, die mir möglich ist.

3. Mein in Not geratener Freund hat immer Vorrang. Ich werde ihn vor einem Gericht aus Fremden nicht wegen irgendeines abstrakten Grundsatzes im Stich lassen.

4. Mein in Not geratener Freund hat meine Unterstützung, was immer er aussagt, ich würde ihn allerdings drängen, in unserer Freundschaft die Stärke zu finden, die uns beiden erlaubt, die Wahrheit zu sagen.

5. Ich werde aussagen, dass mein Freund etwas schneller als erlaubt gefahren ist, dass es aber schwierig war, die Geschwindigkeit auf dem Tachometer abzulesen.

hinsichtlich seines Vorgehens bei Dilemmata (eher universalistisch oder eher partikularistisch) als auch seine Neigung beurteilen, Widersprüche beizulegen.

Noch einmal sei das zentrale Anliegen dieses Buches hervorgehoben, dem Leser zu helfen, seine Fähigkeit im Umgang mit Dilemmata auf der persönlichen Ebene (bei der Arbeit mit anderen Menschen) und auf der Ebene der Organisation zu verbessern und zu entfalten. Wie gesagt, die Fähigkeit, Dilemmata auszusöhnen, besteht darin, wie wir interkulturelle Führungskompetenz definieren; darüber hinaus ist sie ein direktes Maß für Führungspotenzial mit Blick auf das 21. Jahrhundert.

Das frühere Modell, in dem wir einen Probanden auf einer herkömmlichen linearen Profilskala eintragen würden:

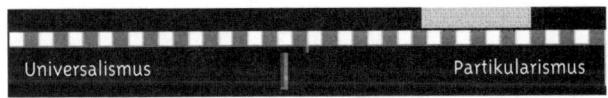

Abb. 2.5 Lineares Profil

wird somit durch eine zweidimensionale Bewertung ersetzt, die zeigt, in welchem Maß bei Dilemmata das universalistische oder partikularistische Vorgehen gewählt wird und in welchem Maß die Aussöhnung dieser Dilemmata zu erreichen ist (vgl. Abb. 2.6).

Abb. 2.6 Nichtlineares Profil

Während das Obige Sie in die Lage versetzt zu erkennen, wie Sie an ein Dilemma herangehen, müssen Sie nun überlegen, wie Sie die ganze Sache »abschließen«. Verwerfen Sie letztendlich andere Ausrichtungen (geringe Kompetenz) oder söhnen Sie am Ende gegensätzliche Ausrichtungen erfolgreich aus (hohe Kompetenz)?

Durch Kombination von Fragen, die der Logik des obigen Beispiels folgen, haben wir für jeden Bereich Skalen für interkulturelle Führungskompetenz erstellt, die auch die Grundlage unseres neuen ILAP-Instrumentariums bilden (InterCultural Leadership Assessment Profiling) (vgl. www.cultureforbusiness.com).

Wahrscheinlich werden Sie nicht in jeder Kulturdimension eine Aussöhnung in gleichem Umfang erzielen. Überlegen Sie deshalb, in welchen Bereichen Sie den geringsten Abstimmungsbedarf haben. Dieses Modell liefert Ihnen eine Strategie, sich auf die Bereiche zu konzentrieren, die Sie zur Steigerung der Effektivität vorrangig beachten müssen. Wenn Ihnen das gelingt, sind Sie auf einem guten Weg zu einem gemeinsamen Verständnis mit neuen Geschäftspartnern und einem System, Ihre Führungskompetenz auszubauen.

Das durch dieses Instrumentarium gelieferte Forschungsmaterial in unserer neuen Aussöhnungs-Datenbank bekräftigt, dass die interkulturelle Kompetenz, also die Neigung, Dilemmata auszusöhnen, direkt der Peer-Bewertung des Unternehmensergebnisses entspricht und ein Markenzeichen erfolgreicher Führungskräfte ist. Organisationen, die Führungspersonen mit dieser Kompetenz auf der individuellen Ebene haben, expandieren und behaupten sich auf Unternehmensebene auf allen Weltmärkten.

Der gleichen Logik können wir jetzt durch alle übrigen Wertdimensionen folgen.

Individualismus versus Kommunitarismus

Die zweite Dimension, die sich damit beschäftigt, wie Menschen eine Beziehung zu anderen herstellen, betrifft den Konflikt zwischen dem, was jeder von uns als Individuum will, und den Interessen der Gruppe, der wir angehören. Stellen wir dadurch eine Beziehung zu anderen her, dass wir herausfinden, was jeder Einzelne sich für sich wünscht, um dann zu versuchen, die Unterschiede abzubauen, oder hat eine gemeinsame Vorstellung vom öffentlichen oder Gemeinwohl für uns Vorrang? Die 65 000 Manager, die die folgenden Fragen beantworteten, haben sich zu diesem Dilemma geäußert.

Zwei Personen unterhielten sich darüber, wie man die Lebensqualität erhöhen könnte.

a: Der eine sagte: »Es liegt auf der Hand: Wenn man möglichst viel Freiheit und alle Möglichkeiten hat, sich zu entfalten, wird sich die Lebensqualität erhöhen.«

b: Der andere sagte: »Wenn der Einzelne sich beständig seiner Mitmenschen annimmt, erhöht sich die Lebensqualität für alle, selbst wenn die individuelle Freiheit und Entfaltung eingeschränkt werden.«

Welcher dieser beiden Aussagen können Sie am ehesten zustimmen?

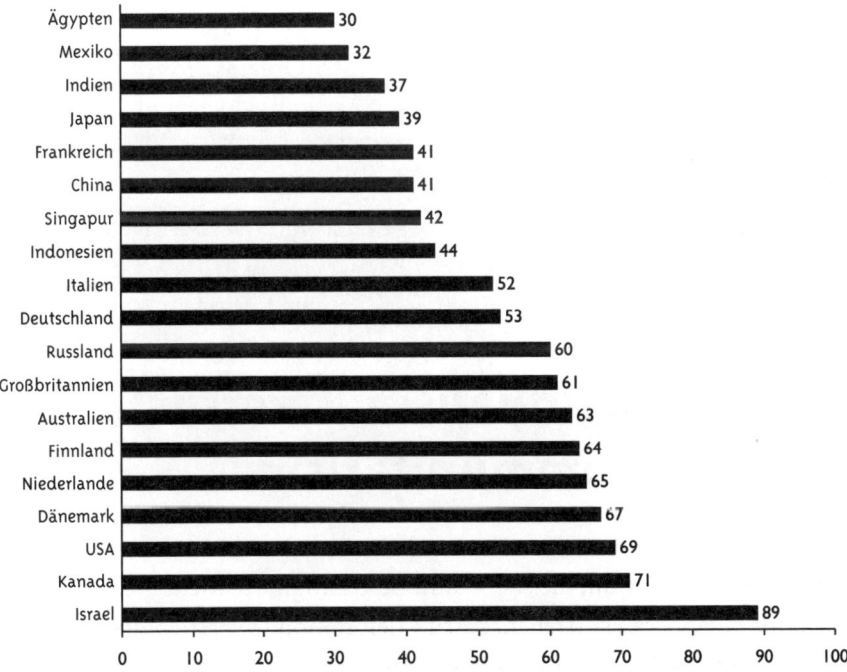

Abbildung 2.7 Individualismus versus Kommunitarismus (Kollektivismus): Prozentsatz derjenigen, die sich für individuelle Freiheit entschieden haben

Abbildung 2.7 gibt den Prozentsatz derjenigen wieder, die sich für Antwort »a« entschieden (individuelle Freiheit).

Wir alle durchlaufen diese Zyklen, starten jedoch an unterschiedlichen Punkten und begreifen sie als Mittel oder Zweck. Die individualistische Kultur sieht im Individuum den Zweck und in Verbesserungen an kollektiven Vereinbarungen das Mittel, ihn zu erreichen. Die kommunitaristische Kultur sieht in der Gruppe den Zweck und in Verbesserungen der individuellen Fähigkeiten ein Mittel zu diesem Zweck. Doch wenn die Beziehung tatsächlich ein Kreislauf ist, ist die Entscheidung, ein Element als Zweck und ein anderes als Mittel zu bezeichnen, willkürlich.

Der erfolgreiche internationale Führer oder Manager erkennt, dass der Individualismus seine Erfüllung im Dienst an der Gruppe findet, während Gruppenziele für Einzelne nur dann von offensichtlichem Wert sind, wenn die Betreffenden an deren Entwicklung teilhaben. Die Aussöhnung ist nicht einfach, aber möglich.

Entropie	Individualismus-Kommunitarismus
Am niedrigsten (wichtigste Variable)	Land Religion Branche Bildung Alter Geschlecht Tätigkeit
Am höchsten (unwichtigste Variable)	Unternehmensklima/-kultur

Individualismus versus Kommunitarismus nach Religionszugehörigkeit

Wie man beobachten kann, gibt es überall auf der Welt große Unterschiede. Datenerhebungen belegen, dass das Land erneut die Variable ist, die für die meisten Unterscheidungen verantwortlich ist. Bei unserer Entropieanalyse stellten wir fest, dass die Religion bei der Streuung der individualistischen Werte die zweitwichtigste Variable war. Unterschiede überraschen nicht, wobei sich Judaismus und Protestantismus als am individualistischsten und Hinduismus und Buddhismus als am kommunitaristischsten zeigen. Um es zu wiederholen: Die Nationalität eines Menschen vermag nicht alle Unterschiede zu erklären (vgl. Abb. 2.8).

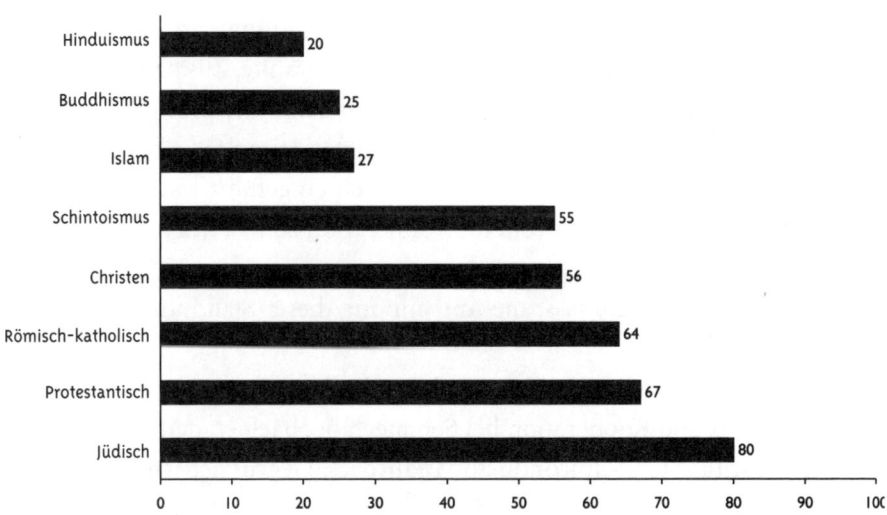

Abbildung 2.8   Individualismus nach Religionen: Durchschnittsbewertung nach Religionszugehörigkeit

Gemeinsame F&E-Aktivitäten eines großen internationalen Erdölunternehmens in den Niederlanden und eines japanischen Unternehmens führten zu einer interessanten Diskussion über die Einführung einer Vergütungsstruktur. Betroffen waren vor allem Niederländer, Briten, Amerikaner, Deutsche und Japaner, die alle in multikulturellen Teams zu arbeiten hatten. Sehen wir uns die Optionen an.

Man konnte ein individuelles Bonussystem einführen, das die Amerikaner und Briten zu noch mehr Wettbewerb angeregt hätte. Die kommunitaristischen Japaner und Deutschen hätte ein solches Entlohnungssystem erheblich demotiviert. Die Alternative hätte ein Teambonus sein können. Das hätte den Japanern gefallen. Aber würde er die Angelsachsen motivieren? Sicher nicht.

Warum also nicht einen Kompromiss eingehen und eine Kombination aus 50 Prozent variabler Entlohnung nach Gruppenleistung und 50 Prozent individueller Vergütung wählen? Dann konnte immer noch die eine Gruppenhälfte das eine Ziel anstreben und die andere das andere.

In diesem Fall suchte und fand die Unternehmensführung tatsächlich einen Ausgleich. Zum ersten Mal in ihrer Geschichte führte die Organisation ein gemischtes Vergütungssystem für Gruppen- und Einzelleistungen ein, wobei der Einzelne nur dann einen Bonus erhalten konnte, wenn die Gruppe ihn zum besten Teamspieler wählte. Zusätzlich wurden die Gruppen gebeten vorzutragen, wie sie zu den besonderen individuellen Leistungen angeregt hatten. Die Beteiligten stimmten über die beste Gruppe ab. Dieses System wurde erfolgreich eingeführt und ist ein Beispiel für die Kunst, sich sowohl für Kooperation zu bewerben als auch für besseren Wettbewerb zu kooperieren.

Abbildung 2.9 fasst die Aussöhnung dieser Standpunkte zusammen.

Auf einem hohen Niveau haben wir dieses Zusammenwirken von Wettbewerb und Kooperation bei Sematech beobachtet, dem amerikanischen Institute for Semiconductor Industries. Gegründet wurde es vom amerikanischen Verteidigungsministerium, das befürchtete, südostasiatische Unternehmen könnten zu den führenden Herstellern von Hochleistungsmikrochips werden. Das Institut zwang die amerikanischen Unter-

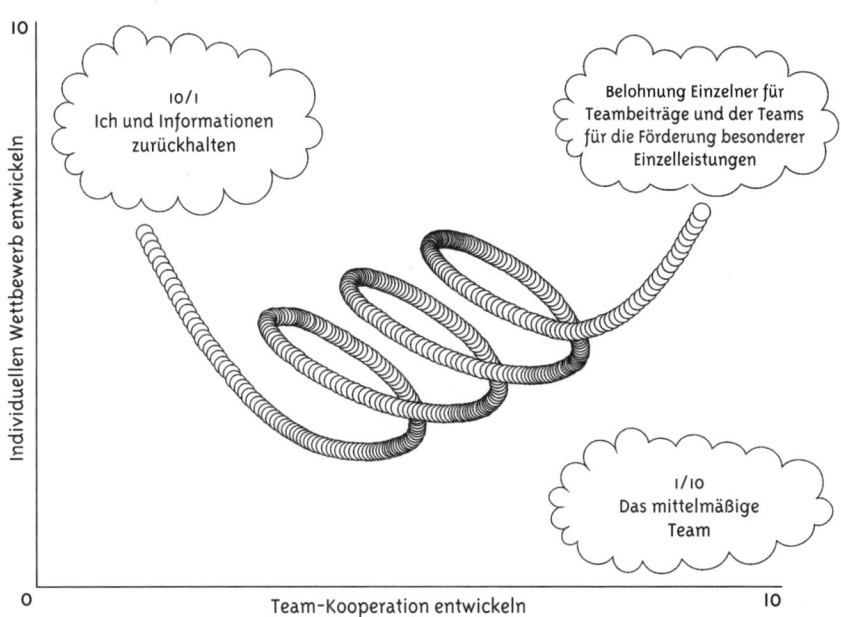

Abbildung 2.9   Kooperation und Wettbewerb

nehmen zur Kooperation, um die japanischen und koreanischen Hersteller von Halbleitern zu schlagen. Um es kurz zu machen: Binnen fünf Jahren vernichteten Intel, AMD und National Semiconductor die südostasiatische Halbleiterindustrie fast vollständig, obwohl sie eigentlich Konkurrenten waren. Es wurde möglich, unter den stark konkurrierenden Unternehmen zu kooperieren. Kooperation war eine wirksame Strategie unter den damaligen Bedingungen, unter denen sie später konkurrieren konnten. Das Schöne an der Geschichte ist, dass die einstigen Konkurrenten aus Asien gebeten wurden mitzumachen, was sie mit Freude taten. Ein großartiges Beispiel, wie man konkurrieren kann, um zu kooperieren.

Internationales Computerchip-Projekt

Ein amerikanisches und ein japanisches Großunternehmen beschlossen, gemeinsam einen Computerchip zu entwickeln, der 16 Mal leistungsfähiger sein sollte als die bisherigen Chips. Da das Gemeinschaftsprojekt eine Idee des amerikanischen Unternehmens war, kam man überein, die japanischen Forscher für die Dauer des Projekts in die USA zu holen. Eine der ersten Schwierigkeiten betraf den Arbeitsplatz. Die Japaner waren gewohnt, in großen, weitläufigen Räumen zu arbeiten, die der Teamarbeit und dem Gedankenaustausch entgegenkamen, während die Amerikaner in kleinen Einzelbüros arbeiteten. Den Japanern behagte diese Anordnung nicht, da sie fürchteten, das werde den Informationsfluss unterbinden und die Kreativität beeinträchtigen, die sich bei der Arbeit in Gruppen entfaltet. Sie baten um große Arbeitsräume, doch die Amerikaner gingen kaum darauf ein, sodass die Japaner schließlich auf den Korridoren zusammenkamen, um sich auszutauschen. Wären diese beiden Unternehmen in der Lage gewesen, ihre unterschiedlichen Ansichten beizulegen und individuelle und Gruppenarbeit zu kombinieren, hätten beide voneinander lernen können.

Neutral versus affektiv

In zwischenmenschlichen Beziehungen spielen Vernunft und Gefühle eine Rolle. Was von beiden dominiert, hängt davon ab, ob wir affektiv sind, d. h. unsere Empfindungen zeigen, wobei wir dann wahrscheinlich eine emotionale Reaktion erfahren, oder ob wir uns emotional neutral verhalten. Wir haben natürlich nach wie vor Empfindungen, zeigen sie anderen gegenüber aber nicht.

Vernunft und Gefühle gehören normalerweise selbstverständlich zusammen. Wenn wir uns artikulieren, versuchen wir, in der Reaktion unserer Zuhörer eine Bestätigung unserer Gedanken und Gefühle zu erhalten. Wenn wir sehr emotional vorgehen, erhoffen wir eine direkte, emotionale Reaktion: »Ich empfinde in dieser Sache genau wie Sie.« Wenn wir ganz neutral vorgehen, wünschen wir uns eine indirekte Reaktion: »Weil ich mit Ihrem Gedanken oder Vorschlag übereinstimme, unterstütze ich Sie.« In beiden Fällen wird Zustimmung gesucht, es werden dazu jedoch unterschiedliche Wege beschritten. Der indirekte Weg bietet uns emotionale Unterstützung, die abhängig vom Erfolg einer geistigen Anstrengung ist. Der direkte Weg lässt unsere Gefühle über ein tatsächliches Vorhaben sichtbar werden und vereint so Gefühle und Gedanken auf eine andere Art.

Hier ein Beispiel für eine der diagnostischen Fragen, die dieses Dilemma erkunden.

In unserer Gesellschaft gilt es als unprofessionell, Gefühle offen zu zeigen. Nehmen Sie zu dieser Aussage Stellung:

(a) Stimme absolut zu
(b) Stimme zu
(c) Unentschieden
(d) Stimme nicht zu
(e) Stimme überhaupt nicht zu

Abbildung 2.10 zeigt die Ergebnisse, die wir erhalten haben. Auch hier war das Land wieder die Variable, die für die größten Unterschiede verantwortlich war.

Der offene und oft heftige Ausdruck von Meinungen steigert sich häufig durch die starke Persönlichkeit der Betroffenen zu einer sehr fest gefügten Meinung und einem manchmal abträglichen Kommunikationsstil. Man muss oft darauf hinweisen, wie wichtig grundlegende Kommunikationsfähigkeiten sind wie etwa das Zuhören.

Dieses Szenario verrät mehr als das unterschiedliche Ausmaß, in dem verschiedene Kulturen ihre Emotionen zeigen. Es zeigt außerdem, dass einige Kulturen bevorzugt positive oder negative Emotionen äußern, bereitwilliger loben oder klagen.

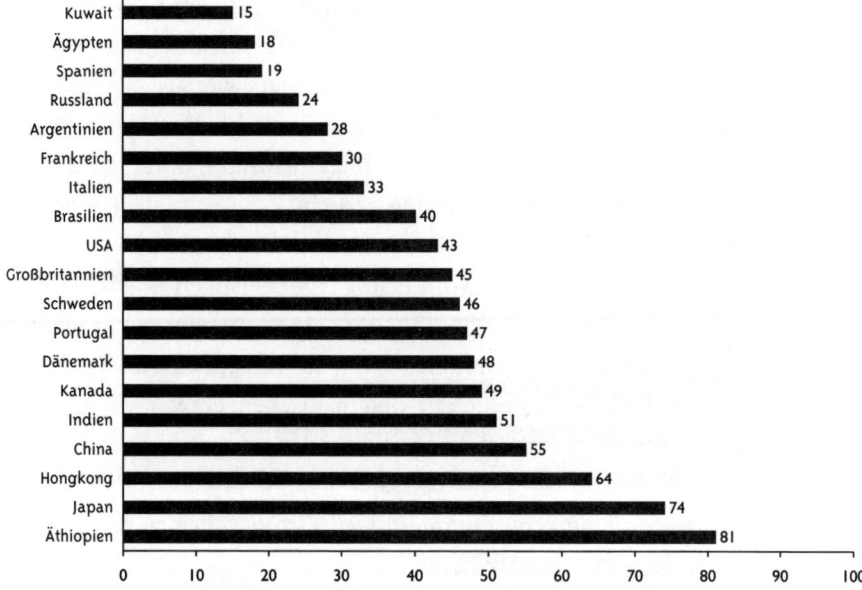

Kuwait		15									
Ägypten		18									
Spanien		19									
Russland		24									
Argentinien		28									
Frankreich		30									
Italien		33									
Brasilien		40									
USA		43									
Großbritannien		45									
Schweden		46									
Portugal		47									
Dänemark		48									
Kanada		49									
Indien		51									
China		55									
Hongkong		64									
Japan		74									
Äthiopien		81									

Abbildung 2.10   Neutral versus affektiv: Prozentsatz derjenigen, die Emotionen nicht offen zeigen

Affektive und neutrale Kulturen nach Funktionen

Wie unterschiedlich Menschen Gefühle ausdrücken, hängt mit ihrer Tätigkeit zusammen. Es überrascht kaum, dass am Computer arbeitende Beschäftigte und solche aus Rechtsberufen lieber sterben, als ihre Gefühle zu zeigen. Beschäftigte aus Marketing, Verwaltung und Herstellung gehen dagegen ganz offen mit ihren Gefühlen um. Man beachte die große Diskrepanz bei der Neutralität zwischen Verwaltungs- und Sekretariatsbeschäftigten in Abbildung 2.11.

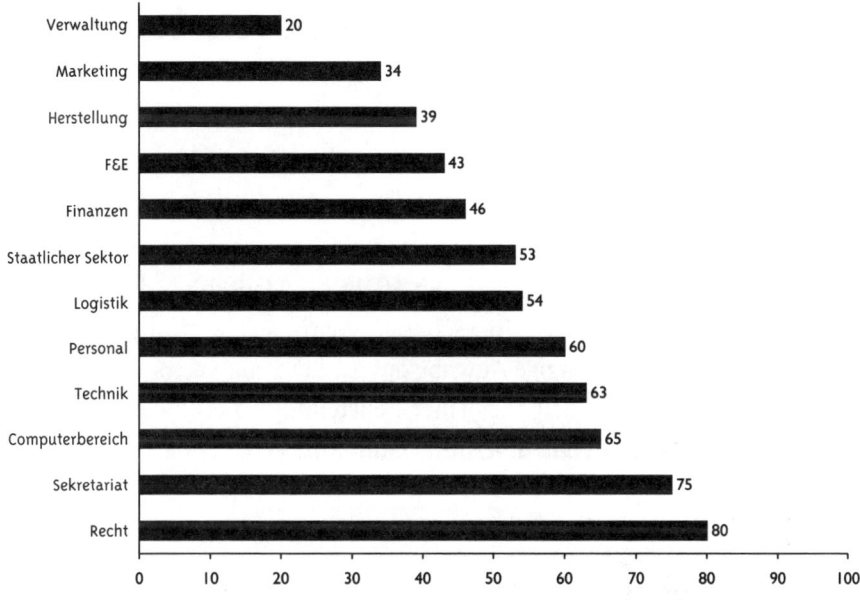

Abbildung 2.11   Durchschnittliche Bewertung mit »neutral« nach Funktionen

Bandbreite der Wertunterschiede

Entropie	Neutral-Affektiv
Am niedrigsten (wichtigste Variable)	Land Branche Tätigkeit Religion Unternehmenskultur/-klima Alter Geschlecht
Am höchsten (unwichtigste Variable)	Bildung

Affektive und neutrale Kulturen nach Funktionen   **59**

Affektive und neutrale Kulturen aussöhnen

Übermäßig affektive (expressive) und neutrale Kulturen haben Schwierigkeiten, zueinander zu finden. Ein neutralerer Mensch wird schnell beschuldigt, kalt und herzlos zu sein; ein affektiver Mensch wird als unbeherrscht und unbeständig eingeschätzt. Wenn solche Kulturen sich begegnen, ist es die vorrangige Aufgabe des Auslandsmanagers, die Unterschiede zu erkennen und sich jeglicher Beurteilung zu enthalten, die auf Emotionen oder deren Fehlen beruht. Dann muss er akzeptieren, dass die

Emotionale Amerikaner und mürrische Deutsche bei AMD

Neutrale Kulturen halten affektive Kulturen oft für leicht kindisch und irrational, voller allgemeiner Begeisterung und oberflächlicher Schlagwörter. Affektive Kulturen halten neutrale Kulturen dagegen häufig für verschlossen, schwer einschätzbar und unglaubwürdig. Die unterschiedliche Bereitschaft, Gefühle zu zeigen, kann daher zu Skepsis, einem Mangel an Vertrauen und letztlich zu Feindseligkeit führen.

Charles Hampden-Turner und Fons Trompenaars befragten Deutsche über die Amerikaner, mit denen sie in einem neuen AMD-Werk in Dresden zusammenarbeiten sollten. Den Deutschen war das joviale Verhalten der Amerikaner unangenehm. »Sie klopften uns auf die Schulter und lobten unsere gute Arbeit. Ehrlich gesagt, wissen wir selbst, wann unsere Arbeit gut ist. Das müssen sie uns nicht immer wieder sagen. Manchmal kommt man sich wie ein Gebrauchtwagen vor.«

Die Befragung der Amerikaner ergab fast das entgegengesetzte Bild. »Die Deutschen zeigen nicht gern, was sie empfinden, und wenn, ist es oft negativ. Sie klagen offenbar gern. Und wenn wir gute Arbeit leisten, sagen sie nichts, als ob das normal wäre. Das ist nicht sehr motivierend.«

anderen das Recht haben, sich so zu verhalten, wie sie es tun. Unterschiedliche Kulturen interpretieren das Zeigen von Gefühlen unterschiedlich, woraus sich erklärt, warum zwischen Kulturen Unterschiede bestehen.

Die neutrale Achterbahn in Japan

Die Fahrt in einer hölzernen Achterbahn ist seit fast einhundert Jahren eine Attraktion auf Volksfesten. Im letzten Jahrzehnt haben die Betreiber sich bemüht, die Achterbahn noch aufregender zu machen. Der Bau einer solchen Bahn verlangt vom Planungsingenieur, mehrere Beschleunigungsstrecken und Schikanen einzubauen und dazwischen gerade genug Erholungspausen, bevor der nächste Nervenkitzel kommt. Im Westen kreischen und winken die Achterbahnfahrer und gehen ganz in diesem Erlebnis auf.

Dank moderner Elektronik und Sicherheitsvorkehrungen ist das heute das große Geschäft und Spezialhersteller aus den USA und Europa haben versucht, ihre Bahnen zu exportieren. Ein kalifornisches Unternehmen errichtete mehrere Bahnen in Japan. Obwohl die Anlagen technisch ausgereift waren, bekamen die japanischen Achterbahnfahrer immer wieder Kopfschmerzen. Untersuchungen ergaben, dass die Japaner während der Fahrt sehr oft den Kopf einzogen und sich nach vorn beugten (wobei sie mit dem Kopf gegen die Stange stießen, die zum Festhalten gedacht ist), statt aufrecht zu sitzen, sodass sie hätten winken können. Um die Kopfschmerzen zu verhindern, waren teure Umbauten nötig – die so weit gingen, dass japanische Sicherheitsvorschriften heute technische Lösungen verlangen, die diese relative Neutralität berücksichtigen. Diese Neutralität bedeutete natürlich nicht, dass die Japaner den Nervenkitzel nicht erlebt hätten; sie bemühten sich lediglich darum, ihn unter Kontrolle zu halten, indem sie den Kopf senkten.

Kodak brachte eine Werbeanzeige, die auf »Erinnerungen« abzielte, was die Amerikaner lieben, bei den Briten jedoch als verkitscht gilt. Michael Porter erklärte einmal, die Deutschen wüssten nicht, worum es beim Marketing geht. Nach seinem amerikanischen Verständnis geht es beim Marketing darum, ohne Einschränkungen die Qualität der Produkte zu zeigen. Deutsche empfinden das unter Umständen als großspurig und inakzeptabel, es sei denn, man verkauft Gebrauchtwagen. Wenn man in Deutschland etwas Positives ausdrücken will, muss das sehr differenziert geschehen; vielleicht ist Porter diese Differenziertheit entgangen.

Emotionalität ist cool

In dem Buch 21 *Leaders for the 21st Century* waren einige Wirtschaftsführer nach unserem Dafürhalten sehr leidenschaftlich, andere sehr beherrscht. Wenn man das expressive Verhalten von Richard Branson betrachtet, fällt einem auf, dass seine Kollegen ihn als sehr beherrscht loben, wenn es nötig sei. Kollegen von Michael Dell dagegen warnen gern vor dessen Temperament, da er normalerweise sehr beherrscht ist. Das ist eine Frage der Aussöhnung durch den Vorder- oder Hintergrund. Um international erfolgreich führen zu können, ist es eigentlich egal, was im Vordergrund oder im Hintergrund steht, solange beide Bereiche miteinander verbunden sind.

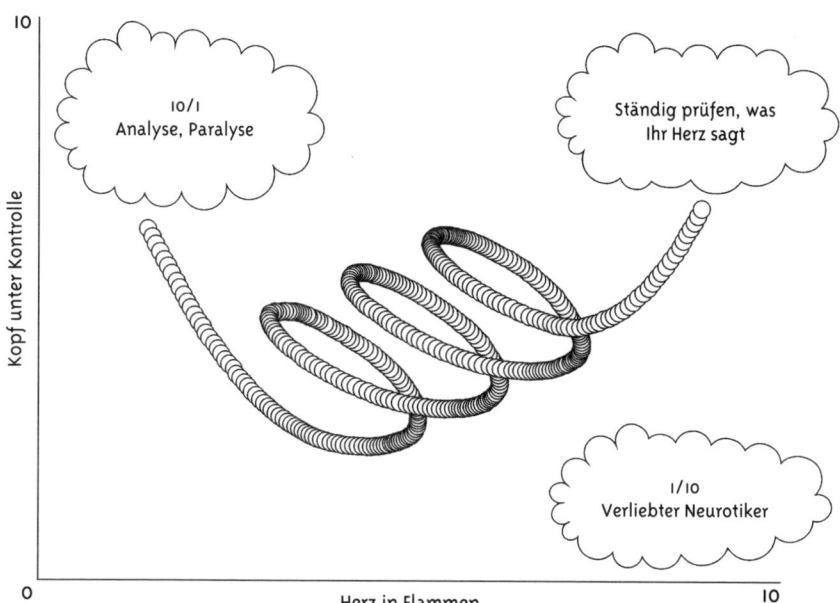

Abbildung 2.12   Emotional sein ist cool

Kapitel 3

Weitere Wertdimensionen

Werfen wir einen Blick auf die übrigen Wertdimensionen.

Spezifisch versus diffus

Diese kulturelle Dimension hat zu tun mit dem Maß an Engagement in den Beziehungen. Sie handelt davon, wie weit wir andere in spezifischen Lebensbereichen und auf einzelnen Persönlichkeitsebenen einbeziehen oder diffus in mehreren Bereichen unseres Lebens und auf mehreren Ebenen gleichzeitig. In spezifisch ausgerichteten Kulturen trennt ein Manager die (spezifische) Aufgabenbeziehung, die er/sie zu einem Untergebenen hat, von anderen Fragen ab. Aber in einigen Kulturen durchdringt jeder Lebensbereich und jede Persönlichkeitsebene oft alles andere.

Ein Beispiel soll helfen. Wenn man jemanden fragt, warum er geheiratet habe, könnte die Antwort lauten,»um in den größtmöglichen Genuss von Steuervorteilen zu kommen«. Ein solches Paar käme aus einem spezifischen Kulturkreis, wo Ehe und die »spezifische« Frage der Maximierung von Steuerfreibeträgen zusammenhängen. Wäre die Antwort dagegen,»es war aus Liebe und um unsere beiden Familien zu vereinen«, käme das Paar aus einem diffusen (und kommunitaristischen) Kulturkreis. Und wir hätten es offensichtlich mit Aussöhnung zu tun, wenn sie auch noch Steuervorteile schätzen würden.

In einer spezifischen Kultur glauben die meisten an den Shareholder-Value. In einer diffusen Kultur dreht sich alles um die Weltanschauung; sie ist ganzheitlich. Dort würde man auf den Stakeholder-Value setzen, den Unternehmenswert aus Sicht der Interessengruppen. Spezifisch bedeutet analytisch, diffus ist ganzheitlich oder synthetisch.

Der deutsche Psychologe Kurt Lewin sagte einmal, die Amerikaner seien ein erstaunliches Volk. Sie seien sehr offen. Man kenne jemanden kaum und dennoch spräche er offen mit einem. Und er fragte sich, wieso sie so offen sein könnten. Die Antwort lautet: Die Amerikaner können so offen sein, weil sie spezifisch sind, sie bewahren sich jedoch einen privaten Bereich. Es ist das Pfirsichmodell – man beißt problemlos hinein, stößt aber am Ende doch auf den harten Kern.

Was bedeutet öffentlich in Amerika?

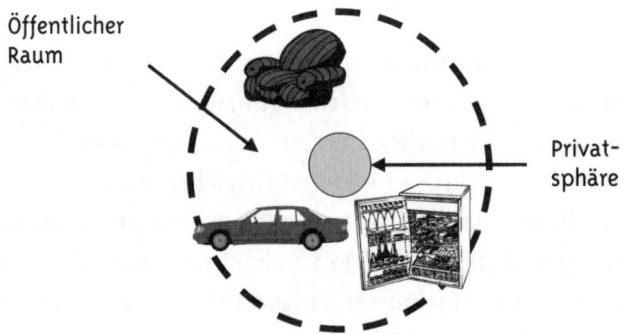

Öffentlicher Raum

Privat-sphäre

Abbildung 3.1   Spezifisch versus diffus: Was ist öffentlich und was privat?

Fons Trompenaars schreibt:

»*Als ich in Amerika war, hatte ich einen Freund, einen typischen Amerikaner, der mir beim Umzug half. Am Abend waren wir beide erschöpft und ich sagte: ›Bill, möchtest du ein Bier?‹ Ich drehte mich zu ihm um, aber er war schon am Kühlschrank. Für einen Amerikaner ist ein Kühlschrank ein öffentlicher Raum, für die meisten Europäer ein privater: ›Geh ja nicht an meinen Kühlschrank!‹*

In den ersten drei Monaten hatten wir kein Auto und mein Freund, auch hier ein typischer Amerikaner, bot an, mir seinen Wagen zu leihen, wann immer ich ihn brauche. In Deutschland wäre so etwas undenkbar.

Ich habe in Amerika oft erlebt, dass Leute bei einem Umzug ihre Möbel zurückließen. Möbel sind ›öffentlich‹ (sie haben eine spezifische funktionale Bedeutung). Das wäre in Frankreich unvorstellbar. Man kann Möbel nicht einfach loswerden; sie gehören zur Familie, sie sind mehr als nur ein Einrichtungsstück – sie verkörpern etwas von der Familie und ihrer Geschichte.«

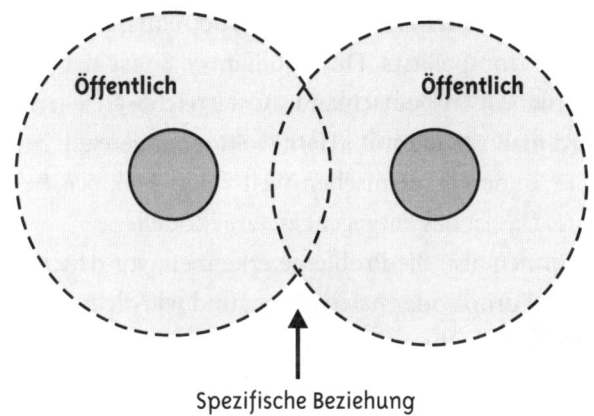

Spezifische Beziehung

Abbildung 3.2   Eine spezifische Beziehung entsteht zwischen beiden Partnern, die in ihrem öffentlichen Raum interagieren.

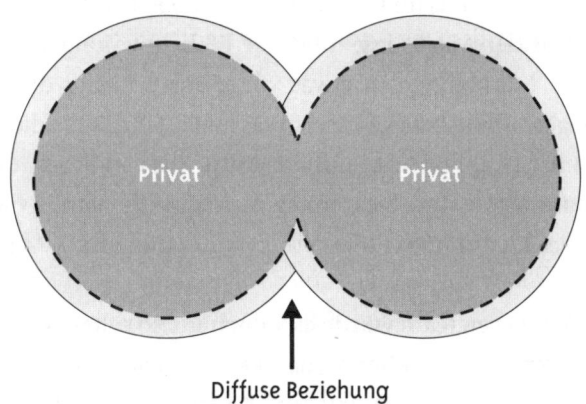

Diffuse Beziehung

Abbildung 3.3   In einer diffusen Beziehung teilen sich beide Partner ihren öffentlichen Raum und ihre Privatsphäre.

Nach Lewin führt das zu dem, was wir spezifische Beziehungen nennen. Wenn ich eine Beziehung zu Ihnen herstelle und Sie zu mir, müssen wir dem eine Bedeutung geben, worum es bei dieser Beziehung geht. Sie sind also kein menschliches Wesen, Sie sind eine menschliche Ressource! Kurt Lewin nannte das den »U-Typ«. Als Deutscher nannte er die diffuse Ausrichtung den »G-Typ«. In Amerika bekommt man einen akademischen Titel – Dr. –, der jedoch nur in der Universität benutzt wird. Sobald man außerhalb der Universität ist, heißt es »Hallo, Fons, hallo Peter«, in der Universität »Dr. Trompenaars, Dr. Woolliams«. Sogar der Titel ist spezifisch für die Situation. In Deutschland – Österreich wäre ein noch besseres Beispiel – wird man überall mit »Herr Doktor« angeredet; bei der Arbeit »Herr Doktor«, in der akademischen Welt »Herr Doktor«, beim Metzger »Herr Doktor«. Das ist das entgegengesetzte Modell.

Wir können also die Probleme erkennen, vor denen Amerikaner stehen, die nach Europa oder Asien gehen, und wie die Bedeutung, die sie der Aufnahme von Beziehungen beimessen, an der Grenze aufhört. In Europa und Asien ist der private Bereich wichtig. Es heißt »Sie«, nicht »du«, »vous«, nicht »tu«. Wenn man jedoch einmal dazugehört, dann ein Leben lang, und das ist eine diffuse Beziehung. »Herr Doktor« ist kein spezifisches Etikett im öffentlichen Leben; »Herr Doktor«, das sind Sie, es bezeichnet Ihre Identität.

Was bedeutet das im Geschäftsleben? Stellen wir uns eine Besprechung zwischen der Marketing- und der F&E-Abteilung vor. Das F&E-Team hat dem Marketingteam etwas vorgeschlagen und die Leute vom Marketing sagen: »Eine lausige Idee.« Was bedeutet das für die Mitglieder des F&E-Teams? Weil F&E eine diffuse Kultur ist, verkörpert die Idee sie, bezeichnet das, was sie sind. Sie trennen nicht zwischen ihren Forschungsideen und ihrer Identität; das Marketingteam hat die F&E-Abteilung also beleidigt.

Das Marketingteam würde es jedoch nie so sehen, weil seine Mitglieder sehr offen sind. Sie könnte man kaum beleidigen, über sie könnte man alles Mögliche sagen, sie würden es nicht persönlich nehmen, was von einer spezifischen Kultur zeugt.

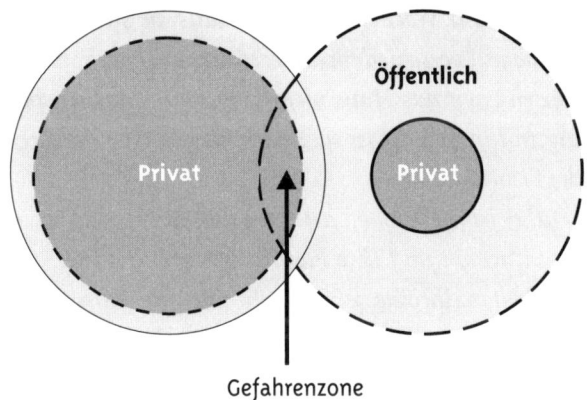

Gefahrenzone

Abbildung 3.4 Spezifische und diffuse Begegnungen

Was ist hier geschehen? Das Marketingteam ist in die »Gefahrenzone« der Privatsphäre abgeirrt, ist unabsichtlich in den Privatbereich des F&E-Teams vorgedrungen. Für das Marketingteam ist die Diskussion über Ideen eine öffentliche Angelegenheit, für F&E eine private.

Hier hat die Vorstellung vom »Gesichtsverlust« ihren Ursprung. Der Gesichtsverlust macht das öffentlich, was als privat empfunden wird. Und wir alle wissen, wie wichtig es in Ländern wie Japan und Spanien ist, das Gesicht zu wahren.

Schwierig wird es zwischen Kulturen, wenn eine diffuse und eine spezifische Kultur aufeinander treffen. Eine diffuse Kultur ist an der indirekten Kommunikation zu erkennen. Das ist einer der großen Unterschiede zwischen Briten und Amerikanern. Die Amerikaner kommen am liebsten gleich zur Sache, wie die Niederländer oder Australier. Die Engländer und Japaner sind dagegen zurückhaltender und nicht so direkt. Wenn sie einen Vorschlag für schlecht halten, sagen sie vielleicht: »Das ist sehr interessant, das müssen wir eingehender untersuchen.« Ein Niederländer würde geradeheraus sagen: »Das ist wirklich schlecht.«

Hier ein Beispiel für eine diagnostische Frage, die Menschen anhand dieser Dimension unterscheidet:

Ihr Chef bittet Sie, am Wochenende sein Haus zu streichen. Es gibt zwei Überlegungen, die auf verschiedenen Wertsystemen beruhen:

(a) Sie müssen das Haus nicht streichen – das ist spezifisch, denn Ihre Beziehung zu Ihrem Chef ist spezifisch für die Welt der Arbeit, nicht für seine häusliche Situation.

(b) »Ja, er ist mein Chef, ich muss das machen.« Das ist diffus; Ihre wirtschaftliche Situation und Ihre Familie hängen von Ihrem Chef ab, deshalb werden Sie helfen. Ihre Beziehung geht über die Arbeit im Büro hinaus.

Mit welcher Aussage stimmen Sie überein?

Wieder finden wir große Schwankungen unter den Kulturen, die von 91 Prozent in Schweden reichen, die dem Chef nicht helfen würden, bis zu 32 Prozent in China (d. h. dort würden 68 Prozent ihrem Chef helfen). Einige Werte, wie der für Japan, wo 71 Prozent angaben, nicht helfen zu wollen, schienen auf den ersten Blick keine Gültigkeit zu haben, doch beim Nachfassen kam heraus, dass die Menschen in Japan ihre Häuser kaum streichen – sie benutzen Holzschutzmittel und andere Materialien. Das zeigt einige der Schwierigkeiten der interkulturellen Forschung auf. Mit Hilfe anderer diagnostischer Fragen wie der folgenden konnten wir jedoch wieder eine Datenbank von Ländern für diese Dimension erstellen.

Es gibt verschiedene Ansichten darüber, wie eine Arbeit am besten erledigt werden kann. Welche Art bevorzugen Sie?

(a) Eine Arbeit wird dann am besten erledigt, wenn die Personen, die mit Ihnen zusammenarbeiten, Sie persönlich kennen und Sie so akzeptieren, wie Sie sind, innerhalb und außerhalb der Organisation.

(b) Eine Arbeit wird dann am besten erledigt, wenn die Personen, die mit Ihnen zusammenarbeiten, Ihre Arbeit respektieren, auch wenn sie nicht mit Ihnen befreundet sind.

Auch hier gab es unter den Ländern deutliche Unterschiede.

Spezifische und diffuse Kulturen nach Altersgruppen

Es gibt Fragen der Konvergenz von Kulturen (was wir »Eurovergenz« genannt haben) und Unterschiede zwischen den Generationen. Außerdem müssen wir berücksichtigen, was sich so ereignet, wenn wir älter und erfahrener im Umgang mit der Ungleichheit werden und vermutlich auch weiter in der Welt herumgekommen sind, geschäftlich und privat.

Aus unserer Datenbank ergibt sich der allgemeine Trend, dass ältere Manager und Führungskräfte spezifischer werden. Das mag zum Teil auf unsere Stichprobe zurückgehen, die sich aus Geschäftsleuten zusammensetzt, und teils auch die Trennung von der Familie und deren diffusere Dynamik wiedergeben.

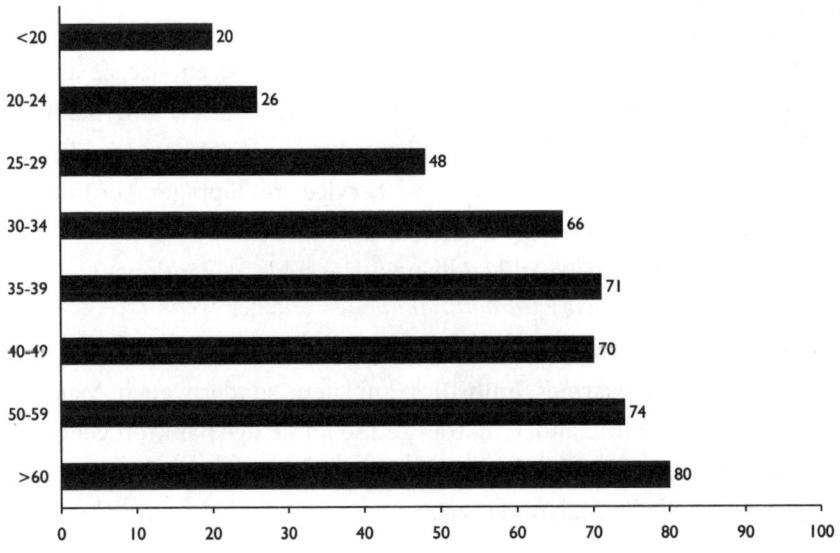

Abbildung 3.5 **Durchschnittsbewertung mit »Spezifisch« nach Altersgruppen**

Entropie	Spezifisch-Diffus
Am niedrigsten (wichtigste Variable)	Land Branche Religion Alter Geschlecht Bildung Tätigkeit
Am höchsten (unwichtigste Variable)	Unternehmensklima/-kultur

Spezifische und diffuse Kulturen aussöhnen

Wir können diese Dimension bei den verschiedenen Allianzen großer Fluggesellschaften in Aktion beobachten. Bei unserer Arbeit mit British Airways und American Airlines haben wir den Parteien geholfen, verschiedene Möglichkeiten zu erkennen und zu beherzigen, wie sie die Beziehung zu ihren Passagieren definieren. Es ist typisch amerikanisch, »Kernkompetenzen« und »Shareholder-Value« hochzuhalten. Bei British Airways dagegen legt man Wert auf Service mit üppigem Frühstück, Champagner in einigen Klassen und Ähnliches mehr.

In dieser »One World«-Allianz gab es folgende Optionen:

- »Die Horde mit Cola und Brezeln abspeisen.«
- Nicht nur ein warmes Frühstück anbieten, sondern auch Massage, Schuhe putzen und andere Extras und so »im Fluge Bankrott gehen«.
- Einen Kompromiss eingehen und warme Brezeln servieren, sodass man garantiert alle Passagiere verliert.

Die Aussöhnung besteht hier in der Kunst, genau die Bereiche zu bestimmen, die einen persönlicheren Service bieten, und mit dem angebotenen Service die Beziehung zu vertiefen. Nur das würde funktionieren.

Der Erfolg der Allianz wird von genau dieser Aussöhnung abhängen: der Fähigkeit der Angestellten der Fluggesellschaft, konsequent jene spezifischen Momente zu finden, bei denen die Beziehung über den angebotenen Service hinaus vertieft werden kann. Ein Kompromiss – warme Brezeln – führt in die wirtschaftliche Katastrophe, was wir bei Allianzen oft genug erlebt haben.

Vor einigen Jahren bekam Merril Lynch (ML) massiv Konkurrenz von Charles Schwab im Internet. Die Finanzberater von ML waren gewohnt, langfristige und teure Beziehungen zu ihren Kunden aufzubauen; Charles Schwab entschied sich dafür, seine Kunden online zu beraten. Ein paar Jahre später erlebte ML, wie der Marktanteil der Onlinehändler dramatisch zunahm. Der spezifische Service des Internets siegte über die diffusen Beziehungen, die sehr viel kostspieliger waren. Nach langen Beratungen beschloss ML, den Onlinehandel einzuführen, aber in einer differenzierteren und anspruchsvolleren Art als Schwab. Das Besondere bestand darin, wie man die verschiedenen Kulturen des Internets und der Finanzberater kombinierte (aussöhnte).

Zuerst erfassten die Berater die eigenen Internetkunden, um diejenigen zu bestimmen, denen man mit persönlicherem Kontakt im Internet weiterhelfen konnte. Umgekehrt half man Stammkunden, Webcams zu installieren, mit denen sie ihren Berater schneller über das Internet erreichen konnten; außerdem hatten sie sofort online Zugriff auf ihr Portefeuille. Man klickte ML an und blieb auf der Seite. ML gewann seinen Marktanteil zurück und differenzierte die Gebührenstruktur.[3]

So kann man das Internet nutzen, um eine Beziehung zu vertiefen. Barnes & Noble verkauft online mehr Bücher als Amazon.com, weil sie Buchläden haben. Die Aussöhnung besteht in der Integration der spezifischen und diffusen Dienstleistungen.

Errungener versus zugeschriebener Status

In allen Gesellschaften haben einige Mitglieder einen höheren Status als andere, was signalisiert, dass diesen Personen und ihren Aktivitäten mehr Beachtung geschenkt werden sollte. Einige Gesellschaften räumen Menschen einen Status auf Grund ihrer Errungenschaften ein, andere gewähren ihn kraft Alter, Klasse, Geschlecht, Bildung etc. Im ersteren Fall sprechen wir von errungenem, im zweiten von zugeschriebenem Status. Während sich der errungene Status auf das Tun (was man leistet) bezieht, bezieht sich der zugeschriebene Status auf das Sein (wer man ist).

An Errungenschaften orientierte Kulturen vermarkten ihre Produkte und Dienstleistungen auf der Grundlage ihrer Leistung. Leistung, Geschick und Wissen begründen ihr Ansehen.

Zuschreibungsorientierte Kulturen messen oft Produkten und Dienstleistungen einen Status bei. Vor allem in Asien wird ein Status den Dingen zugeschrieben, die »von selbst« bei anderen Bewunderung auslösen, also hoch qualifizierte Technologien oder Projekte, die als von nationaler Bedeutung erachtet werden. Der Status ist im Allgemeinen unabhängig von Aufgabe, besonderer Funktion oder technischer Leistung.

Weitere Verflechtungen bestehen hinsichtlich der Wertschätzung von Ansehen und Verantwortlichkeit. In leistungsorientierten Kulturen wird angenommen, dass Menschen in angesehener Position sich verantwortlich für die Hervorbringungen einer Organisation fühlen. Das beruht auf der Überlegung, dass, wenn jemand Chef ist, er das geworden sein muss, weil er sich den Titel und die Position verdient hat. In vielen Kulturen hängen angesehene Positionen jedoch davon ab, aus welcher Familie man kommt, dass man die richtige Schule besucht hat, der richtigen Schicht oder dem richtigen Geschlecht angehört oder älter ist. Die Tatsache, dass jemand eine angesehene Position innehat, bedeutet also nicht zwangsläufig, dass er etwas leisten oder motiviert sein muss, die Ziele der Organisation zu erreichen, damit er der Position auch würdig ist.

Man kann sich vorstellen, wie das die Personalplanung und berufliche Entwicklung beeinflussen kann, wenn man auf Manager an fernen
Orten angewiesen ist, um das Fundament für die eigenen Bemühungen zu
legen und nachzufassen, wenn die Ausbildung erfolgt ist. In einigen zugeschriebenen Kulturen wird das nicht funktionieren, weil die Manager ihre
Position nicht auf Grund ihrer Leistungen haben (wie wir sie im Westen
definieren würden) und man sie nicht einfach durch Manager ersetzen
kann, die Ergebnisse vorweisen. Jedes neue Management würde von den
Beschäftigten mit zugeschriebenem Status als ohne jeden Status betrachtet, ohne Ansehen in der Organisation und ohne glaubwürdige Autorität.

Dieses Dilemma ist offensichtlich eine große Herausforderung,
wenn Geschäftspartner hinsichtlich des Aufstiegs in einer Organisation
unterschiedliche Gepflogenheiten haben. In leistungsorientierten Kultu-

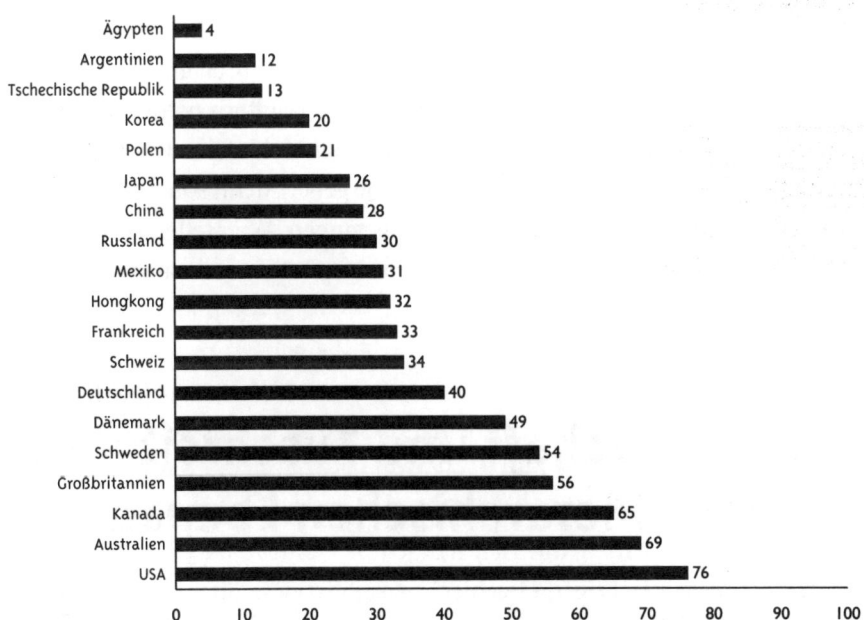

**Abbildung 3.6 Prozentsatz derjenigen, die nicht übereinstimmen mit »Han-
deln, wie man wirklich ist«.**

ren sichert man seine Position am besten durch den eigenen Beitrag ab. Schlimmstenfalls ist man nur so gut wie die letzte Leistung. In zugeschriebenen Kulturen sind Alter und langjährige Treue sehr viel wichtiger.

Wir haben 65 000 Teilnehmer um ihre Meinung zu folgender Aussage gebeten:

Das Wichtigste im Leben ist, so zu handeln, dass es zu dem passt, wie man wirklich ist, auch wenn dann etwas nicht erledigt wird.

Die Ergebnisse zeigt die Abbildung 3.6.

Die Frage ist deshalb, wie kann man jemals den Status respektieren, der Menschen zugeschrieben wurde, deren ganze Gesellschaft und Geschichte darauf gründet, diesen Fragen auszuweichen? Wir sollten nicht vergessen, dass große Teile »neuer« Länder wie Kanada, USA und Australien auf Menschen gründen, die Europa (freiwillig oder unfreiwillig) verließen, um weder danach beurteilt zu werden, woher sie kamen, noch nach ihrer Familie oder dem sozialen Hintergrund.

Wir haben Menschen in diesen Ländern nach ihren eigenen Bereichen gefragt, in denen anderen ein Status gewährt (zugeschrieben) wird, der nicht errungen ist. Ein Bereich, den alle Kulturen gleichermaßen würdigen, ist die Elternschaft. Kinder können ihre Eltern nicht ohne weiteres rausschmeißen, ob es gute Eltern sind oder nicht. Die meisten Eltern wissen das, werden sich aber trotzdem Mühe geben, denn sonst wären ihre Kinder in einem mittelmäßigen Umfeld gefangen. Wir stellen somit fest, dass in einigen Kulturen ein zugeschriebener Status noch mehr Verantwortung verleiht.

Errungenschaft und Zuschreibung nach hierarchischen Ebenen

Bei der Durchsicht unserer Datenbank nach hierarchischen Ebenen können wir feststellen, dass die Leistungsorientierung mit dem Alter zunimmt. Vielleicht beurteilen jüngere oder rangniedrigere Mitarbeiter die

Entropie	Errungenschaft-Zuschreibung
Am niedrigsten (wichtigste Variable)	Land Branche Religion Tätigkeit Alter Bildung Unternehmensklima/-kultur
Am höchsten (unwichtigste Variable)	Geschlecht

Ranghöheren/Älteren nach ihrem Status, weil diese sie kontrollieren (führen), nicht nur auf Grund ihrer Bezahlung; vielleicht wissen sie nicht einmal exakt, was die Älteren genau machen oder leisten. Das überrascht zwar nicht, die Übereinstimmung ist aber sehr hoch.

Abbildung 3.7 Mittelwert für »Leistungsorientierung« nach unternehmerischen hierarchischen Ebenen

Der Weg zur Aussöhnung leistungs- und zuschreibungs- orientierter Kulturen

Obwohl in den meisten Kulturen entweder Zuschreibung oder Leistung jeweils sehr viel stärker betont werden, entwickeln sich beide im Allgemeinen zusammen. Wer mit Zuschreibung beginnt, nutzt seinen Status normalerweise, um seine Arbeit zu machen und Ergebnisse zu erzielen. Wer mit Leistungen beginnt, schreibt in der Folge den Personen und Projekten Bedeutung und Vorrang zu, die erfolgreich waren. Alle Gesellschaften schreiben somit zu und alle erbringen Leistung, so oder so. Es ist wieder die Frage, wo ein Zyklus beginnt. Der internationale Manager beherrscht dieses Dilemma.

In Aktion können wir dieses Dilemma – zwischen errungenem und zugeschriebenem Status –, das Val Gooding mit Erfolg ausgesöhnt hat, beim gewinnorientierten gegen den nicht-gewinnorientierten Status des britischen Krankenversicherers BUPA sehen. Sollte Val Gooding sich 25 Prozent Gewinn für die Aktionäre als Ziel setzen, um an der Börse mithalten zu können, oder so viel Umsatz machen, dass es den Kranken und Schwachen zugute kommen konnte? Sich um die Menschen zu kümmern, für die man da ist, ist ein erster Schritt zum Erfolg, und man muss ihnen einen Status zuschreiben. Der fürsorgliche Status von BUPA söhnt aus zwischen der Notwendigkeit, wirtschaftliches Wachstum zu erreichen, und der Verpflichtung, grundlegende Gesundheitsfürsorge bereitzustellen. Sorgen Sie mit einer starken, erfolgreichen Geschäftsgrundlage für Ihre Mitarbeiter, dann geben diese die Fürsorge an die Kunden weiter (im Fall von BUPA an die Patienten).

Ein klassisches Beispiel für die Aussöhnung zwischen Leistung und Zuschreibung in Organisationen liefert die Einstellung von Jungakademikern. Wir schreiben Jungakademikern den Status des »Managers in spe« zu, lassen sie verschiedene Stationen durchlaufen, werfen sie ins kalte Wasser und fordern sie und erleben schließlich, dass viele von ihnen den

Status und Erfolg erringen, den sie erringen sollten. Kritiker nennen das eine Selffulfilling Prophecy, doch es gibt in Ausbildung, Wirtschaft und Sport viele Beispiele, wo Menschen Erfolg hatten, weil ihnen die Wahrscheinlichkeit eines Erfolgs zugeschrieben wurde.

Motorola liefert ein anderes Beispiel. Wenn man zehn Jahre im Unternehmen gearbeitet hatte, konnte man nur entlassen werden, wenn der CEO höchstselbst dies unterschrieb. So erfolgreich bei Motorola zu arbeiten zeugt von großer Leistung. Was passierte mit denen, die eine Anstellung bekamen? Sie arbeiteten noch härter und bewiesen große Treue. Das liegt vielleicht daran, dass Motorola von Haus aus ein Familienunternehmen ist; Familien wissen, dass man am ehesten dann eine Leistung erhält, wenn man anderen einen Status zuschreibt.

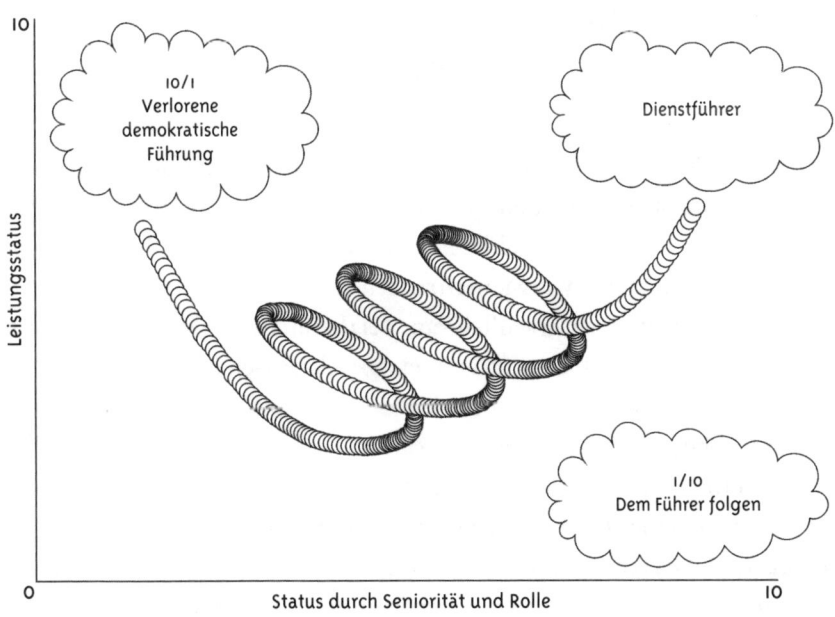

Abbildung 3.8 Der Dienstführer

Die Aussöhnung ist auch Thema in Robert K. Greenleafs Bestseller *On Becoming a Servant-Leader*. Er beschreibt, dass Führungskräfte, die bereit sind, jede Aktivität demokratisch auszudiskutieren, Gefahr laufen, Autorität einzubüßen, weil jeder Schritt bedacht werden muss. Das wird zur »verlorenen demokratischen Führung«. Wenn leitende Angestellte dagegen auf Führung bestehen, ohne für Anregungen offen zu sein, werden aus den blinden Mitläufern Lemminge und alle stürzen zusammen in den Abgrund.

»Servant Leaders« (Dienstführer) mehren ihre Autorität beständig, indem sie Entscheidungen zwischen den eigenen Ansichten und den Anregungen anderer formulieren. Führungskräfte dieses Typs führen dadurch, dass sie großartige zugeschriebene Visionen mit den aufkommenden Ansichten ihrer Anhänger verbinden.

Zeitliche Orientierung und sequenzielle versus synchrone Kulturen

Manager brauchen, und sei es auch nur, weil sie ihre geschäftlichen Aktivitäten koordinieren müssen, irgendwelche gemeinsamen Erwartungen über die Zeit. So wie unterschiedliche Kulturen unterschiedliche Vorstellungen darüber haben, wie Menschen sich zueinander verhalten, gehen sie auch mit der Zeit unterschiedlich um. Bei dieser Orientierung geht es um die relative Bedeutung, die Kulturen einigen Aspekten der Zeit beimessen. Dazu gehört, welche Bedeutung sie der Vergangenheit, Gegenwart und Zukunft geben, und zwar lang- und kurzfristig. Wie wir die Zeit sehen, hat ganz eigene Konsequenzen. Besonders wichtig ist, ob wir die Zeit sequenziell sehen, in einer Folge flüchtiger Ereignisse, oder synchron, wobei Vergangenheit, Gegenwart und Zukunft zusammenhängen, sodass Vorstellungen über die Zukunft und Erinnerungen aus der Vergangenheit das Handeln in der Gegenwart prägen. Lassen Sie sich von der Uhr hetzen und kommen morgens um halb neun ins Büro, weil dann die normale Arbeitszeit beginnt, oder kommen Sie rechtzeitig vor dem ersten wichtigen Termin, der ersten Besprechung?

Bei der Beobachtung, wie Menschen verschiedener Kulturen sich die Zeit einteilen, stellen wir erhebliche Unterschiede fest.

Zeithorizont: Kurzfristiges versus langfristiges Denken

Was halten Sie von diesem Witz? Ein Russe und ein Spanier unterhalten sich. Der Russe fragt den Spanier nach einem typisch spanischen Charakterzug und der Spanier erklärt ihm das berüchtigte *mañana*. Der Spanier ist von der begeisterten Reaktion des Russen überrascht und fragt: »Habt ihr in Russland denn nichts Vergleichbares?« Der Russe antwortet: »Doch, das haben wir, aber keiner unserer Ausdrücke vermittelt das Gefühl der Dringlichkeit so gut.«

Dieser kleine Scherz offenbart sehr unterschiedliche Auffassungen von Zeit. In einigen Kulturen scheint das Gefühl der Dringlichkeit durch ein Gefühl ersetzt zu sein, dass sich schon alles richten wird, wenn man nur Geduld hat. In anderen Kulturen glaubt man dagegen, dass nur sofortiges Handeln etwas bringt.

Denken Sie einmal darüber nach, welches Zeitgefühl Sie haben, wenn Sie besonderen Wert auf den Shareholder-Value legen. Ihr Zeitgefühl wird kürzer, weil der Erfolg vierteljährlich beurteilt wird. Die zerstückelnde Beurteilung kurzer Zyklen legt fest, wie sehr Sie zur Wertschöpfung für die Aktionäre beigetragen haben. Wenn der Unternehmenswert aus Sicht der Interessengruppen (Stakeholder-Value) einmal Ihr Denken beherrscht, muss sich Ihr Zeithorizont weiten.

Der gleiche Einfluss ist bei Branchen zu sehen. Wenn man in der Hightechindustrie arbeitet, wo die Produkte erfahrungsgemäß schon veraltet sind, wenn sie auf den Markt kommen, entwickelt man einen Kurz-

Je älter das Unternehmen, desto besser

Ein neues europäisches Unternehmen entstand, als 1970 zwei ältere Firmen fusionierten; in der Firmenbroschüre wurde dieses Jahr als das Gründungsjahr des Unternehmens genannt. Als die Organisation die Möglichkeit eines Einstiegs in China erwog, ließ man die Broschüre ins Chinesische übersetzen und verteilte sie bei allen Kontaktgesprächen mit den Chinesen.

Irgendwann erfuhr man in dem europäischen Unternehmen, dass einer der möglichen Geschäftspartner sie mit ihrem großen Konkurrenten verglich, der ebenfalls in China aktiv war. Die Chinesen erklärten, der Konkurrent sei fast doppelt so alt und habe daher mehr Erfahrung. In Wirklichkeit war eines der beiden fusionierten Unternehmen 20 Jahre vor dem Konkurrenten gegründet worden und hatte sogar die betreffende Technologie entwickelt. Aber weil man das Fusionsjahr als Gründungsjahr des jetzigen Unternehmens angegeben hatte, war dieser Teil der Unternehmensgeschichte in der Broschüre nicht enthalten. Ein solcher Fehler kann in China über Erfolg oder Misserfolg entscheiden und das Unternehmen brachte sofort eine neue chinesische Broschüre heraus.

zeithorizont. Man vergleiche das mit dem Finanzmanager eines Erdölunternehmens, der einen 20-jährigen Abschreibungsplan für die neue Schwebekrackanlage hat, die eine Milliarde Dollar kostet.

Um festzustellen, ob Kulturen eher lang- oder kurzfristig orientiert sind, stellten wir den Personen in unserer Datenbank folgende Frage:

Bedenken Sie die relative Bedeutung der Vergangenheit, Gegenwart und Zukunft. Geben Sie Ihren relativen Zeithorizont für die Vergangenheit, Gegenwart und Zukunft an:

7 = *Jahre*
6 = *Monate*
5 = *Wochen*
4 = *Tage*
3 = *Stunden*
2 = *Minuten*
1 = *Sekunden*

Meine Vergangenheit begann vor ☐ *und endete vor* ☐

Meine Gegenwart begann vor ☐ *und endet in* ☐

Meine Zukunft beginnt in ☐ *und endet in* ☐

Die Antworten ergaben, dass Schweden und Finnen im obersten Viertel der Langfristigkeit angesiedelt waren. Es überrascht wohl kaum, dass Gesellschaften, die seit so langer Zeit auf ihre Bäume angewiesen sind, eine langfristige Bindung an die Natur entwickelt haben. Ein Baum braucht etwa 35 Jahre, bis man ihn einschlagen kann. In den meisten Kulturen am Äquator fällt man dagegen einen Baum oder erntet eine Frucht, die sehr schnell wieder nachwachsen. Warum sich also Gedanken über langfristige Planung machen? Einen kürzerfristigen Horizont haben viele afrikanische und südamerikanische Länder (wo die Ernten unter optimalen Bedingungen reichlich ausfallen), aber auch nordamerikanische Kulturen und Australien.

Der Weg zur Aussöhnung

Einer der immer wieder auftretenden Widersprüche ist der zwischen einer Kultur, in der das Leben vor allem aus Sicht der Aktionäre gesehen wird, und einer Kultur, die an den langfristigeren Stakeholder-Value glaubt. Das niederländische Unternehmen CSM z. B. war so tollkühn, Letzteres zu seinen Kernprinzipien zu erklären. Das ist verständlich, wenn man bedenkt, dass die Unternehmenskultur auf die Ursprünge der Zuckerindustrie zurückgeht. Eine Abteilung war damit jedoch nicht zufrieden, weil sie den Großteil des Gewinns erwirtschaftete und über die größten Liquiditätsreserven verfügte. Der Ausgleich, den CSM bei einem unserer Workshops fand, war ebenso brillant wie einfach und ist in Abbildung 3.9 zu sehen.

Vergangenheits-, gegenwarts- und zukunftsorientiert

Kulturen unterscheiden sich auch darin, welche Bedeutung sie der Vergangenheit, Gegenwart und Zukunft beimessen. Wir haben die folgende Übung von Cottle (1967) übernommen und sie in die Software unserer webbasierten, interaktiven CD-ROM-Fragebögen eingebaut.

Beschäftigen Sie sich bitte mit folgender Frage:

Stellen Sie sich die Vergangenheit, Gegenwart und Zukunft als Kreis vor. Zeichnen Sie drei Kreise, die die Vergangenheit, Gegenwart und Zukunft darstellen. Ordnen Sie diese Kreise so an, wie Sie wollen, aber so, dass sie am besten wiedergeben, wie Sie die Beziehung von Vergangenheit, Gegenwart und Zukunft sehen. Die Kreise können unterschiedlich groß sein.

Dieses Konstrukt beruht auf einem Begriffssystem, das vom heiligen Augustinus hergeleitet ist, der einmal gesagt hat, dass all das Gerede von Vergangenheit, Gegenwart und Zukunft Unsinn sei, weil als Einziges nur die Gegenwart existiere. Aber wir haben drei »Gegenwarten«; die Gegenwart der Vergangenheit, die Gegenwart der Gegenwart und die Gegenwart der Zukunft. Welche Bedeutung wir der Gegenwart zuweisen, hängt davon ab, wie wir zur Vergangenheit, Gegenwart oder Zukunft stehen.

Die Befragten haben uns in den letzten 15 Forschungsjahren interessante Einblicke in ihre Sicht der Zeit gewährt. Hier einige Beispiele aus einer Sitzung:

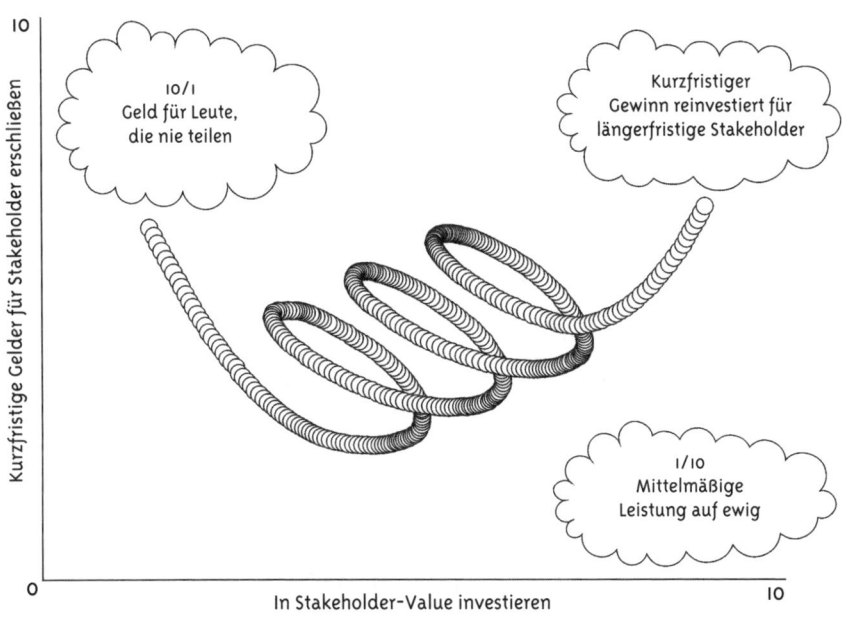

Abbildung 3.9   Kurz- und langfristig – Anteilseigner und Stakeholder

»Mir hat dieses Treffen gefallen, weil es genauso wie das '87 in Phoe-
nix war. Das war wirklich eine tolle Sache.«

»Mir gefällt dieses Treffen, weil ich alles, was ich hier lerne, nutzen
kann, sobald ich wieder im Büro bin.«

»Mir gefällt dieses Treffen, weil es Spaß macht, einfach nur hier zu
sein, alte Freunde wiederzusehen, neue Leute kennen zu lernen. Dies ist die
beste Gruppe, die ich kenne.«

Das Treffen bedeutet für jeden etwas anderes, weil jeder eine andere Beziehung zur Zeit hat. Wir alle leben in der Gegenwart und wie sehr wir auch
an die Vergangenheit oder Zukunft denken, sie existieren nicht. Natürlich
wissen wir, dass die Zukunft (noch) nicht existiert! Aber viele vergessen,
dass auch die Vergangenheit nicht existiert. Sie sagen: »Selbstverständlich
existiert die Vergangenheit. Komm mit mir nach London, dann zeige ich
dir einige wunderschöne, alte Gebäude, die erhalten sind. Sie sind ein

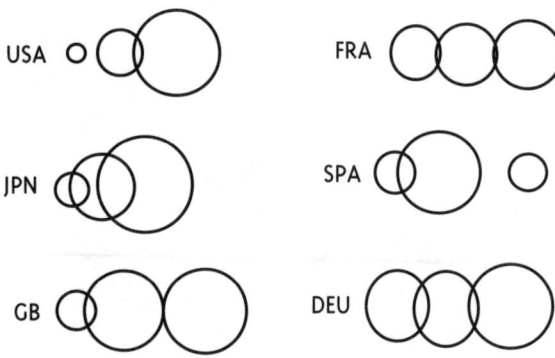

Abbildung 3.10 Zeitorientierung

Stück Vergangenheit, das heute noch lebt.« Doch diese Gebäude sind tatsächlich ein Teil der Gegenwart. Warum denken wir, diese Gebäude seien alt? Wegen des gegenwärtigen Zustands der Gebäude. Wenn dies die Vergangenheit wäre, wären sie aber neu.

Natürlich gibt es Augenblicke, wo die Gegenwart weit stärker von der Zukunft berührt wird, etwa dann, wenn wir etwas planen. Und es gibt Augenblicke, wo die Gegenwart stärker von der Vergangenheit beeinflusst wird. Bei Kundenpräsentationen heben einige Kulturen die Vergangenheit hervor und verweisen zum Nachweis ihres Könnens auf Projekte, die sie bereits erfolgreich realisiert haben. Zukunftsorientierte Kulturen werden betonen, dass das geplante Projekt etwas Neues ist. Für sie sind bereits fertig gestellte Projekte kein Nachweis dafür, dass sie das neue Projekt mit seinen unbekannten Risiken bewältigen können. Sie würden vielleicht eher das Kontrollsystem des Projektmanagements in den Vordergrund stellen, um zu zeigen, wie sie die Zukunft meistern und sicherstellen wollen, dass das Projekt rechtzeitig und im vorgegebenen Kostenrahmen vollendet wird. Unsere Datenbank zeigt diese Unterschiede für die einzelnen Funktionen (vgl. Abb. 3.11) und auch die Länderunterschiede (vgl. Abb. 3.10).

Betrachten wir die Probleme, die auftreten, wenn Sie vor der Aufgabe stehen, strategische Planung, Zielbildung oder Management by

Objectives in Kulturen mit unterschiedlicher Zeitauffassung einzuführen. Herstellungsabteilungen machen sich wegen der Zukunftsplanung vielleicht weniger Gedanken, weil die Zukunft sich kaum oder gar nicht auf ihre Gegenwart auswirkt. Was sie planen, ist kaum mehr, als auf der Grundlage dessen, was sie von der Vergangenheit wissen, über das nachzudenken, was passieren könnte. Sie konzentrieren sich darauf, das Produkt aus dem Haus zu bekommen, eine sehr gegenwartsorientierte Tätigkeit. Das Gleiche gilt für viele Verkaufsabteilungen; über den aktuellen Verkaufszyklus hinaus zu planen würde man als Vergeudung kostbarer Verkaufszeit empfinden.

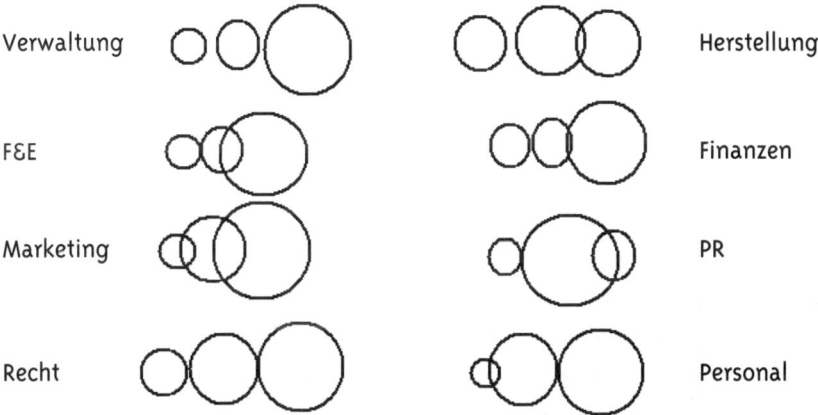

Abbildung 3.11   Vergangenheit, Gegenwart und Zukunft nach Funktionen

Anders dagegen bei der F&E-Abteilung. Die einzige Verbindung von F&E zur Gegenwart besteht darin, wie sich die Experimente von heute auf die langfristigen, erwarteten Ergebnisse auswirken, die logischerweise in der Zukunft liegen.

Neben der F&E ist auch das Marketing sehr zukunftsorientiert und verbringt die Hälfte der Zeit mit Planungen. Und da man beim Marketing an eine große Zukunft glaubt, bestehen diese Planungen darin, neue Wege und Möglichkeiten zu suchen.

Sequenziell versus synchron

Wir alle wissen, wie unterschiedlich Menschen mit Blick auf Pläne und Tätigkeiten ihre Zeit einteilen und wie sehr sie sich daran halten oder auch nicht. In England oder der Schweiz haben die Menschen in einer Schlange ein wachsames Auge auf jeden, der hinzukommt: Würden Sie versuchen, sich vorzudrängeln, würden Ihnen die Schlangestehenden unmissverständlich klar machen, dass Ihr Platz am Ende der Schlange ist.

Und wie halten wir es mit Verabredungen? In Kursen über Zeitmanagement lernen wir, wichtige Dinge zuerst zu erledigen. Mit Terminen ist es ähnlich. Aber geht man mit Terminen und Dringlichkeit überall auf der Welt gleich um?

Wie wir mit der Zeit umgehen, ist oft Gegenstand von Bemerkungen über kulturelle Unterschiede. In *Did the Pedestrian Die?* zitierte Fons Trompenaars die Franzosen, die die Schweizer häufig mit Robotern vergleichen, die alles mit der Uhr in der Hand planen und essen, weil es sechs Uhr abends ist, nicht weil sie Hunger haben. Charakterisiert man die Franzosen als Leute, die immer zu spät kommen, bemerken andere: »Oh, haben Sie das gehört?« Diese Leute verstehen nicht, dass es in den meisten Ländern der Erde normal ist, zu spät zu kommen. Nur Nordeuropäer und Nordamerikaner bezeichnen Menschen mit einem flexiblen Zeitgefühl als »primitiv und ineffizient«. Ein Franzose erklärte uns einmal, dass das Zuspätkommen nur für die ein Problem sei, die pünktlich sind. Wer immer rechtzeitig kommt, weiß häufig nicht, was er machen soll, wenn derjenige, mit dem er verabredet ist, zu spät kommt. Solche Menschen verlieren immer Zeit. Die Franzosen nie; sie haben immer etwas anderes zu erledigen. Man weiß nie genau, wann jemand kommt.

Edward Hall nennt die Art der Schweizer, ihre Zeit einzuteilen, »monochron«, die der Frazosen »polychron«. Monochrone Kulturen ordnen Zeit auf einer dünnen Linie an und können jeweils immer nur eine Sache erledigen. Menschen aus diesen Kulturen kann man daran erkennen, dass sie einem beim Telefonieren mit Gesten zu verstehen geben, sie nicht zu unterbrechen. Sie können jeweils immer nur eine Sache konzent-

Verabredungen

Die Deutschen haben einen linearen Zeitbegriff. Das heißt, die Zeit wird als eine Abfolge von Intervallen aufgefasst, die durch diskrete Punkte auf einer Linie von der Vergangenheit über die Gegenwart in die Zukunft abgetragen sind. Das erfordert die genaue Planung von Terminen und Verabredungen, denen jeweils ein fester Zeitspalt zugewiesen wird. Zeitpläne müssen deshalb ernst genommen werden und verdrängen oft soziale und private Verpflichtungen. Das gesamte System ist darauf angewiesen, dass jeder sich genau an den Zeitplan hält, sodass kaum Spielraum für Verschiebungen und Verspätungen vorhanden ist.

Verabredet man sich dagegen mit einem Chinesen für 10 Uhr, wird er höchstwahrscheinlich bestätigen, dass man eine Verabredung »am Vormittag« hat. In dem Zusammenhang ist es wichtig, sich klar zu machen, dass es noch andere Personen geben kann, die um ein Treffen am Vormittag gebeten haben. Wenn es Chinesen sind, haben sie wahrscheinlich keine feste Zeit vereinbart, sondern sich nur »am Vormittag« verabredet. Wenn Sie daher um 10 Uhr erscheinen, kann es sein, dass Ihr Partner mit jemandem spricht, der gerade eingetroffen ist. Je nach der Bedeutung Ihrer Beziehung zu Ihrem Gegenüber wird man Sie bitten, etwas zu warten, oder Sie dazubitten, um sich am Gespräch mit dem unbekannten Dritten zu beteiligen. Ähnlich können Sie Glück haben, Ihren Partner bei Ihrer Ankunft allein vorzufinden, aber nach 15 Minuten taucht vielleicht eine andere Verabredung auf. Dann wird man denjenigen bitten zu warten oder ihn dazubitten.

riert erledigen. Und nun Italien – Italiener unterhalten sich beim Telefonieren gleichzeitig mit ihrem Nachbarn, trinken zwischendurch einen Espresso, richten ihre Kleidung, alles gleichzeitig. Polychrone Italiener ordnen Zeit normalerweise in einem Band aus parallelen Linien an. Deshalb kann es passieren, dass jemand mit 30 Minuten Verspätung zu einer Verabredung kommt, ohne sich zu entschuldigen; der andere wird sicher sonst etwas zu tun gehabt haben. In arabischen Kulturen wiederum ist es wichtig, den richtigen Tag auszusuchen. Eine weitere Möglichkeit, den Unterschied zu erkennen, sind die verschiedenen Ess- und Kochgewohnheiten. In monochronen Kulturen gibt es oft etwas zu essen, was exakt geplant werden muss; in polychronen Kulturen mag man Schmorgerichte oder Bohnen (je länger sie köcheln, desto besser schmecken sie) oder man isst schnell zubereitete Gerichte wie Spaghetti.

Obwohl diese unterschiedlichen Zeitvorstellungen uns allen vertraut sind, erkennen Organisationen häufig nicht, wie sehr sie das Geschäftliche in einzelnen Kulturen beeinträchtigen können, wie der »Salami-Fall« veranschaulicht.

»Möchte noch jemand Salami?«

In sequenziellen Kulturen ziehen Kunden an der Feinkosttheke im Supermarkt eine Nummer und warten, bis sie an der Reihe sind. Das gilt als »gerecht« und ist auch effizient, da die Kunden sich während der Wartezeit weiter umsehen können, statt in der Schlange zu stehen.

In synchronen Kulturen bedient die Verkäuferin den ersten Kunden, der vielleicht Salami als Erstes auf seiner Einkaufsliste hat, und fragt dann: »Möchte noch jemand Salami?«. Die Verkäuferin denkt etwa so: »Ich habe gerade die Salami in der Hand, wen kann ich da noch mitbedienen?« Auch das wird als effizient aufgefasst. Ganz sicher ist es gesellig, denn die Kunden, die bedient werden, plaudern miteinander.

Ein internationales Computerunternehmen, ABC Inc., betreibt in den USA ein erfolgreiches Softwarehaus, das eine gut eingeführte Systemreihe im Bereich Hotelgast-Management hat. Diese Systeme arbeiten mit einer Client-Server-Architektur, wobei NT-Server Client-Workstations unterstützen. Das Benutzersystem stellt ein Front-End für einen Oracle-Datenbankserver in jedem Hotel. Die bestehenden Systeme sind ausgetestet und haben in den letzten drei Jahren erfolgreich für den wichtigsten Kunden gearbeitet — eine große Hotelkette. Alle bestehenden Einrichtungen befinden sich in den USA, Großbritannien oder Nordeuropa.

Die Hotelkette hat vor kurzem 22 Hotels in italienischen Großstädten übernommen und auf den eigenen Standard gebracht. Sie wurden vom lokalen ABC-Mitarbeiter angewiesen, die in der ABC Inc. verwendeten Computer samt Software für das Hotelgast-Management zu beschaffen. Obwohl das Checkoutmodul nach den originalen Ausschreibungsunterlagen arbeitet, erweist es sich in der Praxis als absolut untauglich, und das daraus resultierende schlechte Bild in der Öffentlichkeit und die Unzufriedenheit der Kunden könnten sich als rufschädigend für die ABC Inc. erweisen. Der Leiter Verkauf Kleinsysteme, ein Italiener, bestätigt, dass das System den lokalen Anforderungen nicht genügt, und macht sich Sorgen, dass Olivetti nicht nur diesen Kunden abwirbt, sondern auch weitere Hotels in Italien.

Das Problem tritt auf, weil die Hotelangestellten bestimmte Anforderungen an das Checkoutsystem stellen, um den Kundenwünschen nachzukommen. Wenn Gast A auscheckt, fragen sie nach seiner Zimmernummer und drucken eine Rechnung mit allen Extras für ihn aus. Wenn der Gast die Rechnung prüft, erwarten die Angestellten, währenddessen bereits Gast B abfertigen zu können — die entsprechenden Daten aufzurufen und zu bearbeiten, während der Vorgang von Gast A noch offen ist.

Das System lässt dies jedoch nicht zu. Die Datenansicht aus dem Mehrfachzugriffssystem ist nur für jeweils einen Kunden möglich, was mit technischen Besonderheiten der Software zusammenhängt. Einen Kunden abfragen, diese erste Abfrage abschließen, die nächste Abfrage öffnen etc. ist mühsam und zeitaufwändig. Die Gäste können folglich nur einer nach dem anderen abgefertigt werden. Das ruft Unmut bei den heimischen Gästen (Italiener etc.) hervor und ist nur machbar, wenn ausschließlich Amerikaner und/oder Nordeuropäer in der Schlange zum Auschecken stehen.

Aussöhnung bei der Zeitorientierung

Der internationale Manager steckt häufig in der Klemme zwischen den künftigen und längerfristigen Anforderungen der größeren Organisation und den Erfahrungen der heimischen Bevölkerung. Hinter der Kurzfristigkeit, die westliche und vor allem amerikanische Unternehmen plagt, stehen oft die Forderungen der Aktienmärkte nach jährlichen oder vierteljährlichen Ergebnissen und Gewinnen. Das Risiko einer starken zukünftigen Ausrichtung erwächst aus dem Versäumnis, aus Fehlern der Vergangenheit zu lernen.

In Japan haben wir die Kunst kennen gelernt, die Abfolge dadurch zu beschleunigen, dass man sie synchronisiert. Just-in-time-Produktion nennt man das. Wieder garantiert die Integration von Gegensätzen die besten Ergebnisse.

Entropie	Zeit (zusammengesetzt)
Am geringsten (wichtigste Variable)	Land Branche Religion Bildung Tätigkeit Alter Geschlecht
Am höchsten (unwichtigste Variable)	Unternehmenskultur/-klima

Von Reizen überflutet

Dies zeigt, wie der synchrone, überlappende israelische Diskussionsstil Firmenberatern zusetzen kann, die ein sequenzielles Verhältnis zur Zeit haben.

Ein israelisches Unternehmen beauftragte ein internationales Consultingunternehmen mit der Arbeit an einem größeren Projekt. Das Beratungsunternehmen schickte vier Leute nach Israel, zwei Deutsche, einen Schweden und einen Nordamerikaner. Als sie in Israel ankamen, stieß ein fünftes Teammitglied zu ihnen, ein Israeli. Die Aufgabe bestand darin, die Marketingabteilung zu beraten, in der eine wichtige Gruppe mit ernsthaften Schwierigkeiten zu kämpfen hatte. Die Berater beschlossen, vorab in Gruppenbefragungen Daten zu sammeln. Am ersten Tag trafen sich die fünf Berater mit sieben Mitgliedern des Kundenteams in einem Konferenzraum. Sie begannen mit einer frei beantwortbaren Frage an die Gruppe. Drei Mitglieder antworteten sofort, zwei weitere unterbrachen immer wieder. Die drei Mitglieder redeten weiter, sodass teilweise fünf Personen gleichzeitig redeten. Die Berater machten sich eifrig Notizen. Dann wandte sich ein sechstes Teammitglied mit einer Frage an einen der deutschen Berater. Ihre Frage löste eine zweite und dann eine dritte Frage zweier anderer Mitglieder aus. Jetzt sahen sich die Berater an und baten um eine Unterbrechung.

Als sie unter sich waren, ließen sich die nicht-israelischen Berater erschöpft in die Sessel fallen, tranken Kaffee und waren wie benommen. Einer der deutschen Berater stützte den Kopf in die Hände und sagte: »Ich kann so nicht arbeiten. Ich habe Kopfschmerzen. Ich fühle mich erdrückt. Ich kann mich nicht konzentrieren. Wenn drei Leute mir gleichzeitig eine Frage stellen, wem soll ich da antworten?« Der zweite Deutsche, der Schwede und der Amerikaner äußerten sich ebenfalls dahin gehend, dass sie nur dann weiter Daten sammeln und ihre Notizen ordnen könnten, wenn jeweils nur noch einer redete.

Der israelische Berater hatte Verständnis, schien aber überrascht und sagte: »Ich habe jede Minute dieser Gruppenbefragung genossen. Mich regen ihre Beiträge an. Wir bekommen Informationen ohne Ende. Wenn wir einfach locker sind und zuhören, wird alles gut.«

Interne versus externe Kontrolle

Die letzte Kulturdimension unseres Modells betrifft die Bedeutung, die Menschen ihrer natürlichen Umwelt zuweisen. Versucht eine Kultur, die Natur zu kontrollieren und zu beherrschen, oder unterwirft sie sich ihr?

Vor der Renaissance im Europa des 15. Jahrhunderts wurde die Natur als ein Organismus betrachtet.

Die Menschen glaubten, dass es eine Umwelt gäbe, die bestimme, was die Menschen zu tun hätten. Rotter nannte das einen Ort externer Herrschaft. Die Umwelt beherrscht uns, nicht umgekehrt.

In der Renaissance wurde diese organische Natursicht mechanistisch. Wenn man die Natur als eine Maschine darstellt, wie Leonardo da Vinci es tat, erkennt man mit der Zeit, dass, wenn man hier drückt, man dort eine Reaktion hervorrufen kann. Je mehr man hier drückt und dort Reaktionen hervorruft, desto mehr stellt man die Natur als eine Maschine dar. So entstand die Vorstellung, dass man die Natur beherrschen könne. Dies ist die mechanistische Naturvorstellung, derzufolge die Umwelt etwas ist, was wir beherrschen können.

In Kulturen, in denen die organische Naturvorstellung herrscht und man der Meinung ist, dass der Mensch der Natur unterworfen ist, orientieren sich die Menschen in ihrem Handeln offenbar an dem der anderen. Die Menschen werden »fremdbestimmt«, damit sie überleben können, ihr ganzes Augenmerk gilt der Umwelt, weniger sich selbst; man spricht von externer Kontrolle.

Dagegen sehen sich andere Menschen, die eine mechanistische Naturvorstellung haben und außerdem glauben, der Mensch könne die Natur beherrschen, als Ausgangspunkt, den richtigen Handlungsverlauf selbst bestimmen zu können. Diese »Eigenbestimmtheit« kommt in der gegenwärtigen Mode der Kundenorientierung zum Ausdruck. Organisationen müssen bei dieser Vorgehensweise jedoch sehr aufpassen, weil sie in Gesellschaften, die nicht an interne Kontrolle glauben oder sie nicht in Betracht ziehen, nicht greift. Wir müssen daran denken, dass das Modell der externen Kontrolle eine weit ältere Tradition hat als die neuere, westliche, mechanistische Vorstellung.

In der übrigen Welt ist das externe Modell noch stark vertreten. Es gibt eine anschauliche Geschichte von zwei russischen Kampfpiloten, die während des Kalten Krieges zum Gegner überliefen. Der eine flog seine MiG nach Japan, der andere in die Vereinigten Staaten. Was machten die Amerikaner, als sie diese MiG in Händen hatten? Richtig, sie zerlegten sie in ihre Einzelteile. Nach zwei Tagen gab es keine MiG mehr. Und was machten die Japaner mit ihrer MiG? Wochenlang sahen sie sie nur an. Sie setzten sich hinein und krochen förmlich in die Motoren, um ein Gefühl für die Maschine zu bekommen. Westler sagen: »Waren die überge-schnappt? Warum wollten sie wissen, wie sich die Maschine anfühlt?« Sie wollten das Wesen der Maschine erkunden, ihre Seele, wenn Sie so wollen. Genauso bauten die Japaner die Kawasaki-Motorräder. Sie sahen sich BMW-Motorräder an und fuhren mit ihnen, um zu erfahren, wie sie sich anfühlten, und dann nahmen sie Verbesserungen vor.

Die Natur spielt in den Funktionsabteilungen von Unternehmen eine wichtige Rolle. Wenn man an intern kontrollierte, mechanistische Abteilungen denkt, dann denkt man an Herstellung, Verkauf und den ty-pischen amerikanischen Unternehmenschef. Diese Abteilungen und Per-sonen denken, dass sie die Welt um sich herum kontrollieren können, und handeln entsprechend. Bei extern kontrollierten Abteilungen denkt man dagegen an F&E (vor allem in der Hochtechnologie) und viele Marketing-abteilungen. Sie holen sich ihre Hinweise aus ihrer Umwelt und reagieren entsprechend.

Der interne und externe Kontrollort werden oft angeführt, den-noch existieren nur wenige Systeme, die den Ausgleich oder die Integra-tion von interner und externer Kontrolle beschreiben; die Arbeit von Deming kommt dem noch am nächsten. Deming (2000) weist auf das Ge-samtsystem, nicht die Leistung, als den Schlüssel zur Qualität hin. Be-standteil dieser Sichtweise ist die Anerkennung der »Firmenstärke«, die in der Natur wirken muss und nicht versuchen darf, sie zu kontrollieren. Ein Beispiel dafür ist die erfolgreiche Nutzung der Ansichten Demings durch die Japaner nach dem Krieg. Wir bekommen eine gute Vorstellung von der Stärke dieser Vorgehensweise, wenn sie in einem angemessenen kulturellen Zusammenhang angewandt wird.

Wir haben eindeutige Unterschiede beim Kontrollpunkt zwischen geografischen Bereichen festgestellt. Für diese Dimension verwendeten wir mehrere Zwangswahlfragen und baten Manager, die Optionen zu wählen, an die sie eher glaubten. Hier ein Beispiel:

(a) Was mir widerfährt, geht auf mein eigenes Handeln zurück.
(b) Ich habe oft das Gefühl, das, was mir im Leben widerfährt, nicht kontrollieren zu können.

Abbildung 3.12 zeigt den Anteil derer, die mit »a« geantwortet haben (interne Kontrolle).

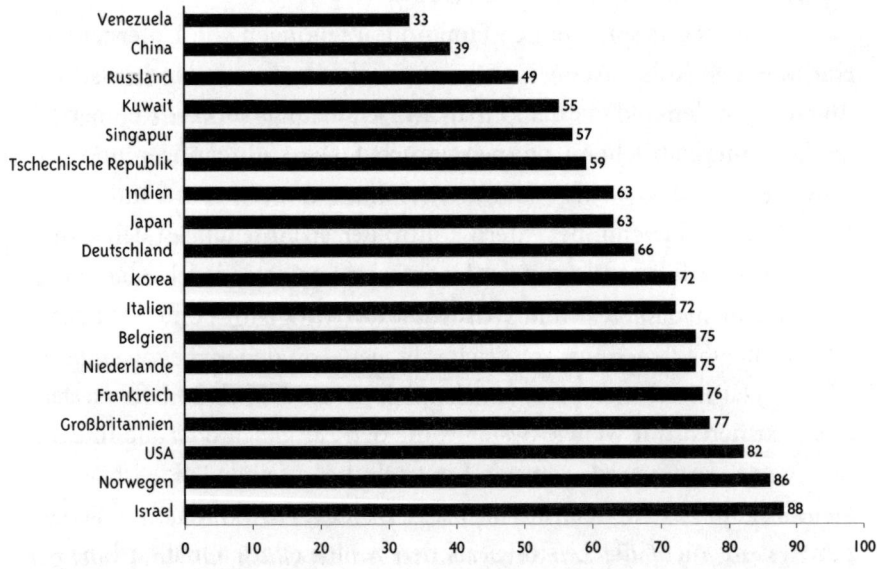

Abbildung 3.12 **Interne versus externe Kontrolle: Prozentsatz derjenigen, die sich für »Was mir widerfährt, geht auf mein eigenes Handeln zurück« entschieden haben.**

Unsere Datenbank zeigt, dass westliche Kulturen zu einer stark intern kontrollierten Orientierung neigen. Offensichtlich werden die meisten westlichen Manager (fälschlicherweise oder nicht) nach der Fähigkeit ausgewählt, dass sich im Wesentlichen jedes Umfeld beherrschen, jeder Markt gestalten und jedes Problem durch eigenes Handeln überwinden lässt. Wir bringen auf den Markt, was wir herstellen können, besser bekannt als Technologieschub. Die Asiaten, die überwiegend aus extern orientierten Kulturen kommen, bringen hervorragende Voraussetzungen mit, sich von Marktsignalen anregen zu lassen. Entsprechend haben sie die Schwierigkeit, oft nicht diejenigen zu sein, die die neuesten technologischen Entwicklungen vorantreiben.

Ihr Dilemma besteht demnach zwischen »verkaufen, was man herstellen kann« oder »herstellen, was man verkaufen kann«.

Geschlechterunterschiede

Der Kontrollort ist eine der wenigen Wertdimensionen, wo Männer und Frauen mit eindeutigeren Unterschieden zwischen den Kulturen punkten. Sowohl in den USA als auch in Asien und Europa sind Männer deutlich stärker eigenbestimmt als Frauen (vgl. Abbildung 3.13).

Frauen werden offenbar stärker von externen Reizen angeregt, während Männer anscheinend glauben, ihre Umwelt dadurch unter Kontrolle zu haben, dass sie ihr ihre Ansichten aufzwingen.

Wir bedienen uns zahlreicher Fragen, von denen die folgende ein Beispiel dafür ist, Menschen hinsichtlich dieser Dimension zu positionieren:

Welche der folgenden Aussagen entspricht eher Ihrer Wirklichkeit?
(a) Ein großer Erfolg ist eine Frage harter Arbeit; Glück hat wenig oder gar nichts damit zu tun.
(b) Ein großer Erfolg hängt oft davon ab, zur rechten Zeit am rechten Ort zu sein.

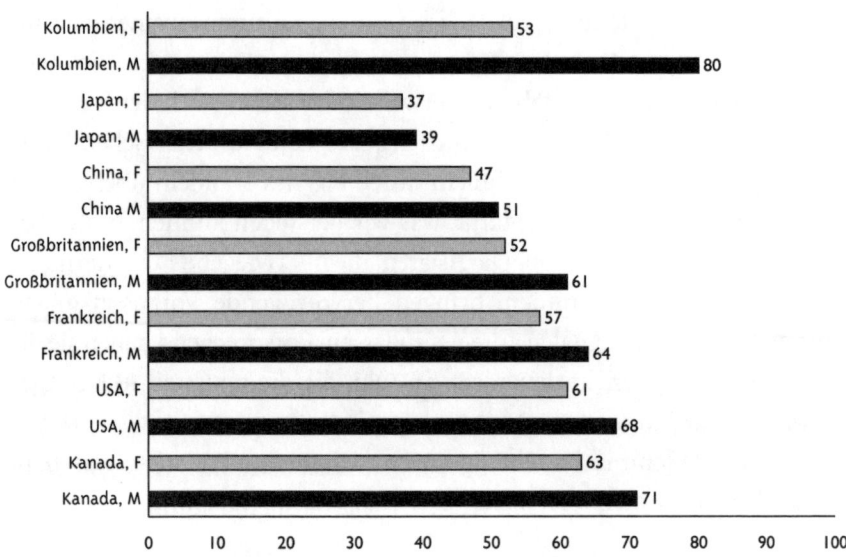

Abbildung 3.13   Geschlechterunterschiede – Grad der internen Kontrolle

Während Männer zu jeweils 50 Prozent mit »a« bzw. »b« antworteten, entschieden sich 58 Prozent der Frauen für »b« (stärker fremdbestimmt).

Entropie	Intern versus Extern
Am geringsten (wichtigste Variable)	Land Branche Tätigkeit Religion Geschlecht Alter Bildung
Am höchsten (unwichtigste Variable)	Unternehmensklima/-kultur

Externe und interne Kontrolle aussöhnen

Die große Frage ist also, die intern kontrollierte Kultur, die aus der Gabe des Technologieschubs hervorgeht, mit der extern kontrollierten Welt der Marktanziehung zu verbinden, um zu einer Kultur des Einfallsreichtums zu kommen. Nehmen wir ein Unternehmen der Unterhaltungselektronik wie Philips. Niemand wird ihm das große Wissen und den Einfallsreichtum bei seinen speziellen Technologien sowie die Qualität seines Marketings absprechen. Das Problem, vor dem das Unternehmen gestanden hatte, war, dass diese beiden großen Funktionsbereiche offenbar nicht miteinander verbunden waren und nicht kommunizierten. Der Erfolg einer Organisation hängt von der Integration beider Seiten ab. Der Tech-

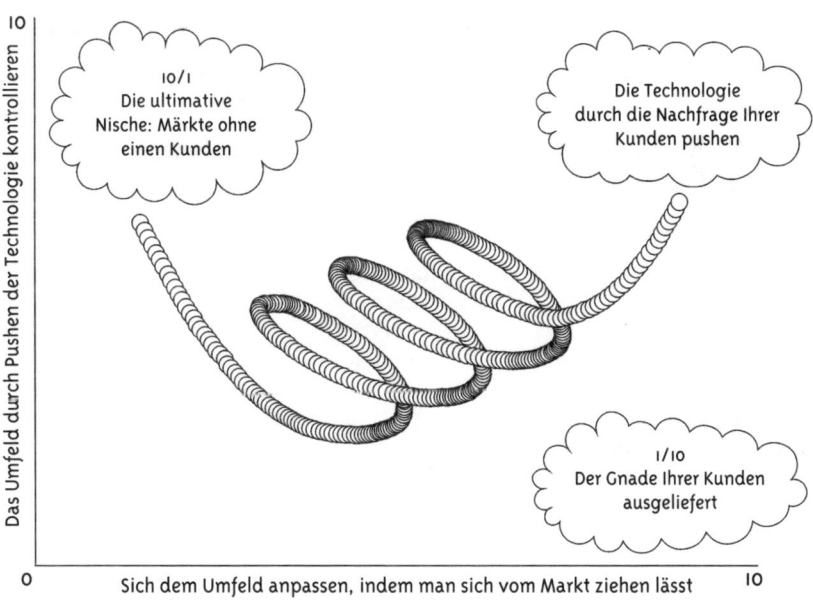

Abbildung 3.14   Antrieb durch Ziehen

nologieschub muss bei der Entscheidung helfen, von welchen Märkten man angezogen werden möchte. Und die Anziehungskraft des Marktes muss helfen zu erkennen, welche Technologien anzuschieben sind (vgl. Abbildung 3.14).

Die eigene Orientierung bei diesen Dimensionen

In Kapitel 2 und 3 haben wir versucht, jede Wertdimension zu erklären und auch darzulegen, wie diese Dimensionen kulturelle Unterschiede beschreiben können. Nachdem wir diese Unterschiede erkannt haben und achten, können wir jetzt damit beginnen, sie auszusöhnen. Sie können sich zum eigenen Nutzen über Ihre Orientierung bei diesen Dimensionen Gedanken machen und auch darüber, wie Ihre ausländischen Geschäftspartner abschneiden würden. Denken Sie dann darüber nach, wo es Unterschiede gibt, und stellen Sie sich diese Fragen: »Welche Spannungen erzeugen diese Unterschiede?« und daher: »In welche widersprüchlichen Situationen komme ich durch diese Unterschiede?«

Vielleicht sind Sie sich der Unterschiede nicht bewusst, vielleicht haben Sie und andere sie aber auch schon aussöhnen können. Wo diese Unterschiede jedoch auftreten, werden Sie auf Widersprüche stoßen – und die müssen Sie aussöhnen. Wir bieten unsere Methodologie als Lösungsweg an.

Kapitel 4
Unternehmenskultur

Kulturelle Faktoren im Wirtschaftsleben sind nicht nur die Folge länderspezifischer Unterschiede, sondern auch jener in und zwischen Organisationen. Für viele Manager kann die Kultur ihres Unternehmens über nationale Unterschiede dominieren. Stellen wir uns einen jungen japanischen Manager vor, der japanisches Denken und japanische Wertvorstellungen verkörpert und in Japan für ein amerikanisches Unternehmen arbeitet. Als er befördert wird und eine leitende Position erhält, bereist er die Welt und ist häufig in der Zentrale in den USA. Jetzt arbeitet er mit gleichgestellten Kollegen zusammen, die aus den verschiedensten Ländern kommen können. Aber nicht ihre Landes- oder Nationalitätenunterschiede sind das Wichtige, sondern was sie gemeinsam als »die Art, wie Dinge in diesem Unternehmen angepackt werden« empfinden. Ihr System gemeinsamer Bedeutung ist nicht mehr das ihres Heimatlandes, sondern kommt aus der gemeinsamen Arbeit, von Powerpoint-Präsentationen vor Kollegen im innerbetrieblichen Stil mit Firmenlogos bis zum Gebrauch einer eigenen »Firmensprache«, vom Sprechen in Kategorien kurzfristiger Budgets (statt in Kategorien längerfristigen japanischen Denkens) bis zu E-Mail-Protokollen und Mittelplanungssystemen.

Die Unternehmenskultur der Organisation ist jetzt die treibende Kraft. Beim »Kulturmanagement« geht es nun darum, eine Unternehmenskultur zu schaffen, in der Menschen zusammenarbeiten, um die Ziele der Organisation zu erreichen; es geht darum, Dilemmata auszusöhnen, die aus Fragen der Unternehmenskultur entstehen. Selbstverständlich ist all das nicht frei von (nationaler) Kultur. Eine Organisation in einem Teil der Welt mit einer Gesellschaft, die Status zuschreibt, entscheidet sich vielleicht für ein Organisationsmodell, das anfangs auf Zuschreibung setzt, nicht auf Errungenschaften. Aber was ist mit dem globalen Unternehmen mit einer bunt zusammengewürfelten Belegschaft? Und welches Bindeglied gibt es zwischen Unternehmenskultur und Wirtschaft?

In diesem Kapitel wird erläutert, wie man die Rolle und Bewertung der Organisationskultur angehen kann. Das grundlegende System besteht darin, die aktuelle Unternehmenskultur mit einem Idealzustand zu vergleichen, um die Dilemmata sichtbar zu machen, die ausgesöhnt werden müssen. Die ideale Unternehmenskultur wird also im Rahmen von Firmenzielen und den Dilemmata diskutiert, die sie hervorruft.

Definition der Unternehmenskultur

Organisationskultur ist ein schwer fassbares Konzept, das von Silvester, Anderson und Patterson (1999) zusammengefasst worden ist. Die Definitionen enthalten ein System öffentlich und allgemein akzeptierter »Bedeutungen«, die zu einer bestimmten Zeit für eine Gruppe aktuell sind (Trice und Beyer, 1984); ein Muster aus »Grundvoraussetzungen«, die entwickelt werden, wenn die Gruppe oder Organisation lernt, mit ihrer Umwelt fertig zu werden (Schein, 1996); und, etwas einfacher, »die Art, wie wir hier die Dinge regeln« (Deal und Kennedy, 1982). Doch trotz der zahlreichen strategischen und Kulturänderungsprogramme, die in den letzten Jahren von Organisationen ins Leben gerufen wurden, waren Bemühungen, spezifische, beobachtbare und damit messbare Merkmale der Organisationskultur zu bestimmen, wenig erfolgreich. Auch die Übermittlung kultureller Werte bleibt ein vernachlässigter Bereich der Organisationspsychologie, und während Versuche unternommen wurden, Kultur auf der Teamebene zu messen, oft »Gruppenklima« genannt, mangelt es an Untersuchungen, die sich mit den tieferen Schichten gemeinsamer Kultur in Arbeitsgruppen beschäftigen (Silvester, Anderson und Patterson, 1999). Das alles hat die Klarheit beeinträchtigt, mit der Organisationskultur und insbesondere Kulturwandel gesehen werden.

Erst 2000 haben Hampden-Turner und Trompenaars aus den umfangreichen Forschungsdaten neue, verallgemeinerbare Systeme entwickelt, die über diese Modelle niedrigerer Ordnung hinausgehen.

Die Rolle der Unternehmenskultur

Grundlegend für das Verständnis von Kultur in Organisationen ist, dass wir Kultur als eine Reihe von Regeln und Methoden definieren können, die eine Organisation entwickelt hat, um mit den regelmäßig auftretenden Problemen fertig zu werden. Organisationen stoßen auf Dilemmata, wenn sie mit den Spannungen zwischen den bestehenden und den angestrebten Wertvorstellungen umgehen – oder denen zwischen den Partnern einer Fusion oder strategischen Allianz. Die Kulturen unterscheiden sich zwar sehr in der Art, wie sie diese Dilemmata angehen, nicht jedoch in der Notwendigkeit, in irgendeiner Form zu reagieren. Sie alle teilen das Los, sich verschiedenen existenziellen Herausforderungen stellen zu müssen. Sobald die Führungspersonen wissen, wie das Problem zu lösen ist, können sie die Dilemmata effektiver aussöhnen und haben so mehr Erfolg.

Es wird zunehmend anerkannt, dass die Organisationsentwicklung und die Umstrukturierung von Unternehmensprozessen zu oft gescheitert sind, weil sie Aspekte der (Unternehmens-)Kultur ignoriert haben. Es genügt allerdings nicht, die kulturellen Bausteine einfach nur »hinzuzufügen«. So erklärt sich vielleicht, warum Kultur so häufig übergangen wird. Werte sind keine Artefakte, die man hinzufügen kann. Sie werden vielmehr kontinuierlich in menschlichen Interaktionen geschaffen und liegen nicht herum wie Steine auf dem Weg. So gesehen ist Kultur nur in dem Umfeld aussagefähig, in dem die Mitglieder einer Organisation ihrer täglichen Arbeit nachgehen.

Unternehmenskultur bei Fusionen, Übernahmen und strategischen Allianzen

Globalisierung durch Fusionen, Übernahmen und strategische Allianzen ist Big Business – mit einem aktuellen Volumen von gut 2 Billionen US-Dollar pro Jahr. Sie sind gesuchter denn je, nicht nur um Globalisierungsstrategien umzusetzen, sondern auch als eine Folge der politischen, monetären und rechtlichen Annäherung. Dennoch bringen zwei von drei Geschäften dieser Art nicht annähernd den erwarteten Nutzen, der ausschlaggebend für das ganze Unterfangen war (Trompenaars und Woolliams, 2001).

Häufig wird ein Unternehmen nicht übernommen, um es vollkommen zu integrieren, sondern um sich seine inneren Werte zu sichern. Immer häufiger sind jedoch andere erwartete Vorteile der Grund, etwa synergetische Werte (z. B. Gegenseitigkeitsgeschäfte, Zusammenlegung von Lieferketten, Größenvorteile) oder direktere strategische Werte (um Marktführer zu werden, einen kompletten Kundenbestand zu übernehmen etc.). Das Augenmerk des Managements vor und nach dem eigentlichen Geschäft ist zu häufig darauf gerichtet, die neuen Möglichkeiten schnellstmöglich auszubeuten, entweder rein mechanistisch oder auf Grund finanzieller Prüfungserkenntnisse (KPMG Consulting, 1999).

Man geht davon aus, dass es am Gewinn bringendsten ist, die technischen, betrieblichen und finanziellen Systeme sowie das Vorgehen am Markt aufeinander abzustimmen.

Unsere Untersuchungen haben ergeben, dass das eigentliche Ziel deswegen so oft nicht erreicht wird, weil ein ganzheitliches, strukturiertes, methodologisches System fehlt. Deshalb weiß die Führungsspitze nicht, was es zu integrieren gilt oder welche Entscheidungen wichtig sind, damit sich der antizipierte Vorteil einstellt. Während jedes Integrationsprogramm auf den betrieblichen Belangen aufbauen sollte, für die ein Vorteil gesucht wird, sind sehr viel mehr Aufmerksamkeit und Einsatz darauf zu richten, die kulturellen Unterschiede zwischen den neuen Partnern in den Griff zu bekommen. Beziehungsfragen wie kulturelle Unterschiede und mangelndes Vertrauen sind für 70 Prozent der gescheiterten Allianzen verantwortlich. Das überrascht umso mehr, als wir wissen, dass Vertrauen weckende Maßnahmen schon für sich eine kulturelle Herausforderung sind. Wie soll ein Vertrauen entstehen, wenn es schon unterschiedliche Ansichten darüber gibt, was einen vertrauenswürdigen Partner ausmacht? Außerdem schließen interkulturelle Allianzen Unterschiede in der Unternehmens- und der nationalen Kultur ein. Probleme können auf mehr oder weniger »objektive« kulturelle Unterschiede zurückgehen, aber auch auf wechselseitige Wahrnehmungen, darunter Wahrnehmungen der Unternehmens- und der nationalen Kultur.

Das Humankapital muss eine größere Rolle spielen. Berücksichtigt werden müssen der Führungsstil, Führungsprofile, Organisationsstrukturen, Arbeitspraktiken und die verschiedensten Wahrnehmungen am und vom Markt. Kultur ist, kurz gesagt, überall. Selbst wenn Strategen und leitende Mitarbeiter die Bedeutung der Kultur erkennen, herrscht weiterhin Ernüchterung, weil sie bisher kein Mittel gefunden haben, die kulturellen Ursachen und Wirkungen zu bewerten oder zu quantifizieren, oder angemessen und wirksam zu handeln.

Auf Grund unserer umfassenden Erfahrung in der Zusammenarbeit mit Kundenunternehmen, die mit solchen Fusionen und Allianzen zu tun hatten, haben wir eine neue Methodologie entwickelt, die wir »Erforderliche kulturelle Sorgfalt« nennen. Sie liefert einen operationalen Rahmen, damit die Folgen des Zusammenpralls der Unternehmenskulturen deutlich gemacht und damit ausgesöhnt werden können, um einen optimalen Nutzen zu sichern. Auch sie beruht wieder auf unserem Dreigestirn: erkennen, achten und aussöhnen.

In der Unternehmenskultur begründete Spannungen

Ein Großteil unseres induktiven Denkens verdankt seine Herkunft unseren diagnostischen und analytischen Instrumenten und Werkzeugen sowie der umfangreichen und verlässlichen Datenbank, die wir aufgebaut haben. Damit können wir oder die Organisationen selbst die Spannungen abbauen bzw. diagnostizieren, denen sie sich gegenübersehen.

Struktur ist ein Begriff, der in der Organisationsanalyse häufig vorkommt und für den es zahlreiche Definitionen und Vorgehensweisen gibt. Wir wollen hier untersuchen, wie die Beschäftigten ihre Beziehungen untereinander und zur Organisation insgesamt einschätzen. Organisationskultur ist für die Organisation, was persönliche Kultur für den Einzelnen ist – ein verborgenes, doch einigendes Thema, das Bedeutung, Richtung und Mobilisierung bietet und sich entscheidend auf die Gesamtfähigkeit der Organisation auswirken kann, mit den aktuellen Herausforderungen fertig zu werden.

So wie Einzelne in einer Kultur bei allen Gemeinsamkeiten unterschiedliche Persönlichkeiten haben können, ist das auch bei Gruppen und Organisationen möglich. Dieses Muster wird allgemein als »Unternehmenskultur« bezeichnet. Die Unternehmenskultur hat erhebliche Auswirkungen auf die Effektivität des Unternehmens, weil sie beeinflusst, wie Entscheidungen fallen, die Beschäftigten eingesetzt werden und die Organisation auf die Umwelt reagiert.

Wir können drei Seiten organisatorischer Beziehungen unterscheiden, deren Bedeutung von der übergeordneten Kultur abhängt, in der sie auftreten:

1. die allgemeinen Beziehungen zwischen den Beschäftigten in der Organisation;

2. die vertikalen oder hierarchischen Beziehungen zwischen Beschäftigten und ihren Vorgesetzten oder Untergebenen;

3. die Beziehungen der Beschäftigten in der Organisation als Ganzes, etwa ihre Ansichten darüber, was die Organisation am Laufen hält und welche Ziele sie hat.

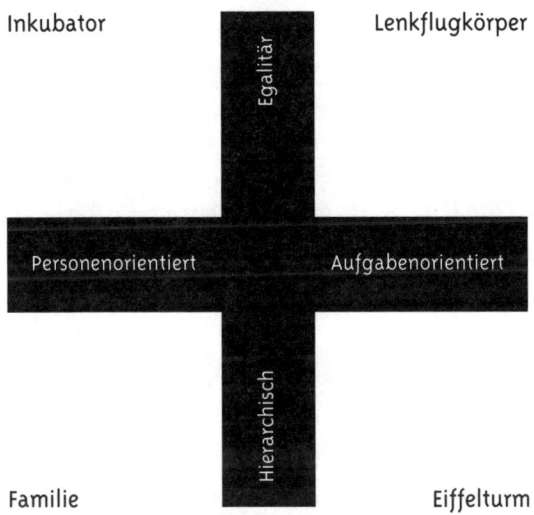

Abbildung 4.1   Vier Kulturtypen

Unser Modell bestimmt vier konkurrierende Organisationskulturen, die sich von zwei verwandten Dimensionen herleiten:

– Aufgabe oder Person (hohe versus niedrige Formalisierung)
– hierarchisch oder egalitär (hohe versus niedrige Zentralisierung)

Die Kombination dieser Dimensionen liefert uns vier mögliche Kulturtypen, wie Abbildung 4.1 zeigt.

Die extremen Klischees der Unternehmenskultur

Der Inkubator

Diese Kultur gleicht einem führerlosen Team. Diese personenorientierte Kultur ist gekennzeichnet durch ein geringes Maß an Zentralisierung und Formalisierung. In dieser Kultur ist die Individualisierung aller miteinander verbundenen Individuen eines der wichtigsten Merkmale. Die Organisation existiert nur, um den Anforderungen ihrer Mitglieder zu genügen.

Eine Inkubator-Organisation hat außer diesen Zielen keinen inneren Wert; die Organisation ist ein Werkzeug für die besonderen Bedürfnisse der Individuen in der Organisation. Verantwortlichkeiten und Aufgaben innerhalb dieses Organisationstyps werden vornehmlich nach den Vorlieben und Bedürfnissen der Mitglieder zugewiesen. Die Struktur ist lose und flexibel und Kontrolle erfolgt durch Überreden und gegenseitige Sorge um die Bedürfnisse und Werte anderer Mitglieder.

Die Hauptmerkmale sind:

— personenorientiert
— individuelle Stärke
— Selbstverwirklichung
— Selbstverpflichtung
— professionelles Erkennen

Der Lenkflugkörper

Diese aufgabenorientierte Kultur hat ein geringes Maß an Zentralisierung und ein hohes an Formalisierung. Diese rationale Kultur ist in ihrem Idealzustand aufgaben- und projektorientiert. »Die Arbeit erledigen« mit »dem rechten Mann am rechten Ort« sind bevorzugte Ausdrucksweisen. Organisationsbeziehungen sind stark ergebnisorientiert, beruhen auf rationalen/zweckmäßigen Überlegungen und sind auf die besonderen funktionalen Aspekte der betroffenen Personen beschränkt.

Leistung und Effektivität gelten mehr als die Forderungen von Autorität, Verfahren oder Menschen. Autorität und Verantwortung werden dort angesiedelt, wo die Qualifikationen liegen, und können sich rasch verschieben, wenn sich die Art der Arbeit ändert. In der Lenkflugkörper-Kultur ist alles einem allumfassenden Ziel untergeordnet.

Die Führung der Organisation wird hauptsächlich als ein fortwährender Prozess der erfolgreichen Problembewältigung gesehen. Der Manager ist ein Teamleiter, der Kommandeur einer Befehlseinheit, der die absolute Befehlsgewalt in Händen hat. Diese aufgabenorientierte Kultur ist auf Grund ihrer Flexibilität und Dynamik sehr anpassungsfähig, gleichzeitig aber schwer zu führen. Dezentralisierte Kontrolle und Führung tragen zu den kurzen Kommunikationswegen bei. Eine aufgabenorientierte Kultur ist für schnelles Reagieren auf extreme Veränderungen konzipiert. Deshalb sind organisatorische Matrix- und Projekttypen bevorzugte Entwürfe für diesen Kulturtyp.

Seine Hauptmerkmale sind:

— Aufgabenorientierung
— Stärke dank Wissen/Sachverstand
— Bindung an Aufgaben
— Management by Objectives
— Leistungslohn

Die Familie

Charakteristisch für die Familien-Kultur ist ein hohes Maß an Zentralisierung und ein geringes an Formalisierung. Sie verkörpert im Allgemeinen eine stark personalisierte Organisation und ist vorwiegend machtorientiert. Die Beschäftigten in der Familie interagieren um die zentrale Macht von Vater oder Mutter. Die Macht beruht auf einem autokratischen Führer, der die Organisation leitet wie eine Spinne im Netz.

Es gibt nur wenige Regeln und deshalb kaum Bürokratie. Die Organisationsmitglieder sind meist möglichst nah am Zentrum, da es der Ursprung der Stärke ist. Das Klima in der Organisation ist daher stark von Manipulation geprägt und sehr intrigenanfällig. In diesem politischen System ist die primäre Logik der vertikalen Differenzierung die hierarchische Differenzierung von Macht und Status.

Die Hauptmerkmale sind:

— machtorientiert
— persönliche Beziehungen
— unternehmerisch
— Neigung/Vertrauen
— Macht der Person

Der Eiffelturm

Diese rollenorientierte Kultur ist geprägt von einem hohen Maß an Formalisierung und Zentralisierung; symbolisiert wird sie durch den Eiffelturm. Sie ist steil, stattlich und sehr robust. Die Kontrolle wird ausgeübt über Regelsysteme, streng rechtlich orientierte Verfahren, zugewiesene Rechte und Verantwortlichkeiten. Bürokratie und das hohe Maß an Formalisierung machen diese Organisation unbeweglich. Der Respekt vor der Autorität beruht auf dem Respekt vor funktionalen Positionen und dem Status. Der Schreibtisch hat die Autorität entpersönlicht.

Anders als die stark personalisierte Familie sind die Mitglieder der Eiffelturm-Organisation ständig universell anwendbaren Regeln und Verfahren unterworfen. Die Beschäftigten sind sehr genau und akribisch. Ordnung und Berechenbarkeit werden bei der Organisationsführung sehr geschätzt. Pflicht ist für den Beschäftigten in dieser rollenorientierten Kultur ein wichtiger Begriff. Es ist eher die Pflicht, die man in sich spürt, als eine Verpflichtung gegenüber einem bestimmten Individuum.

Änderungsverfahren sind meist langwierig und die rollenorientierte Organisation passt sich Veränderungen nur langsam an.

Die Hauptmerkmale sind:

— Rollenorientierung
— Bedeutung der Position/Rolle
— Arbeitsplatzbeschreibung/-bewertung
— Regeln und Verfahren
— Ordnung und Berechenbarkeit

Diagnose der Unternehmenskultur mit unserem UKBP

Wenn man Änderungen organisiert, ist es von höchster Bedeutung, die Kultur zu beurteilen, in der das Unternehmen sich betätigt. Cameron und Quinn (1999) schreiben dazu:»Unglücklicherweise werden sich die Menschen ihrer Kultur erst dann bewusst, wenn sie bedroht ist, wenn sie eine neue Kultur erleben oder wenn diese z. B. durch ein System oder Modell öffentlich und sichtbar gemacht wird.« Die Messungen und Bewertungen mithilfe unseres Modells der vier Unternehmenskulturen stützen sich auf unseren Fragebogen Unternehmenskultur-Bewertungprofil (UKBP); Beispiele für Fragen aus diesem UKBP-Bereich sind unter dem Kürzel CCAP auf der Culture-for-Business-Website zu finden (www.cultureforbusiness.com). Wir haben den UKBP-Fragebogen ständig verfeinert, um ein statistisch signifikantes Maß an Zuverlässigkeit und Widerspruchsfreiheit zu erreichen; wir benutzen ihn, um sowohl aktuelle als auch ideale Kulturen anhand einiger wichtiger Führungswerte darzustellen. Für strategische Allianzen und geplante Fusionen stellen wir die Unternehmenskulturen der Partner in spe dar. Unsere vier Unternehmensideologien beruhen auf fundierten Untersuchungen von Harrison, Handy, Cameron und Quinn.

Sie ermöglichen dem Management, die aktuellen Wertvorstellungen zu beurteilen und denen der angeschlossenen oder erwünschten Organisation gegenüberzustellen. Das UKBP ist so konzipiert, dass es einige grundlegende organisatorische Prozesse misst, von Führungsstilen, Entscheidungsfindung und Unternehmensmodellen bis zur Arbeitsweise in Gruppen.

In der Realität ist keine Organisation das genaue und vollständige Abbild eines dieser extremen Klischees. Die Profile wollen vielmehr die relative Bedeutung jedes einzelnen Anteils zeigen. In den meisten Profilen tatsächlich existierender Organisationen sind praktisch alle Elemente verschieden stark vertreten. Von Interesse ist, welche die vorherrschende Ausprägung ist oder welche zwei Quadranten dominieren.

Um exakte Ergebnisse aus unserem Fragebogen zu gewinnen, werden wichtige Personen (Geschäftsführer, Berater) entweder direkt oder mithilfe unserer interaktiven Webseiten (WebCue™) befragt. Wir beziehen die Befragten mithilfe von »angeleiteten Fantasien« ein und bitten sie, ihre gegenwärtige Organisation in Form eines Tiers, Autos oder einer berühmten Figur aus dem Fernsehen darzustellen und zu erklären, warum. Auf Grund dieser Angaben erstellen wir ein Bild des vorherrschenden Kulturprofils, das anschließend in einem Feedbackbericht für die Teilnehmer systematisiert wird.

Aus den Untersuchungsdaten unserer 65 000 Fälle umfassenden Datenbank geht hervor, dass der aktuell dominante und auch ideale Zustand die aufgabenorientierte Lenkflugkörper-Kultur ist. Nach Durchsicht der unterschiedlich umfangreichen Stichproben (Niederlande, USA und Großbritannien sind die größten) zeigt sich jedoch, dass die Verteilung erheblich schwankt.

Die aktuelle und die ideale Unternehmenskultur hängen offenbar von einer ganzen Reihe von Faktoren ab. Im Einzelnen treten immer wieder vorkommende Unterschiede bei den Branchen, Funktionsbereichen, Generationen, Geschlechtern und der Innovationsneigung auf.

Das Unternehmenskultur-Modell hat auch Verbindungen zum persönlichen Sieben-Dimensionen-Modell, das wir in Kapitel 2 und 3 erläutert haben. Die Beziehung zwischen Beschäftigten in der Familien- und Inkubator-Kultur ist somit häufig diffus, in der Eiffelturm- und Lenkflugkörper-Kultur dagegen spezifischer. In der Familien- und Eiffelturm-Kultur wird mehr Status zugeschrieben, Lenkflugkörper- und Inkubator-Organisationen sind stärker leistungsorientiert.

In der Reihenfolge zunehmender Entropie (abnehmender Bedeutung) sind in unserer Datenbank folgende Spannungen am häufigsten zu finden:

Aktuell	Ideal	
Lenkflugkörper	Inkubator	Szenario 1
Eiffelturm	Lenkflugkörper	Szenario 2
Familie	Lenkflugkörper	Szenario 3
Eiffelturm	Inkubator	Szenario 4
Familie	Inkubator	Szenario 5
Inkubator	Lenkflugkörper	Szenario 6

Das Management organisatorischer Kulturunterschiede hat also mit der Beantwortung zweier grundlegender Fragen zu tun.

1. Welche Dilemmata erwachsen aus den Spannungen zwischen der aktuellen und der idealen Diagnose der Unternehmenskultur mit unserem UKBP

2. Wie lassen sich diese Dilemmata aussöhnen?

Wir haben mithilfe unserer Befragungsmethoden im Internet – Web-Cue™ – die Mitglieder vieler Kundenorganisationen gebeten, ihre Dilemmata offen zu legen und zu skizzieren. Wir haben über 7500 Antworten erhalten, die sich unserer Ansicht nach in mehreren wiederkehrenden Dilemmata zusammenfassen lassen. Wie erwartet, treten für die verschiedenen Szenarien verschiedene Widerspruchskategorien auf. Wir können diese Aspekte der Unternehmenskultur somit auf der Grundlage dessen prüfen, was wir bei aktuellen Kunden entdeckt haben. Die Spannungen der einzelnen Szenarien aus realen Kundensituationen sind verallgemeinert, um nicht in Konflikt mit Fragen der Ethik und Vertraulichkeit zu kommen. Abbildung 4.2 stellt den Prozess dar; der Einstiegspunkt, den man wählt, ist jedoch kulturabhängig.

Zweifellos ist der Fortbestand des Unternehmens letztlich der zentrale Punkt jeder Unternehmensführung (Schein, 1997), wobei jedoch die Verantwortung nicht nur bei der Firmenspitze liegt, sondern auch bei all denen, die Handlungen mit dem Fortbestand irgendeiner speziellen

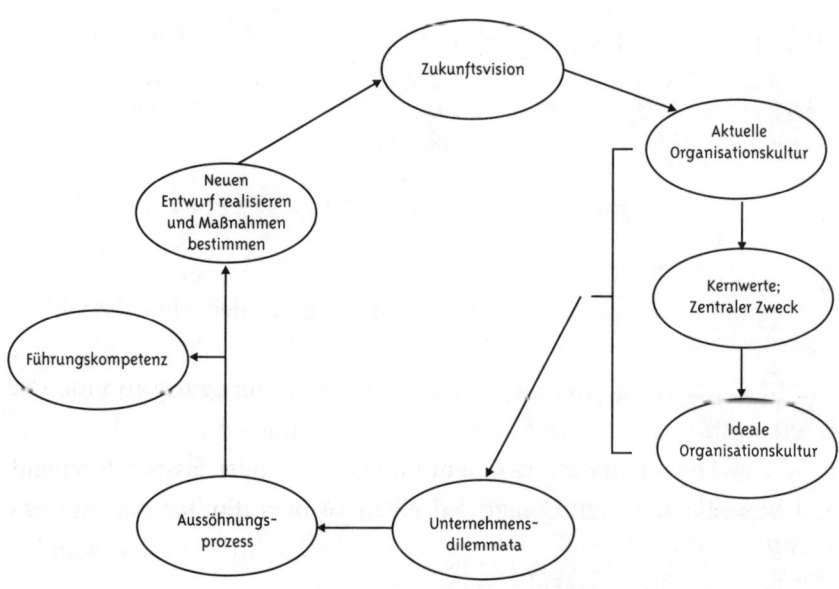

Abbildung 4.2 Fluss des kulturellen Änderungsprozesses

Unternehmenstätigkeit verbinden können: Es handelt sich um »multiple Führung« (Pettigrew, 1985).

Die Allgegenwart der impliziten Kultur kann die Führung in mancher Hinsicht erschweren. Selbst auf expliziter Ebene werden traditionelle Praktiken zu heiligen Kühen, die nicht ohne weiteres geschlachtet werden dürfen. In einer idealen Welt würden wir zurückgehen und die impliziten Werte hinter jedem dieser expliziten Gebilde prüfen, um zu sehen, ob sie immer noch der beste Weg sind, diese Werte bereitzustellen und zu bekräftigen. Wenn die Kulturprodukte zu heiligen Kühen werden, können sie Überleben, Wachstum und Wandel behindern. Das ist besonders dann wichtig, wenn Sie Ihre heiligen Kühe in neue Kulturen übernehmen.

Da die Kultur einer Organisation oft auf höchster Ebene »besessen« und gelebt wird, kann bei Managern das Gefühl aufkommen, materiell wenig Möglichkeiten zur Beeinflussung der realen Organisationskultur zu haben, ohne von oben nach unten zu handeln.

Diese Extreme ließen sich in der Aussage zusammenfassen, dass wir einerseits die Unternehmenskultur so ändern müssen, dass sie sich unserer neuen Unternehmensmission annähert, wir andererseits aber auch eine neue Unternehmensmission entwickeln müssen, die mit unserer bestehenden Unternehmenskultur vereinbar ist.

Die Zukunftsvision

Die Zukunftsvision ist das, was die Organisation werden will – das will sie erreichen, schaffen –, etwas, das zu erlangen Fortschritt benötigt. Das große, schwierige und verwegene Ziel besteht in der gewagten Mission, den Fortschritt anzuregen. Es muss klar und zwingend sein und dient als ein einigender Kernpunkt der Bemühungen. Es sollte fassbar, belebend und kompakt sein und andere mitreißen können. Ein solches visionäres Ziel gilt für die gesamte Organisation. Ein Zielhorizont von zehn bis 30 Jahren erfordert, gedanklich über die gegenwärtigen Fähigkeiten der Organisation und das aktuelle Umfeld hinauszugehen. Er zwingt ein

Führungsteam, visionär zu sein, nicht nur strategisch oder taktisch. Das Ziel sollte keine sichere Sache sein, doch die Organisation muss daran glauben, es in irgendeiner Form realisieren zu können.

Die berufliche Praxis hat uns gelehrt, dass das Erstellen einer »lebendigen Beschreibung« die Vision in reiche Bilder verwandelt und eine Vorstellung schafft, die bei den Beteiligten haften bleibt. Sobald wir eine bestimmte Begeisterung, Emotion und Überzeugung erreicht haben, sind wir bereit, nicht mehr ausschließlich nach den materiellen Werten zu fragen.

Die Unternehmenskultur auf die Zukunft übertragen

Alles, was die Zukunftsvision beiträgt – Grundwerte und Hauptzweck zwischen aktueller und idealer Unternehmenskultur –, ergibt die verfügbaren Zutaten, die die Führung anregen, darüber nachzudenken, welche elementaren Dilemmata sie lösen muss bei dem Versuch, die Spannungen zu meistern, die aus Fragen der Unternehmenskultur erwachsen.

Wir fordern unsere Teilnehmer oft auf, die Spannungen, die sie in ihrem Geschäftsalltag empfinden, darzustellen und sie dann mit den Spannungen zu vergleichen, die sie zwischen aktueller und idealer Kultur empfinden. Als tatsächliche Spannung wird beispielsweise empfunden: »Unser Unternehmen ist derart auf die Ergebnisse des nächsten Vierteljahres fixiert, dass uns nicht genug Zeit bleibt, kreativ zu sein und die nächste Generation an Innovationen zu entwickeln.« Dieses Beispiel würde sich so deuten lassen, dass die aktuelle Unternehmenskultur eine Lenkflugkörper-Kultur ist und das beherrschende übernommene Profil eine Inkubator-Kultur.

Wir stellen oft fest, dass sich eine bestehende Organisationskultur deshalb entwickelt hat, weil sie am besten zu den großen Widersprüchen passte, vor denen das Unternehmen stand. So entsteht z. B. eine Inkubator-

Kultur häufig dann, wenn ein Firmenchef unternehmerische und innovative Kernwerte anstrebt und dabei die Zukunftsvision hat, das wegweisendste Unternehmen auf dem Gebiet des kulturvergleichenden Managementdenkens und der Beratung zu werden. Eine Lenkflugkörper-Kultur ist ein weit passenderer Kontext für Führungskräfte, die Kunden behilflich sein wollen, für ihre Investitionen im Finanzdienstleistungssektor die höchste Rendite zu erzielen, und die den Kernwerten Integrität und Transparenz verpflichtet sind.

Doch Umwelt und Herausforderungen der Unternehmen ändern sich ständig. Sobald sich eine Organisationskultur gebildet hat, schafft sie (oder die sich ändernde Umwelt) neue Dilemmata auf einer höheren Ebene. So kann z. B. eine dominierende Inkubator-Kultur ein Unternehmensumfeld erzeugen, in dem zwar viele innovative Ideen gedeihen, wo jedoch das Managen und die Kommerzialisierung dieser Ideen eher Aspekte einer mehr marktsensiblen und geführten Lenkflugkörper-Kultur anziehen. Umgekehrt kann eine dominierende Lenkflugkörper-Kultur zu einer Umwelt führen, in der sich die Beschäftigten so sehr von ihrem Marktwert leiten lassen, dass es einer Familien-Kultur bedarf, die notwendige langfristige Vision und Bindung zu schaffen.

Zunächst listen wir von der aktuellen und idealen Kultur das auf, wovon die wichtigsten Organisationsmitglieder (meist die 25 bis 50 höchsten Mitarbeiter) mehr haben oder möglichst viel behalten möchten. Dann bitten wir sie, in Fünfer- oder Sechsergruppen die drei wichtigsten aktuellen bzw. idealen Werte, Rollen und/oder Verhaltensweisen vor dem Hintergrund sowohl der Zukunftsvision als auch der Kernwerte und des Hauptzwecks auszuwählen. Wir bitten einen Vertreter jeder Gruppe, ihre Auswahl den anderen Gruppen mitzuteilen, woraufhin wir vier oder fünf Werte/Verhaltensweisen im aktuellen wie idealen Unternehmensprofil auswählen. Wir betonen noch einmal, dass die Auswahl vor dem Hintergrund einer Zukunftsvision und Kernideologie erfolgt. Dadurch stellen wir sicher, dass die Auswahl der Werte und Verhaltensweisen in einem Unternehmenskontext erfolgt.

Wir präsentieren die Ergebnisse dieses Schritts wie folgt:

Einerseits möchten wir mehr von den folgenden Werten und Verhaltensweisen unserer jetzigen Organisation haben und/oder sie behalten:	Andererseits müssen wir die folgenden Werte und Verhaltensweisen entwickeln, um unsere gedachte Zukunft und die Kernwerte zu fördern:
1.	1.
2.	2.
3.	3.
4.	4.
5.	5.

Die Listen werden der ganzen Gruppe vorgelegt. Erneut werden Fünfer- oder Sechsergruppen gebildet, die diesmal gebeten werden, zwei Gebiete mit Spannungen (Dilemmata) zu benennen, deren Aussöhnung ihnen hinsichtlich der Zukunftsvision wichtig erscheint. Wir stellen sicher, dass die Formulierung der Zwangslage erwünscht ist und auch mit Unternehmensfragen zu tun hat.

Hier einige Beispiele:
- »Einerseits müssen wir auf zuverlässige Technologie achten [typisch für eine dominierende Eiffelturm-Kultur], andererseits müssen wir ständig von unseren wichtigsten Kunden informiert werden [typisch für eine dominierende Lenkflugkörper-Kultur].«
- »Einerseits müssen wir unsere jungen Graduierten beraten und auf lebenslanges Lernen vorbereiten [Inkubator], andererseits müssen wir auf die Einnahmen dieses Quartals achten [Lenkflugkörper].«
- »Einerseits müssen wir eine loyale Belegschaft aufbauen und erhalten und persönliche Beziehungen pflegen [Familie], andererseits müssen wir ihre Leistung auf Grund der Berichte beurteilen können [Lenkflugkörper].«

Es ist für diesen Prozess unerlässlich, dass die ausgewählten Dilemmata gut formuliert sind und die wichtigen Herausforderungen, vor denen die Organisation steht, sichtbar machen. Schließlich bitten wir alle Beteiligten, vier oder fünf besonders gravierende Dilemmata auszuwählen, von denen sie dasjenige bestimmen können, das sie im nächsten Schritt aussöhnen möchten.

Dieser Prozess setzt die Verfügbarkeit und das Engagement aller geeigneten Führungspersonen und Manager voraus, er kann allerdings auch abgekürzt werden – wenn beispielsweise diejenigen, die beteiligt sein müssen, über den ganzen Globus verstreut sind. In dem Fall prüfen wir die unaufbereiteten Dilemmata aus unseren Internetbefragungen. So können wir die allgemeinen Merkmale und grundlegenden Konstruktionen bestimmen, die sie untermauern. Wir können so eine Cluster- oder Faktoranalyse durchführen und sie auf einen repräsentativen Bestand »goldener« Dilemmata reduzieren, die letztendlich die Spannungen darstellen, mit denen die Führungsspitze im Allgemeinen zu tun hat.

Häufig wiederkehrende Dilemmata

Alle Szenarien für die verschiedenen Umwandlungen kommen in der Praxis vor. Auf der Grundlage unserer Forschung und Beratung führen wir nun die häufig wiederkehrenden Dilemmata für verschiedene mögliche Kombinationen auf. Der Vollständigkeit halber nennen wir sämtliche Kombinationen, auch wenn einige, wie zu erwarten ist und oben angedeutet wurde, häufiger auftreten als andere. Wir unterbreiten auch Einstiegsvorschläge, wie die einzelnen Dilemmata beizulegen sind.

Umwandlung weg von der Eiffelturm-Kultur
(Umwandlungen 1–3)

In vielen unserer (unternehmerischen) Kulturprofile entdecken wir den gemeinsamen Wunsch, von der Eiffelturm-Kultur wegzukommen. Das heute ziemlich hoch entwickelte hierarchische Denken muss egalitärer werden und formalisierte Regelwerke müssen zu Richtlinien werden, die

die Menschen in die Lage versetzen zu handeln. Daran ist nichts falsch, doch offenbar funktionierte diese Logik nicht im Anfangsstadium eines Prozesses, als der amerikanische Halbleiterhersteller AMD eine Fabrik in Dresden eröffnete.

Konnte man den Geist des Silicon Valley – mit Begeisterung und unter Zeitdruck das Unmögliche wagen – mit nur wenigen Mitarbeitern in einer Region zum Leben erwecken, die Jahrzehnte unter dem Kommunismus gelebt hatte? Hier bot sich die Chance, dieses Engagement einem absoluten Härtetest zu unterziehen. Würde das Rezept unter diesen Umständen greifen? Wie würden die unterschiedlichen Kulturen miteinander auskommen?

Ein berühmtes deutsch-amerikanisches Dilemma liegt in dem Unterschied, Probleme einerseits entweder durch Abwägen und logische Einsicht lösen zu wollen (Eiffelturm), oder andererseits mit Empirie und Pragmatismus (Lenkflugkörper). Nach Ansicht der Deutschen diskutierten die Amerikaner in Gruppensitzungen zu oft diese oder jene Initiative. Sie wechselten immer wieder den Kurs und versuchten etwas Neues, statt bei einer einmal vereinbarten Vorgehensweise zu bleiben. Selten dachten sie einfach nur über die Probleme nach, um zu vernünftigen Schlüssen zu kommen.

Hier besteht die Spannung zwischen dem risikofreudigen Pragmatismus, den die aufgabenorientierten Amerikaner bevorzugen, und dem risikoarmen Rationalismus, den die rollenorientierten Deutschen vorziehen. Die Amerikaner schießen nach Ansicht der Deutschen aus der Hüfte, ohne genau zu zielen, wohingegen die deutschen Ingenieure Probleme gern mit rationalen Mitteln lösen. Im Extremfall warfen die Amerikaner den deutschen Ingenieuren schon einmal »Paralyse durch Analyse« vor. Man muss nicht endlos nach Lösungen suchen, wenn sich die Problembeschreibungen so schnell ändern.

Das Witzige an der zentralen Planung war, dass sie unendlich viele lokale Improvisationen hervorbrachte, weil die Pläne so starr waren. Der Wert, dem das Dresdner AMD-Team sich anzunähern suchte, war das systematische Experiment. Der systematische Teil sollte die deutsche Vernunft ansprechen, das experimentelle Element den amerikanischen Pragmatismus (und die Improvisation). Was in der Praxis funktioniert, wird beibehalten, was versagt, wird ausgesondert. Vernunft ist für die Einsicht in das, was funktioniert und was nicht, nach wie vor unerlässlich. Das gilt noch mehr für gewissenhafte, systematische Experimente und es bietet ein Beispiel dafür, wie man aus einer Eiffelturm-Kultur eine ausgesöhnte Lenkflugkörper-Kultur macht. So konnte AMD Dresden den Konkurrenten Intel bei der Einführung des 1-GHz-Chips schlagen – das erste Mal in der Firmengeschichte von Intel.

Umwandlung 1

Aktuell	Ideal
Eiffelturm	Lenkflugkörper
Typische Dilemmata	
Führung	der Rolle zugeschriebene Autorität versus durch die Aufgabe entpersönlichte Autorität
Aussöhnung	die höchste Autorität den Managern zuweisen, die sich in ihren Zielen auf die zuverlässige Anwendung von Sachverstand als einem Hauptkriterium umorientiert haben
Management	Sachverstand und Zuverlässigkeit versus konsequente Zielorientierung bei der Aufgabe
Aussöhnung	zuverlässigen Sachverstand und langfristiges Engagement zu einem Teil der Aufgabenbeschreibung machen
Belohnung	Mehren des Sachverstands durch zuverlässige Arbeit versus Beitrag zum Endergebnis
Aussöhnung	Experten nutzen ihr Wissen, um klar gesetzte Ziele zu erreichen

Umwandlung 2

Aktuell	Ideal
Eiffelturm	Familie
Typische Dilemmata	
Führung	Autorität wird der Rolle zugeschrieben versus Autorität wird der Führungsperson persönlich zugeschrieben
Aussöhnung	Die Führung muss die politischen Seiten der von ihr geleiteten technischen Aktivitäten verstehen. Sie wird Dienstführer der Beziehungen.
Management	die Bedeutung von Sachverstand und Zuverlässigkeit versus die der Praktiken und des Know-how
Aussöhnung	entscheidende Systeme und Verfahren fokussieren, damit sie den Führungsprozess unterstützen
Belohnung	Mehren des Sachverstands durch zuverlässige Arbeit versus Belohnen langjähriger Treue
Aussöhnung	Mitglieder nutzen ihren Sachverstand und das Ausfüllen zuverlässiger Rollen, um Macht und Ansehen ihrer Kollegen zu vergrößern

Umwandlung 3

Aktuell	Ideal
Eiffelturm	Inkubator
Typische Dilemmata	
Führung	Autorität wird der Rolle zugeschrieben versus Verneinung der Autorität
Aussöhnung	die Experten für die Zuverlässigkeit ihrer innovativen Arbeit verantwortlich machen
Management	die Bedeutung von Sachverstand und Zuverlässigkeit versus die des Lernens rund um Innovationen

4: Unternehmenskultur

Aussöhnung	Dezentralisieren der Organisation in mehr Sachver-ständigenzentren, wo die Rollen sehr genau be-schrieben werden und man auf Lernen und Innova-tionen abzielt
Belohnung	Mehren des Sachverstands durch zuverlässige Arbeit versus innere Belohnung der Selbstentfaltung
Aussöhnung	Experten nutzen ihre Wissenssysteme und Verfahren, um klar definierte Innovationsergebnisse zu erzielen

Umwandlung weg von einer Lenkflugkörper-Kultur (Umwandlungen 4–6)

Die Herausforderung besteht darin, einen erfolgreichen Ansatz zu finden, wenn die Umgebungskultur nicht mit dieser Art von Logik vereinbar ist. Wie Fons Trompenaars in *Did the Pedestrian Die?* berichtet, gab es den Fall eines amerikanischen Managers bei Eastman Kodak, der in Rochester ein sehr erfolgreiches Programm startete. Nachdem er dasselbe Programm in Europa eingeführt hatte, klagte er uns sein Leid. Er klagte über die Unbeweglichkeit der Franzosen und Deutschen, erzählte, er habe sich in ganz Europa umgesehen und in allen Ländern hätten viele vermeintlich Unterstützung signalisiert. Die Deutschen hatten Schwierigkeiten mit dem Verfahren, wollten alles über die Methoden wissen und wie sie mit der angestrebten Strategie zusammenhingen. Die Franzosen hatten sich wegen der Gewerkschaften Sorgen gemacht, ihre Leute aber bei Laune gehalten, und er war in der Überzeugung abgereist, alle seien sich über das Vorgehen einig. Als er nach drei Monaten zurückkam, um zu sehen, wie die Sache lief, hatte sich weder in Frankreich noch in Deutschland irgendetwas getan.

Wer sich in kulturübergreifenden Fragen auch nur ein wenig auskennt, hätte das kommen sehen. Die Deutschen glauben oft an Visionen, aber ohne die geeigneten Strukturen, Systeme und Verfahren, die dieser Vision Leben einhauchen, passiert gar nichts. Die Deutschen haben eine »Schub«-Kultur. Man schiebt sie in eine bestimmte Richtung. Sie lassen sich nicht so einfach in eine bestimmte Richtung »ziehen« wie etwa die Nordamerikaner.

Dieses Beispiel zeigt, dass die Umwandlung von einer Unternehmenskultur in eine andere nicht linear oder nur in eine Richtung erfolgt. Die Umwandlung weg von der Lenkflugkörper- hin zur Inkubator-Kultur ist ein Schritt in einer Pendelbewegung, die danach zur Lenkflugkörper-Kultur zurückkehren kann – und Ergebnisse liefert. Man bezeichnet die ideale Kultur daher vielleicht besser als »Lenk-Inkubator-Kultur«, in der beide Kulturen ausgesöhnt sind. Auf diese zyklischen Übergänge kommen wir in Kapitel 5 zu sprechen.

Umwandlung 4

Aktuell	Ideal
Lenkflugkörper	Inkubator
Typische Dilemmata	
Führung	durch die Aufgabe entpersönlichte Autorität versus Entwicklung kreativer Einzelpersonen
Aussöhnung	die höchste Autorität den Managern zuweisen, für die Innovation und Lernen ein Hauptkriterium ihrer Ziele ist
Management	konsequente Zielorientierung bei der Aufgabe versus die Bedeutung des Lernens
Aussöhnung	Lernen und Innovationen zu einem Teil der Aufgabenbeschreibung machen
Belohnung	Belohnung direkt nach getaner Arbeit versus Belohnung durch langjährige Loyalität
Aussöhnung	die Aufgabe im Sinne eindeutig umrissener Innovationsergebnisse beschreiben

Umwandlung 5

Aktuell	Ideal
Lenkflugkörper	Familie
Typische Dilemmata	
Führung	durch die Aufgabe entpersönlichte Autorität versus die Autorität, die der Führungsperson persönlich zugeschrieben wird
Aussöhnung	die höchste Autorität den Managern zuweisen, für die die Verinnerlichung differenzierter Prozesse ein Hauptkriterium ihrer Ziele ist
Management	konsequente Zielorientierung bei der Aufgabe versus die Bedeutung der Praktiken und des Know-how
Aussöhnung	politisches Einfühlungsvermögen zu einem Teil der Aufgabenbeschreibung machen
Belohnung	Belohnung direkt nach getaner Arbeit versus Belohnung durch langjährige Loyalität
Aussöhnung	die Aufgabe in Form lose skizzierter langfristiger Ergebnisse beschreiben

Umwandlung 6

Aktuell	Ideal
Lenkflugkörper	Eiffelturm
Typische Dilemmata	
Führung	durch die Aufgabe entpersönlichte Autorität versus die der Rolle zugeschriebene Autorität
Aussöhnung	die höchste Autorität den Managern zuweisen, die zuverlässige Anwendung von Sachverstand zu einem Hauptkriterium ihrer Ziele gemacht haben
Management	konsequente Zielorientierung bei der Aufgabe versus Sachverstand und Zuverlässigkeit
Aussöhnung	zuverlässigen Sachverstand und langfristiges Enga-

	gement zu einem Teil der Aufgabenbeschreibung machen
Belohnung	Beitrag zum Endergebnis versus Vergrößern des Sachverstands durch zuverlässige Arbeit
Aussöhnung	die Aufgabe im Sinne von Sachverstand und Zuverlässigkeit bei der Anwendung beschreiben

Umwandlung weg von der Inkubator-Kultur
(Umwandlungen 7–9)

Über 90 Prozent der Unternehmen weltweit entstehen heute in einem informellen und personenorientierten Klima, das der einzelne Gründer geschaffen hat. Deshalb ist die Umwandlung dieses Typs der Inkubator-Kultur in einen anderen Typ mit mehr Formalien und Entpersönlichung durchaus relevant; wenn der Gründer eines Familienunternehmens plötzlich Erfolg hat und expandiert, werden häufig zwei Wege eingeschlagen. Erstens wächst das Unternehmen, weil Familienmitglieder dazukommen. Man hört von Dilemmata wie:»Einerseits brauchen wir ein schöpferisches Umfeld, in dem man sich frei artikulieren und bewegen kann, andererseits müssen eine gewisse Ordnung und Respekt vor der Autorität herrschen, damit wir für die Zukunft planen können.« Die größten Widersprüche beim Übergang von der Inkubator- zur Familien-Kultur haben mit der Achtung der Autorität zu tun, die personenbezogen ist, und mit der Loyalität, die daraus hervorgeht.

Der zweite Weg ist der von einer Inkubator- zu einer Lenkflugkörper-Kultur. Hier entstehen Dilemmata im Bereich der Formalisierung wie etwa:»Einerseits schätzen wir das informelle und personalisierte Lernumfeld, andererseits müssen wir unsere Produkte und Dienstleistungen auf den Markt bekommen.« Die Inkubator-Kultur ist sehr oft auf das Lernen und die Entwicklung ihrer Mitglieder fixiert, wohingegen dieses Lernen in der Lenkflugkörper-Kultur für den Erlösanstieg eingesetzt werden muss. Ein weiteres Dilemma tritt bei den Wertvorstellungen auf. Die Unternehmenswerte der Inkubator-Kultur werden häufig vom Unternehmensgründer vertreten und ausgedrückt, während die Werte in der Lenkflugkörper-Kultur öfter formalisiert sind und in systematisierten Medien wie Plakaten und dergleichen zum Ausdruck kommen.

Umwandlung 7

Aktuell	Ideal
Inkubator	Lenkflugkörper
Typische Dilemmata	
Führung	Entfaltung kreativer Personen versus durch Aufgaben entpersönlichte Autorität
Aussöhnung	die höchste Autorität den Managern zuweisen, für die Innovation und Lernen ein Hauptkriterium ihrer Ziele ist
Management	Verbesserung der Arbeitsbedingungen und persönliche Entwicklung versus konsequente Zielorientierung bei der Aufgabe
Aussöhnung	Lernen und Innovation zu einem Teil der Aufgabenbeschreibung machen
Belohnung	(innere) Belohnung durch Selbstentfaltung versus (äußere) Belohnung nach getaner Arbeit
Aussöhnung	die Aufgabe in Form klar umrissener Innovationsergebnisse beschreiben

Umwandlung 8

Aktuell	Ideal
Inkubator	Familie
Typische Dilemmata	
Führung	Verneinung von Autorität versus Autorität wird dem Führer persönlich zugeschrieben
Aussöhnung	sich die Unterstützung der Führungspersonen sichern, damit sie selbst bekräftigen, wie wichtig Ler-

	nen und Kreativität sind. Sie werden *Dienstführer* des Lernens
Management	die Bedeutung des Lernens bei Innovationen versus die Bedeutung der Praktiken und des Know-how
Aussöhnung	die Leistungen des gegenwärtigen Lernumfeldes loben, um das Beste aus ihnen herauszuholen, sie zu personalisieren und zu historisch bedeutsamen Ereignissen zu machen
Belohnung	(innere) Belohnung durch Selbstentfaltung versus Belohnung durch langjährige Loyalität
Aussöhnung	die Mitglieder werden persönlich für das langfristige Engagement für das Unternehmen verantwortlich gemacht

Umwandlung 9

Aktuell	**Ideal**
Inkubator	Eiffelturm
Typische Dilemmata	
Führung	Verneinung von Autorität versus Autorität wird der Rolle zugeschrieben
Aussöhnung	die Neuerer für die Zuverlässigkeit ihres Produkts verantwortlich machen
Management	die Bedeutung des Lernens bei Innovationen versus die Bedeutung des Sachverstands und der Zuverlässigkeit
Aussöhnung	die Organisation in mehrere Lernzentren dezentralisieren, wo Rollen ganz exakt beschrieben werden und auf Lernen und Innovation ausgerichtet sind
Belohnung	(innere) Belohnung durch Selbstentfaltung versus den Sachverstand durch zuverlässige Arbeit erhöhen
Aussöhnung	Kreativität und Wissen zum Aufbau verlässlicher Systeme und Verfahren nutzen, um noch bessere Ergebnisse zu erzielen

4: Unternehmenskultur

Umwandlung weg von einer Familien-Kultur
(Umwandlungen 10–12)

In dieser Situation, die wir häufig beobachtet haben, ergeben sich für westliche Organisationen, die eine Globalisierung ihrer Aktivitäten anstreben, Dilemmata. Stellen wir uns ein amerikanisches Unternehmen vor, in dem man der Meinung ist, sein Management in Singapur brauche zu lange für Entscheidungen. Konsens ist schön und gut, aber wenn Eile geboten ist, funktioniert das nicht. Die Singapurer sind dagegen der Meinung, dass die Amerikaner Entscheidungen zu schnell und ungenügend durchdacht treffen, was logischerweise zu Problemen bei der Durchführung führt, was zum Teil daran liegt, dass nicht genügend Personen zu Rate gezogen wurden.

Wir alle kennen zum einen die »flotten« Manager mit ihrer „Follow me-, Follow me«-Attitude. Das andere Extrem sind Asiaten, die viel zu viel Zeit darauf verwenden, alle möglichen Ränge einzubeziehen, um Einvernehmen zu erreichen.

Das Unternehmenskultur-Muster, das diese Extreme aussöhnt, lässt sich am besten mithilfe des bereits erwähnten *Dienstführers* erklären. In dieser Person fände man die Vaterfigur, die in romanischen und asiatischen Kulturen so beliebt ist. Sie (typischerweise ist es ein »er«) bezieht ihre Autorität daraus, wie sie dem Team dient und mit Strenge und Klarheit die Aufgaben für die Mitarbeiter formuliert.

Umwandlung 10

Aktuell	Ideal
Familie	Inkubator
Typische Dilemmata	
Führung	die Autorität wird der Führungsperson persönlich zugeschrieben versus Entwicklung kreativer Einzelpersonen
Aussöhnung	sich die Unterstützung der Führungspersonen si-

chern, damit sie selbst bekräftigen, wie wichtig Lernen und Kreativität sind. Sie werden *Dienstführer des Lernens*

Management	die Bedeutung der Praxis und des Know-how versus die Bedeutung des Lernens
Aussöhnung	die besten Praktiken der Vergangenheit nehmen, sie systematisieren und auf das gegenwärtige Lernumfeld anwenden
Belohnung	langjährige Treue versus (innere) Belohnung durch Selbstentfaltung
Aussöhnung	die Mitglieder werden persönlich dafür verantwortlich gemacht, kreative Mitarbeiter zu motivieren und Lernumfelder zu schaffen

Umwandlung II

Aktuell	**Ideal**
Familie	Lenkflugkörper
Typische Dilemmata	
Führung	die Autorität wird der Führungsperson persönlich zugeschrieben versus durch die Aufgabe entpersönlichte Autorität
Aussöhnung	den Managern die meiste Autorität zuweisen, die die Verinnerlichung differenzierter Prozesse zu einem Hauptkriterium ihrer Ziele gemacht haben
Management	die Bedeutung der Praxis und des Know-how versus konsequente Zielorientierung bei der Aufgabe
Aussöhnung	politisches Fingerspitzengefühl zu einem Teil der Aufgabenbeschreibung machen
Belohnung	langjährige Loyalität belohnen versus (äußere) Belohnung nach getaner Arbeit
Aussöhnung	die Aufgabe in Form lose festgehaltener langfristiger Ergebnisse beschreiben

Umwandlung 12

Aktuell	Ideal
Familie	Eiffelturm
Typische Dilemmata	
Führung	die Autorität wird der Führungsperson persönlich zugeschrieben versus Autorität wird der Rolle zugeschrieben
Aussöhnung	die Führung muss die technischen Seiten der Aktivitäten verstehen, die sie durchführt. Die Mitglieder werden *Dienstführer* der Experten
Management	die Bedeutung der Praxis und des Know-how versus die Bedeutung des Sachverstands und der Zuverlässigkeit
Aussöhnung	sich die Unterstützung des Managements für die Durchführung wichtiger Systeme und Verfahren sichern
Belohnung	langjährige Loyalität belohnen versus gesteigerter Sachverstand durch zuverlässige Arbeit
Aussöhnung	die Mitglieder nutzen ihre Möglichkeiten, um den Sachverstand ihrer Kollegen zu erweitern

Beispiel: Aktuelle Unternehmenskultur: Lenkflugkörper; ideale Unternehmenskultur: Familie

Dies ist ein häufig gewünschter Wechsel und wir führen hier zwei Beispiele an. Im ersten, dem des US-Unternehmens Conflux, erstellten wir folgendes Profil des oberen Managements:

Neben einigen Dilemmata hatte das Unternehmen insbesondere die Notwendigkeit erkannt, folgende Widersprüche auszusöhnen:

- Jede Firmengruppe war eigenständig, der Gewinn wurde der jeweiligen Führung zugerechnet versus jede Firmengruppe trägt zum Gesamtergebnis von Conflux bei und hilft allen Kunden

- Schrittweise Verbesserung anstreben im Hinblick auf Marktanteil und Rentabilität für das nächste Quartal versus die Notwendigkeit einer ganzheitlichen und nachhaltigen Vision, die man mit den Kunden zu Gunsten eines umfassenden Identitätsgefühls teilen kann
- Produkte für interne Prüfung vorbereiten, um interne Budgets zu erhalten versus Ausrichtung der Produktentwicklung, um den Anforderungen der Kunden nachzukommen

Conflux sah sich selbst als Lenkflugkörper-Kultur und auf kurzfristige Quartalsergebnisse fixiert, aber mit viel internem Wettbewerb. Man wünschte sich mehr Eigenschaften einer Familien-Kultur mit mehr Kundentreue und Kooperation zwischen den eigenen Firmengruppen.

Die Beilegung des ersten Dilemmas verlangte nach einer Integration von Individualismus und Kommunitarismus, und doch können wir aus der Grafik der Profilanalyse ersehen, dass das Führungsteam bei der Neigung, diesbezüglich auszusöhnen, unterdurchschnittlich abschnitt. Außerdem stellten wir fest, dass das Führungsteam eindeutig unterdurchschnittlich abschnitt, wo es um die Aussöhnung spezifischer und diffuser

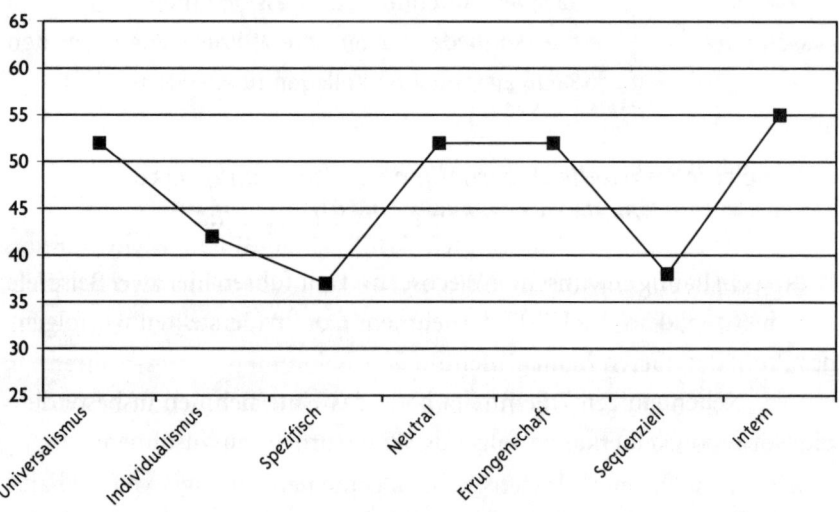

Abbildung 4.3   Neigung zur Aussöhnung: Abweichungen im Sieben-Dimensionen-Modell

4: Unternehmenskultur

Orientierung ging, was bei der Aussöhnung des zweiten Dilemmas alles andere als hilfreich war.

Wir konnten von seiner von Haus aus höheren Neigung profitieren, auf dem Gebiet interner/externer Kontrolle auszusöhnen, was das Selbstvertrauen stärkte. Mit ein wenig Unterstützung konnte das Team das dritte Dilemma selbst lösen, für das die interne/externe Kontrolle die grundlegende Konstruktion war.

Das Training von Einzelpersonen und Gruppen muss offenbar auf mehr beruhen als dem zu großen Vertrauen in Profilierungsinstrumente und dem bloßen Verweisen auf Grafiken und Daten. Wir haben jedoch entdeckt, dass ein sehr machtvoller Mechanismus aktiviert wird, wenn die Ursprünge für das Fehlen jeglicher Ausgleichstendenz sowie Strategien zur Verbesserung der Qualifikation offen gelegt werden – vor allem in den Bereichen, die offenbar für den Änderungsprozess entscheidend sind. Unser solides, übertragbares Begriffskonzept versetzt uns in die Lage, einen Beitrag für den Entwurf der Intervention zu liefern.

Sobald sich die Führungskräfte oder die Gruppen der relevanten Führungspersonen über die Dilemmata geeinigt haben, die ausgesöhnt werden müssen, – und sobald sie sich über die eigenen Stärken und Schwächen bei den verschiedenen Vorgehensweisen im Klaren sind –, ergeben sich die erforderlichen Schritte von selbst. Sehr oft ist es wichtig, die Hebel in einer Organisation zu erkennen, die betätigt werden müssen, um die Wirksamkeit der notwendigen Aktivitäten zu erhöhen. Das hängt wiederum sehr oft von der aktuellen Unternehmenskultur ab.

In Familien-Kulturen spielt das Personal oft eine wichtige Rolle, während in Lenkflugkörper-Kulturen Marketing und Finanzen dominieren. Die Hebel, die man am besten in einer Inkubator-Kultur betätigt, haben oft mit Lernsystemen und innerer Belohnung zu tun, während in Eiffelturm-Kulturen häufig Ausschussverfahren und -systeme im Vordergrund stehen.

Das Folgende bietet einen allgemeinen anfänglichen Anhaltspunkt für erforderliche Aktivitäten bei den drei Dilemmata, die wir behandelt haben:

Dilemma 1

- **Der Markt** (denken Sie darüber nach, was Sie tun könnten in den Bereichen Kunden, Time-to-Market-Reaktionen, Informationsfluss vom und zum Kunden)
- **Humankapital** (denken Sie an Bereiche wie Weiterbildung von Führungskräften, Personalplanung, Bewertung und Entlohnung)
- **Firmensysteme** (was kann man tun in den Bereichen IT-Systeme, Wissensmanagement, Fertigungsinformation, Qualitätssysteme etc.)
- **Struktur und Entwurf** (überlegen Sie, was getan werden kann in den Bereichen des Organisationsentwurfs, sowohl formal wie formlos, und des grundlegenden Material- und Informationsflusses)
- **Strategie und Zukunftsvision** (prüfen Sie die Vision der Führung, Aufgabenbeschreibungen, Ziele, Unternehmenspläne u. ä.)
- **Kernwerte** (denken Sie über Aktionspunkte nach, die die Werte klarer hervortreten lassen, wie man sie besser in Verhaltensweisen und Handeln übersetzt etc.

Dilemma 2

Wer handelt und trägt die Verantwortung (überlegen Sie, wer verantwortlich ist für das Ergebnis an jedem der möglichen Aktionspunkte).

1.

2.

3.

4.

5.

Dilemma 3

Wie der Änderungsprozess überwacht werden sollte (denken Sie an Meilensteine sowie qualitative und quantitative Maßnahmen für wirkliche Änderungen).

1.

2.

3.

4.

5.

Wir nutzen viele Methoden, um die wirklich kritischen Ziele auf den Tisch zu bekommen. Wie schon erwähnt, gehören dazu „angeleitete Fantasien«, in denen wir die Teilnehmer bitten, ein Auto oder Tier zu nennen, das den Zustand der idealen Organisation am besten verkörpert. Die bei Conflux genannten Tiere reichten vom Kraken (verbindet viele Körperteile) bis zum Fuchs (vereint Schnelligkeit und Klugheit). Solche Übungen können sehr hilfreich sein, da die Teilnehmer kreative Bereiche ihres Gehirns nutzen müssen und, was noch wichtiger ist, sich lösen müssen von den aktuellen, tief eingeprägten Bildern der Organisation.

Wir stellten fest, dass man diese gegensätzlichen Führungsstile am besten ausgleicht, wenn man die meiste Autorität den aufgabenorientierten Managern zuweist, die profitable Innovationen und Lernen zu einem Hauptkriterium ihrer Ziele gemacht haben. Das funktioniert, weil es die Arbeitsbesessenheit der heutigen Manager mit der Notwendigkeit von Innovationen verbindet, die so schnell zu vermarkten waren, dass in relativ kurzer Zeit gute Gewinne erwirtschaftet werden konnten.

Beispiel: Aktuelle Unternehmenskultur: Lenkflugkörper; ideale Unternehmenskultur: Familie

Bei unserem zweiten Beispiel für den Wechsel von der Lenkflugkörper- zur Familien-Kultur betrachten wir ein US-Unternehmen, das in Korea tätig ist.

Unternehmenskultur in Südkorea

Ein amerikanisches Elektronikunternehmen hat seit 1990 in Südkorea produziert. Als der Wettbewerb aus anderen südostasiatischen Ländern die Margen der Fabrik bedrohte, rief das Unternehmen erfahrene amerikanische Manager, um herauszufinden, warum das Werk in Korea keinen Erfolg hatte. Als Teil eines Verbesserungsprogramms wurden die koreanischen Manager aufgefordert, binnen sechs Monaten wieder Tritt zu fassen – sie mussten härter arbeiten und alte Fehler ausmerzen. Die amerikanischen Manager lobten beträchtliche Geldprämien aus, wenn die vorgegebenen Ziele bei Rentabilität und Qualität erreicht würden. Nach sechs Monaten sind die Ergebnisse nach wie vor enttäuschend. Ein weiterer US-Manager wird eingeflogen, doch sein ähnliches Vorgehen erweist sich als genauso erfolglos.

John Paulson soll einen letzten Versuch unternehmen. Man teilt ihm mit, dass das Werk geschlossen wird, wenn er keinen Erfolg hat.

Was halten Sie für die beste Handlungsweise angesichts der unterschiedlichen Auffassungen von Unternehmenskultur in den USA und Korea?

Auf Paulson kommen einige Dilemmata zu. Ein typisches hängt mit der Führung zusammen. In der Familien-Kultur wird Autorität dem Firmenchef persönlich zugeschrieben, was ihn zu einer Vaterfigur macht. In der Lenkflugkörper-Kultur ist die Autorität entpersönlicht; dort ist die Bedeutung der Aufgabe das, was zählt. Um dieses Dilemma erfolgreich auszusöhnen, braucht man als Erstes den Rückhalt der Führung, damit deren Mitglieder selbst deutlich machen, wie wichtig die Aufgaben sind. Sie werden *Dienstführer* von Aufgaben (in einer Eiffelturm-Kultur wären sie *Dienstführer* von Rollen geworden).

Ein zweites Dilemma hat zu tun mit der Integration der Bedeutung der Unternehmensgeschichte in die Familien-Kultur sowie mit der Fixierung auf kurzfristige Ergebnisse, die charakteristisch für die Lenkflugkörper-Kultur ist. Eine Möglichkeit zur Aussöhnung besteht darin, die besten Ergebnisse der Vergangenheit zu nehmen, sie zu systematisieren und als Rollenmodelle für künftige Ergebnisse anzuwenden.

Ein dritter Widerspruch handelt von den Belohnungen, nach denen die Menschen streben. In der Familien-Kultur bemühen sie sich meist um ein höheres Ansehen. In der Lenkflugkörper-Kultur fühlen sie sich belohnt, wenn die Arbeit erledigt wird und sie daraus Ansehen beziehen, wie gut sie zum Endergebnis beigetragen haben. Eine Aussöhnung erreicht man am besten, wenn Mitglieder einer Familien-Kultur ihre Kraft dafür einsetzen, die Arbeit zu erledigen.

Die Manager vor Paulson hatten sich für eine leistungsorientierte Lösung entschieden, die typisch für die Lenkflugkörper-Kultur ist, aber die stärker zuschreibungsorientierte Art der an der Familien-Kultur orientierten Koreaner verworfen. Sie nahmen an, dass es ihre koreanischen Kollegen schon motivieren würde, die Ziele zu erreichen und mehr Geld zu verdienen. Sie begriffen auch nicht, dass Koreaner positiver auf Anweisungen reagieren, die ihnen von Personen mit hohem Status in der Firmenhierarchie gegeben werden.

Im vorliegenden Fall ersuchte Paulson um die Unterstützung seiner koreanischen Kollegen und bat sie, ihm zu helfen. Er lobte die Organisation zunächst für die Leistungen der Vergangenheit, merkte jedoch an, dass der verschärfte Wettbewerb an den Gewinnen gezehrt und die Qualität verschlechtert habe. Er nahm das Management beiseite und lobte beiläufig dessen Loyalität und Fähigkeiten. »Gemeinsam können wir es schaffen. Zeigen wir Chicago, dass wir einer von ihnen sind«, sagte er. Auf diese Weise maß er der koreanischen Organisation Ansehen bei und wählte die zuschreibungsorientierte Lösung, die die Aussöhnung mit der Leistungsorientierung des amerikanischen Unternehmens brachte, für das er ar-

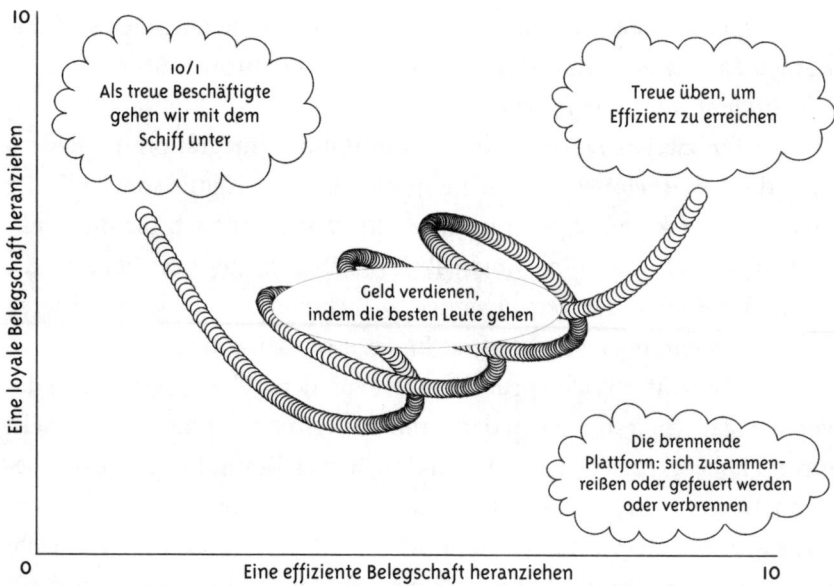

Abbildung 4.4   Das Dilemma Loyalität − Effizienz

beitete. Seine Unterstützung für die besonders respektierten Manager in deren Bemühen, das Betriebsergebnis zu verbessern, zeigte, dass er die Bedeutung des Status in Korea verstanden hatte, der in der Familien-Kultur so selbstverständlich ist. Die Koreaner sind durchaus für Druck empfänglich, aber nur, wenn jemand mit Ansehen in der Hierarchie ihn ausübt.

Paulson ging dabei ein persönliches Risiko ein. Als er den koreanischen Mitarbeitern erklärte, wie wichtig der Rettungsprozess sei, gab er dem Unternehmen ein Jahr Zeit, obwohl er wusste, dass die Zentrale sich mit dem Gedanken trug, das Werk in sechs Monaten zu schließen, wenn keine deutlichen Verbesserungen zu erkennen waren. Mit der Bitte an die Koreaner, ihm auf der Grundlage von Vertrauen und Respekt bei der Umstrukturierung des Unternehmens zu helfen (wofür man mindestens ein Jahr braucht), spornte er sie an, die ersten erkennbaren Verbesserungen innerhalb von sechs Monaten zu erreichen. Sein offizieller Rang als CEO half ihm, den Koreanern Status zuzuschreiben, die das als eine Grundlage ansahen, etwas zu erreichen. Die amerikanischen Manager vor Paulson beharrten dagegen stur auf Leistungen, ohne der koreanischen Organisation und ihren Mitarbeitern genug Status zu gewähren. Nach fünf Jahren gibt es diese Tochtergesellschaft noch immer und sie ist inzwischen eines der mit Auszeichnungen bedachten Vorzeigeunternehmen der amerikanischen Muttergesellschaft.

Beispiel: Aktuelle Unternehmenskultur: Lenkflugkörper; ideale Unternehmenskultur: Inkubator

Eine Traditionsbank und ihr Privatkunden-Management

Das Auf und Ab der Märkte in den ersten Jahren dieses Jahrhunderts hat die großen Banken veranlasst, ihre Strategien zu überdenken. Sowohl Umschichtungs- als auch Internationalisierungsstrategien haben ihre herkömmlichen Strukturen unter Druck gesetzt. John Hodgkin, ein typischer britischer Banker, und CEO einer der ältesten britischen Banken – SUL –, unterhielt sich mit uns und kam sofort zur Sache:

»Meine Herren, es ist erstaunlich, wie sehr diese Organisation der Änderungen bedarf. Besondere Sorgen macht mir unser Privatkunden-Management. In über 150 Jahren ihrer Geschichte hat die Bank nicht so viele Veränderungen erlebt wie in dieser so kurzen Zeit. Erstens, 90 Prozent unserer Kunden waren Briten, oder besser gesagt, Engländer, heute sind es nur noch 55 Prozent. Der Hauptgrund dafür ist die Internationalisierung der Märkte, außerdem die fortschreitende Integration Europas. Zweitens verlangen unsere Kunden kurzfristigeres Handeln. In den späten 90er-Jahren wurde so viel Geld verdient, dass die meisten unserer Kunden von uns erwarten, in unserer Privatkundenabteilung Geld für sie zu verdienen, so wie sie selbst es gemacht haben. Diese Art des Handels sind wir nicht gewohnt. Sehen Sie sich nur an, wie unsere Kunden gekleidet sind; bei diesen saloppen Sachen müssen wir passen… wir bringen mit jedem Detail zum Ausdruck, worum es uns geht, oder besser, worum es uns ging: Zuverlässigkeit mit langfristiger Ausrichtung. Prüfen und Gegenprüfen.

Fälle dieser Art sind nichts Ungewöhnliches. Eine Organisation versucht,
ein Marktproblem durch eine Übernahme zu lösen. Zunächst werden
Werte addiert, doch nach einigen Monaten wird klar, dass zwei Unternehmenskulturen aufeinander prallen. Das Schlimmste, was man tun
kann, ist, das neue Unternehmen dem größeren anpassen zu wollen. Deswegen hat man das Unternehmen eigentlich nicht gekauft. Aber wie oft
geschieht das trotzdem? Man kann den Zusammenschluss so handhaben,
dass Werte zusammenwirken, statt dass sie aufeinander prallen.

Wir mussten keine Zukunftsvision entwerfen, denn sowohl SUL
als auch PWEALTH waren mit dem, was sie bereits besaßen, durchaus zufrieden. Das könnte man wie folgt zusammenfassen:

SULs Zukunftsvision

SUL ist eine ehrgeizige Institution im Übergang. Wir engagieren uns für
ständige Verbesserungen in allen Bereichen, um den steigenden Anforderungen unserer Kunden und anderer Zielgruppen gerecht zu werden.
Unser Erfolg ist auf außergewöhnliche Leistung und einen guten Ruf an-

gewiesen. Wir haben das Ziel, den Horizont durch nachhaltige Entwicklung von kurzfristigen Gewinnen zur langfristigen Wertschöpfung zu erweitern. Der langfristige Shareholder-Value ist der eigentliche Maßstab für diesen Erfolg.

Indem wir unsere Wertvorstellungen artikulieren, unsere Geschäftsgrundsätze deutlich machen und zum Dialog und zur Klarheit anregen, werden wir zu nachhaltigen und für beide Seiten vorteilhaften Beziehungen mit unseren Zielgruppen beitragen, nicht zuletzt mit unseren Aktionären.

PWEALTHs Zukunftsvision

Wir streben über erstklassige Leistungen und ein engagiertes Angebot spezieller Dienstleistungen im Bereich der Vermögensverwaltung nachhaltige Beziehungen mit unseren Kunden an.

Daraus geht hervor, dass PWEALTH nicht so sehr große Worte für seine Mission benötigt. Dies ist vielleicht das erste Anzeichen für den kulturellen Unterschied zwischen einer allgemeinen britischen Bank und einem spezialisierten amerikanischen Finanzinstitut. Das wird auch dann deutlich, wenn wir die Kernwerte beider Einrichtungen vergleichen. Auch hier waren beide Unternehmen mit dem, was sie entwickelt hatten, recht zufrieden.

Die Kernwerte von SUL

Grundlage unserer Geschäftsprinzipien und –aktivitäten sind vier unternehmerische Wertvorstellungen:

- **Integrität:** Bei allem, was wir weltweit unternehmen, fühlen wir uns insbesondere der Integrität verpflichtet.

- **Teamwork:** Wir nutzen globale Kenntnisse und Mittel zum Wohl unserer Kunden.
- **Respekt:** Wir respektieren jeden Einzelnen und ziehen Kraft aus der Chancengleichheit und Vielfalt.
- **Professionalität:** Wir fühlen uns höchsten professionellen Maßstäben und größtmöglicher Qualität verpflichtet.

Die Kernwerte von PWEALTH

Wir streben nach folgenden Wertvorstellungen, die stets unser Handeln geleitet haben:

- **Transparenz:** Wir sind in allem, was wir vermitteln, offen und ehrlich.
- **Positive Meinungsverschiedenheit:** Wir schätzen es, wenn unsere Mitarbeiter den Status quo hinterfragen. Wir fördern andere Meinungen, wenn jedoch einmal eine Entscheidung gefallen ist, stehen wir zu ihr.
- **Innovativ handeln:** Wir schätzen kreatives Denken und fördern die Entwicklung neuer Dienstleistungen. Wir lernen aus unseren Fehlern.
- **Unternehmertum:** Beim Ausbau unserer Kundenbeziehungen fördern wir neue Vorgehensweisen und unternehmerisches Verhalten.
- **Kommerzielle Spitzenleistungen erbringen:** Wir streben ein Höchstmaß an Kommerzialisierung an, in geschäftlichen und menschlichen Belangen.

Werfen wir jetzt einen Blick auf das, was beide Organisationen vor dem Hintergrund ihrer Unternehmenskultur hervorgebracht haben.

SUL – Der Eiffelturm

Das Wesentliche: hohes Maß an Formalisierung, außerdem starke Zentralisierung. Dieser Kulturtyp ist steil, stattlich und sehr robust. Kontrolle wird ausgeübt über Regelwerke, rechtliche Verfahren, Verantwortlichkeiten und zugeteilte Rechte. Bürokratie macht diese Organisation ziemlich unflexibel. Der Respekt vor der Autorität beruht auf dem Respekt vor der Stellung und dem Status. Sachverstand und Titel sind sehr angesehen.

Wir wollen mehr:
- Größenvorteile
- Professionalität

Wir wollen bewahren:
- Treue zum Beruf
- Sachverstand bei möglichst vielen Aktivitäten

Wir wollen weniger:
- Bürokratismus und langwierige Verfahren
- Titel
- wirkungslose und zu spät getroffene Entscheidungen
- lange Karrieren

PWEALTH – Der Inkubator

Das Wesentliche: führungsloses Team, in dem die Mitarbeiter nach persönlicher Entfaltung streben. Diese personenorientierte Kultur wird charakterisiert durch ein geringes Maß an Zentralisierung und Formalisierung. In dieser Kultur ist die Individualisierung aller verbundenen Individuen eines der wichtigsten Merkmale. Die Organisation existiert nur, um die Bedürfnisse ihrer Mitglieder zu befriedigen, die durch Lernen am Arbeitsplatz und persönliche Entfaltung motiviert werden.

Wir wollen mehr:
- schnelle Entscheidungsfindung
- autonome Teams
- Zusammenarbeit

Wir wollen bewahren:
- die Möglichkeit der anderen Meinung
- kreative und unternehmerische Verhaltensweisen
- beständiges Lernen

Wir wollen weniger:
- Desorganisation und Mangel an konsequenten Grundsätzen
- Unkenntnis dessen, was die Kollegen machen
- heldenhaftes Verhalten

Wir sprachen über die Hauptspannungen zwischen beiden Organisationen und stellten die besonders wichtigen dar. Dann gingen wir mit leitenden Teilnehmern daran, diese Spannungen wie eine Reihe grundlegender Dilemmata zusammenzustellen:

Einerseits wollen wir von den folgenden Wertvorstellungen und Verhaltensweisen unserer jetzigen Organisation mehr und/oder sie bewahren:	Andererseits müssen wir die folgenden Wertvorstellungen und Verhaltensweisen fördern, um unsere Zukunftsvision und die Kernwerte zu unterstützen:
Einerseits...	Andererseits...
1. müssen wir uns für Integrität einsetzen	1. müssen wir in allen Kulturen erfolgreich sein, in denen wir arbeiten

2. müssen wir in Teams arbeiten	2. müssen wir zwischen Teams in anderen Sparten Informationen austauschen
3. müssen wir unternehmerisch tätig sein	3. müssen wir Größenvorteile entwickeln
4. müssen wir anderer Meinung sein können	4. müssen wir loyal gegenüber der Organisation sein
5. müssen wir anständige Produkte und Dienstleistungen entwickeln	5. müssen wir uns antreiben lassen von den Bedürfnissen der Kunden

Dank der Beschäftigung mit den Spannungen, die sich aus den Kernwerten beider Organisationen ergaben, konnten wir mindestens fünf wichtige strategische Dilemmata erfassen, denen sich die Organisation als Ganzes gegenübersah. Unser nächster Schritt bestand darin, eine neue Aufgabenbeschreibung und neue Kernwerte zu erstellen. Unsere Methodologie zur Aussöhnung der Dilemmata führte zu folgenden integrierten Werten.

1. Integrität durch Wissen und Respekt vor anderen Kulturen
2. Professionalismus durch Kundenbedürfnisse
3. Teamwork durch Austausch von Informationen zwischen Unternehmen
4. Abweichende Ansichten durch Loyalität gegenüber der Organisation
5. Unternehmertum durch Förderung der Effizienz und Effektivität der Organisation

Beispiel: Aktuelle Unternehmenskultur: Familie; ideale Unternehmenskultur: Inkubator

In einem spanischen, in Familienbesitz befindlichen Warenhaus erwies sich unsere Methodologie als sehr erfolgreich und half dabei, die Dilemmata zwischen dem Erhalt der bestehenden Familien-Kultur und der Förderung der individuellen Freiheit auszusöhnen, sodass weder die Achtung vor den traditionellen Werten noch die Loyalität der 700 Beschäftigten verloren ging.

Ein Warenhaus neu erfinden

1972 eröffnete Juan Valdez sein erstes Kaufhaus in Barcelona. Seine Kundschaft bestand aus der Oberschicht Barcelonas, die das Neueste an hochwertigen Geschenken suchte. Zwei Mal im Jahr flog Juan in die USA, um sich Anregungen für diesen schnelllebigen und innovativen Marktbereich zu holen. Im Anschluss daran reiste er nach Asien, wo er relativ billige Hersteller für die vielen Artikel suchte, die er in Spanien anbieten wollte. Gelegentlich ließ er gemeinsam mit anderen großen europäischen Warenhäusern wie Galleries Lafayette produzieren – von Accessoires mit Natursteinen bis zu Seidenschals.

Innerhalb von fünf Jahren wurden in spanischen Großstädten sechs neue Warenhäuser eröffnet. Der einfallsreiche Juan fand mit verschiedenen Häusern sehr gute Absatzgebiete und die Größenvorteile erbrachten gute Gewinne. Ende der 80er-Jahre wurden die Häuser in Barcelona, Madrid, Valencia und Sevilla von seiner Frau und dreien seiner Söhne geleitet. Die 20 kleineren Häuser wurden von den besten Verkäufern der vier größten Häuser geleitet, die mindestens fünf Jahre Erfahrung hatten. In 20 Jahren hatte Juan ein Imperium mit 700 Beschäftigten und sechs großen Kaufhäusern errichtet, deren Sortiment von Parfums über Geschenkartikel bis zu modischer Bekleidung reichte. Die 15 kleineren Läden hatten sich auf den ursprünglichen Geschenkartikelmarkt spezialisiert. Juan, sein ältester Sohn Junior und seine Frau Maria bildeten die

Geschäftsführung. Juan war für den Einkauf zuständig, Junior für die Finanzen, Maria für den Verkauf. Im Jetset von Barcelona waren sie als »das goldene Trio« bekannt – bis Juan bei einem Flugzeugabsturz in Asien ums Leben kam.

Die neue Geschäftsführung wurde um die beiden jüngsten Söhne von Juan und Maria erweitert. Obwohl die Läden noch gute Gewinne abwarfen, bekamen sie doch zunehmend Konkurrenz von den größeren spanischen Warenhäusern und verloren rasch Marktanteile. Nach dem Tod des kreativen, egalitären Juan kamen immer mehr familiäre Auseinandersetzungen ins Spiel. Obwohl die Mitarbeiter nach wie vor sehr gut behandelt wurden und lebenslange Anstellungen die Regel gewesen waren, nahm die Personalfluktuation zu. Ausscheidende Mitarbeiter wiesen bei Befragungen durchweg auf nicht wahrgenommene neue Herausforderungen und Produkte hin, außerdem auf ein immer patriarchalischeres Verhalten der Geschäftsführung. Junior war angesichts dieses Feedbacks betroffen und bat uns, die Lage zu sondieren.

Er erzählte uns von seinen persönlichen Sorgen. »Ich glaube, unser Unternehmen macht nach dem tödlichen Unfall meines Vaters eine kulturelle Krise durch. Umsatz und Rendite sind noch recht gut, auch wenn wir Marktanteile verlieren. Die Personalfluktuation macht mir Sorgen, seit wir glauben, den Grund zu kennen. Unsere Familientradition, die Treue der Mitarbeiter und die erfrischenden Ansichten und Produkte meines Vaters haben uns viel Geld gebracht. Er hat die zündenden Ideen gehabt und unsere Mitarbeiter konnten sie wie von selbst verkaufen. Jetzt zehren wir nur noch von der Tradition, doch in diesem Geschäft brauchen wir Erneuerung. Können Sie uns helfen?«

Unsere Analyse ergab eine gesunde, aber sich verschlechternde Kapitalstruktur. Die Manager in den einzelnen Häusern waren überfordert, da sie für alles bis auf den Einkauf verantwortlich waren, der seit jeher zentral geleitet wurde. Sie fühlten sich in ihrer Selbstständigkeit beschnitten, weil »Barcelona« trotz regionaler Unterschiede im Geschmack die Fäden zog. Außerdem wurde immer wieder beklagt, dass die Familie Valdez kaum noch zu sehen sei. Anders als der Vater schienen die Söhne mehr Zeit vor dem Computer als bei den Mitarbeitern zu verbringen. Alle waren sich einig, dass das Hauptproblem mit Fragen der Unternehmenskultur zu tun hatte.

Wir gingen wieder wie gewohnt vor und eruierten mithilfe unseres internetgestützten Instrumentariums die Dilemmata. Wir baten Beteiligte, die positiven und negativen Merkmale der aktuellen und idealen Organisationskultur zu benennen. Es war ziemlich bald klar, dass beide Unternehmenstypologien etwa gleich stark geschätzt wurden.

Familie		Inkubator	
positiv	negativ	positiv	negativ
loyal	langsame Entscheidungen	schnelle Entscheidungen	Mangel an langfristigem Engagement
lebenslange Anstellung	Autokratie	Autonomie	neurotisch
Menschen kennen	zentral	risikobereit	leichtsinnig
langfristige Vision	Posten durch Beziehungen	sichtbare Führung	breites Wissen

Mit unserer Hilfe formulierten die Beteiligten folgende Dilemmata:

Einerseits...	Andererseits...
1. haben wir ein Unternehmen, dessen Führung wir trauen können	1. haben wir nicht genug Autonomie, um schnelle Entscheidungen zu treffen
2. ist die Führung umfassend ausgebildet und hat einen Überblick über das Geschäft	2. sind wir in einer Branche, wo wir auf die besonderen Anforderungen der Kunden schnell reagieren müssen
3. wird Dienstalter belohnt	3. brauchen wir Leute, die Risiken eingehen
4. müssen wir bei unserer Produktauswahl innovativ sein	4. müssen wir in unserem Image beständig sein

Ein Bereich hatte mit dem Führungsstil zu tun. Einerseits galt die Führung als langfristig denkend und visionär, aber abgehoben. Andererseits verlangten das Sortiment und diese Art von Geschäft schnelle Entscheidungen und eine strenge Führung. Auch Dilemmata dieser Art sind am besten mit dem *Dienstführer*modell auszusöhnen.

Das größte Dilemma für das Unternehmen bestand in der Notwendigkeit zu Autonomie und Spezialisierung in den verschiedenen Häusern sowie in der notwendigen Synergie zwischen ihnen. Ein Warenhaus dieser Art brauchte ein innovatives und richtungweisendes Verhalten in dem breiten Sortiment, das von Geschenkartikeln über Parfums und Schuhe bis zu anderen modischen Accessoires reichte. Man spürte, dass die dominierende Familien-Kultur viele großartige Merkmale besaß, jedoch nicht jenes agile, risikobereite Verhalten förderte, das für den innovativen Teil des Unternehmens unerlässlich war. Außerdem merkte man, dass die treuen Kunden sich sehr vom elitären Namen der Warenhäuser anziehen ließen, dann jedoch die Dinge, die sie gesehen hatten, in den kleineren, spezialisierteren Geschäften kauften, die im Umkreis der Warenhäuser der Valdez-Dynastie lagen.

Was war der Grund dafür? Die Familientradition hatte Warenhäuser hervorgebracht, die viele Menschen anzogen. Sie wurden jedoch zunehmend zu »Museen«, wo die Menschen angeregt wurden, die Erzeugnisse dann in kleineren Geschäften zu kaufen, die Markennamen wie Giorgio Armani, Krups, Ferrari etc. trugen. Das war der Auslöser für eine Idee, die Stärken der Familien- und der Inkubator-Kultur zu vereinen: die Entwicklung vom Shop-in-the-Shop-Konzept. Das Warenhaus wurde umgestaltet in viele kleine Geschäfte, die jeweils für eine Marke verantwortlich waren.

Das Unternehmen wurde um die »Inkubator-Familien« herum in Profit Center umstrukturiert. Zwei Jahre später wurde Valdez in Spanien zum Kaufhaus des Jahres gekürt. Das war nur möglich, weil man dem individuellen Verhalten der Manager so viel Beachtung gewidmet hatte.

Beispiel: Aktuelle Unternehmenskultur: Inkubator; ideale Unternehmenskultur: Lenkflugkörper

Das stetige Wachstum eines jungen, innovativen Unternehmens bedeutet oft, dass eine Inkubator-Kultur Spannungen aufweist, die ein Element Lenkflugkörper-Kultur notwendig machen. Das haben wir bei Unternehmen wie Apple Computer festgestellt, die ihr eigenes Wachstum gesponsert haben. Aber oft treffen wir auf diese Spannung, wenn eine kleinere Firma von einer größeren übernommen wird. Das ist des Öfteren bei größeren Unternehmen geschehen, die versuchen, ihre Innovationen durch den Erwerb kleiner, kreativer Firmen»einzukaufen«, was deren Besitzer finanziell unabhängig macht.

Integration organisieren

Barry Haskell fragte sich, ob er vor zwei Jahren das Richtige gemacht hatte. Er verlor die Lust, Profis zu managen und den Löwenanteil des Geldes für das Beratungsunternehmen zu verdienen, das er vor zehn Jahren gegründet hatte. Seine Kollegen waren Profis für fast alles, einschließlich der Klagen über die Gehälter. Als Barrys Firma auf über 20 Beschäftigte anwuchs, hatte er das Gefühl, Hilfe zu benötigen. Mit seinem internationalen Beratungsunternehmen merkte er in seiner Nische, dass ihm das internationale Netz, aber auch genügend Berater und das Wissen für die Realisierung fehlten. Deshalb wandte er sich an eines der fünf großen Beratungsunternehmen und verkaufte seine Firma. Obwohl er hart um seine Unabhängigkeit verhandelte, hatte er nach zwei Jahren das Gefühl, nach und nach geschluckt worden zu sein. Zwei seiner besten Berater stiegen aus, weil sie das Gefühl hatten, dass»Stunden absitzen« wichtiger geworden war als das Feld zu bestellen. Außerdem gefiel ihnen der Gedanke nicht, in einem größeren Unternehmen, getrieben von Renditedenken, zu arbeiten.

Barry sah sich vielen Widersprüchen gegenüber bei dem Versuch, seine Ziele zu erreichen: Internationalisierung und Abbau der Last, Profis zu managen.

Erneut hat ein größeres Dilemma mit Fragen der Führung zu tun. In der Inkubator-Kultur wird die Autorität anderer mehr oder weniger geleugnet oder sie beruht zumindest auf den kreativen Köpfen ihrer Führung. Hier beherrscht die Kraft des Lernens und der Innovation das Spiel. In der Lenkflugkörper-Kultur ist Autorität entpersönlicht. Die Bedeutung der Aufgabe dominiert; diejenigen, die am längsten arbeiten und am meisten zum Endergebnis beitragen, werden auch am meisten respektiert. Diese gegensätzlichen Führungsstile lassen sich am besten dadurch aussöhnen, dass Innovation und Lernen zu einem Hauptkriterium der Ziele der aufgabenorientierten Manager gemacht werden.

Ein zweites Dilemma betrifft die Entwicklung der Marktorientierung in der Lenkflugkörper-Kultur, wohingegen eine Inkubator-Kultur mehr auf die Entfaltung kreativer Personen und Ideen abzielt, unabhängig davon, ob es einen Markt dafür gibt. Das Endergebnis ist häufig kein so strittiger Punkt. Eine Möglichkeit der Aussöhnung besteht darin, Lernen und Innovation zu einem Teil der Aufgabenbeschreibung zu machen, an die man fest gebunden ist.

Ein drittes Dilemma hat mit den Belohnungen zu tun, nach denen Personen streben. In der Inkubator-Kultur möchten die Menschen sich durch kreative Experimente und Lernen aus den Ergebnissen entfalten. Finanzielle Entgelte werden fast als eine (monatliche) Beleidigung betrachtet. In der Lenkflugkörper-Kultur wollen die Menschen meist die Arbeit erledigt haben. Der Markt bestimmt den Preis. Aussöhnung winkt am ehesten, wenn Manager ihre Aufgabe in Form klar umrissener Innovationsergebnisse beschreiben, für die sie entlohnt werden.

Gemäß unserer Logik und dank der inzwischen vertrauten Methodologie wurden sämtliche Dilemmata beigelegt. Das übergeordnete Dilemma zeigt die Abbildung 4.5.

Die Stärke des in diesem Kapitel beschriebenen Ansatzes besteht darin, dass er nicht auf Umwandlung fixiert ist, nicht auf Wandel an sich, nicht darauf, die aktuelle Situation nur negativ zu bewerten. Unsere Methodologie tendiert stark dahin, die Dilemmata zu Tage zu fördern und dann beizulegen, die in den Spannungen liegen zwischen der Notwendigkeit verschiedener Unternehmenskulturen, zu koexistieren oder sich zu

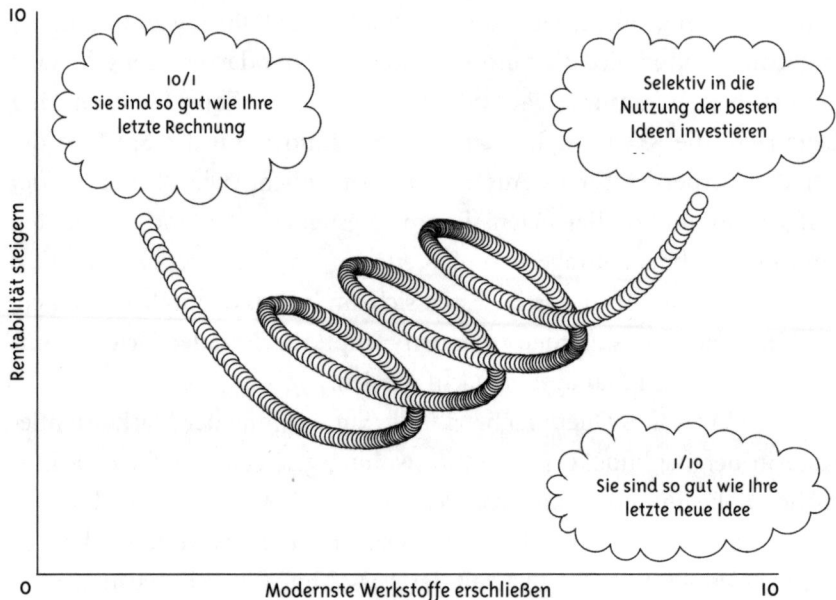

Abbildung 4.5 Das Dilemma Rentabilität – Innovation

ändern. Was ideal ist, wird zur Errungenschaft der Aussöhnung scheinbar gegensätzlicher Wertvorstellungen; es wird nicht einfach nur der Versuch gemacht, einen Wechsel zu irgendeiner neuen Unternehmenskultur zu erzwingen.

Kapitel 5

Die Organisation von Wandel und Kontinuität zwischen Kulturen

Um das Grundprinzip dieses Buches anzuwenden und das Management zu ändern, bedarf es einer vollständigen Abkehr von der bisherigen Haltung. Traditionelle Änderungsprozesse untersuchen häufig, wie wir die aktuelle unbefriedigende Situation in eine neue Zukunft verwandeln können. Aber sobald wir in der Lage sind, gemäß unserer neuen Logik zu denken, zeigt sich die ganze Kreativität, die aus der Integration scheinbar gegensätzlicher Werte erwächst. Und wer hätte gewagt zu erklären, das Management habe nicht versagt, wenn die Organisation sich dahin zurückverwandelt, wo sie einmal war?

In der gesamten Literatur zum Change Management haben viele Autoren versucht, Ansätze zum Wandel zu bestimmen und einzuordnen, teils aus der Sicht menschlicher Systeme, teils aus der der Unternehmenstheorie oder aus der allgemeiner Systeme.

Goodstein und Burke (1994) beschreiben Wandel anhand von Änderungsebenen, Änderungsstrategien sowie Änderungsmodellen und -methoden. Wandel kann auf der Ebene einer fundamentalen, umfassenden Änderung erfolgen oder aus einer Reihe kleiner Änderungen zur Feinabstimmung der größeren bestehen. Zu den Änderungsstrategien gehören individuelle, technostrukturelle, Organisationsentwicklungs- und Zwangsstrategien. Collins und Hill (zitiert bei Hord, 1999) wählen einen selbstbewussteren Ansatz.

Viele derartige Zusammenfassungen (etwa die ansonsten hervorragende kritische Betrachtung von SEDL, 1992) haben offenbar die früheren kategorischen und analytischen Änderungssysteme übersehen. Im Wesentlichen waren das:

- die Teile festlegen
- die Menschen festlegen

oder

- die Organisation festlegen.

Die Grundannahme des empirisch-rationalen Modells lautet, dass Individuen rational sind und dem rationalen Eigeninteresse folgen. Wenn also eine »gute« Änderung vorgeschlagen wird, werden Personen mit guten Absichten sie übernehmen.

Der Ansatz »Macht durch Zwangsausübung« verlässt sich darauf, Personen und Systeme durch Gesetzgebung und äußere Einflüsse zu Änderungen zu bewegen, wobei unterschiedliche Formen von Macht dominieren können. Derartige Strategien unterstreichen politische, wirtschaftliche und moralische Sanktionen, wobei der Einsatz von Macht irgendeiner Art im Zentrum steht, die die Menschen zur Annahme der Änderung »zwingen« soll. Eine Strategie setzt auf gewaltfreien Protest und Demonstrationen, eine zweite Strategie auf den Einsatz politischer Einrichtungen, um Änderungen zu erreichen – etwa die Änderung von Bildungsmaßnahmen durch staatliche Gesetze.

(Southwest Educational Development Lab, 1992)

SEDL erklärt weiter, dass beim normativ-reedukativen Ansatz der Einzelne als aktiv auf der Suche nach befriedigenden Bedürfnissen und Interessen gesehen wird. Der Einzelne nimmt nicht passiv das an, was kommt, sondern ergreift Maßnahmen, um seine Ziele zu erreichen. Des Weiteren sind Änderungen nicht einfach rationale Reaktionen auf neue Informationen, sondern erfolgen auf der mehr persönlichen Ebene der Wertvorstellungen und Gewohnheiten. Zusätzlich wird der Einzelne durch soziale und institutionelle Normen geleitet. Der übergeordnete Grundsatz dieses Modells lautet, dass der Einzelne sich an der eigenen Änderung beteiligen muss (Reedukation), wenn sie sich denn einstellen soll. Sashkin und Egermeier (in Hord, 1999) kommen bei einem »Die-Teile-festlegen«-Ansatz zu dem Schluss: »Je mehr persönliche Hilfe und andauernde Unterstützung von einem erfahrenen und klugen lokalen Berater kommen, desto wahrscheinlicher ist es, dass die Innovation langfristig genutzt wird.« Beim »Die-Menschen-festlegen«-Ansatz, der sich an die politische Sicht von House anlehnt (ebenfalls in Hord, 1999), liegt das Schwergewicht auf der Verbesserung des Wissens und der Qualifikation der Beschäftigten und befähigt sie so, ihre Rolle auszufüllen. Der »Die-Organisation-festlegen«-Ansatz bezieht sich auf den Übergang von der aktuellen zur idealen Unternehmenskultur. Es ist festzuhalten, dass Sashkin und Egermeier selbst feststellen, dass keiner der drei Ansätze bei ihren Untersuchungen langfristig erfolgreich war.

Aber was ist mit der Kultur?

Viele der Rezepte für so unterschiedliche Änderungsansätze sind häufig ethnozentrisch und womöglich nur in den Kulturen geeignet, wo sie erforscht, entwickelt und bestätigt wurden. Harrison (in Hord, 1999) reklamiert zwar Erfolg für eine Methodologie, angeführt vom Humankapital und gestützt auf die frühe Beteiligung, um einen angenommenen Widerstand zu überwinden, und vielleicht greift sie in seiner stereotypen (nationalen) Kultur auch, aber wahrscheinlich ist sie nicht generell auf andere Branchen übertragbar – geschweige denn weltweit.

Es erscheint schwieriger, unternehmerische Fehlschläge darzustellen und zu erklären, die aus schlecht geführten Änderungsinitiativen hervorgegangen sind. Bennis (1999) beobachtete, dass zwei sehr häufige Erklärungen des Versagens von Änderungsprogrammen auf einen Mangel an Führungsengagement und ein Versäumnis zurückgehen, die »weicheren«, mit den Auswirkungen von Umstrukturierungen auf Menschen und Unternehmenskulturen zusammenhängenden Fragen anzupacken. Seiner Ansicht nach gibt es einen triftigeren Grund für viele gescheiterte Umwandlungsversuche, vor allem den, dass die Grundvision, die viele Änderungsexperten leitet, mangelhaft ist. Ihre »zwanglose Vision« oder Ansicht, der Mensch könne grenzenlos perfektioniert werden, führt bei ihren Änderungsinitiativen zu Lösungsvorschlägen, die bei der Ausführung einbrechen, weil sie entweder den komplexen Zusammenhängen der realen Welt nicht gewachsen sind oder auf massiven Widerstand in der Organisation stoßen. Selbst Gurus, die sich mit Change Management beschäftigt und ihre Erkenntnisse und Systeme ausführlich veröffentlicht haben, sind gescheitert, wenn sie ihre Aussagen auf die eigene Situation anwenden wollten. Covey mag 13 Millionen Exemplare von *7 Habits of Highly Effective People* verkauft haben, ist jedoch am Moloch Effizienztraining gescheitert.

Kohler (2000) führt die Sorge an, die Globalisierung, die bei der Realisierung von Unternehmenszielen häufig scheitert, könne sich auch nachhaltig auf Menschen und ihre Gesellschaften auswirken, weil sie ein erhöhtes Ungleichgewicht beim Ressourcen- und Materialverbrauch und bei den Nutznießern auslösen kann.

Auf Grund der zahlreichen Modelle und Analysen in der Literatur sind einige Autoren zu dem Schluss gekommen, dass:

1. Wandel geplant oder ungeplant, evolutionär oder revolutionär sein kann

2. die meisten Änderungen auch weiterhin durch Einflüsse im Unternehmensumfeld zu Stande kommen

3. Organisationen, wenn sie überleben und florieren wollen, sich ändern und anpassen müssen – mindestens genauso schnell, wie ihre Umwelt sich ändert

4. Wandel an sich unerlässlich ist – und Change Management zur eigentlichen Frage wird

5. die Verfahren des Change Managements wichtig für den Erfolg der Organisation sind, weil sie als Kräfte wirken, die alle anderen Organisationsprozesse beeinflussen

6. schlecht durchgeführte Änderungen resultieren können aus:
   – negativen Erinnerungen im Unternehmen an Änderungen und wie die Änderungen durchgeführt wurden

- einer beeinträchtigten Fähigkeit, künftig noch irgendwelche Änderungsprogramme durchzuführen
- negativen Auswirkungen auf die Leistung und Moral der Organisation
- negativen Auswirkungen auf das Endergebnis
- einem beschleunigten Ausbruch der Krise

7. bestehende Ansätze zur Durchführung von Änderungen Folgendes umfassen:
- Änderungen in der Führung
- Änderungen in der Führung des mittleren Managements
- Programme zur Weiterbildung von Führungskräften
- Erhebungs-/Feedbackprogramme
- Qualitätszirkel/Total Quality Management
- Umstrukturierung der Unternehmensprozesse

8. viele grundlegende Annahmen über irgendwelche Branchen, Wettbewerber, Menschen und Technologien unbemerkt und unangefochten bleiben, während die Welt und die Organisationen sich ändern.

Bei den Vorbereitungen unserer Organisationen auf das 21. Jahrhundert müssen neue Change-Management-Prozesse einen Mechanismus liefern, um unsere tief sitzenden Annahmen und Vorurteile ans Licht zu holen und zu überdenken; sonst ist ein sinnvoller Wandel nicht möglich.

Das Wie, Warum und Was des Wandels

Das herkömmliche Vorgehen umreißt die Änderungsproblematik im einen oder anderen dieser Extreme. Wenn man sich nur auf das »Warum« konzentriert, bekommt man womöglich keine Rückschlüsse auf das »Was« und/oder das »Wie«. »Wie«-Fragen zielen auf Mittel, bei denen eine Diagnose lediglich behauptet oder überhaupt nicht durchgeführt wird, weshalb die angestrebten Ziele nicht berücksichtigt werden. Die Konzentration auf den Zweck erfordert vielmehr, »Was«-Fragen zu stellen. Was wollen wir zu Stande bringen? Was muss geändert werden? Was sind die entscheidenden Erfolgsfaktoren? Was für Erfolgsmaßnahmen wollen wir durchführen? Mittel und Zweck sind relativ und sind es immer nur in Relation zu etwas anderem. So kann der »wahre« Zweck einer Änderungsbemühung vom beabsichtigten Zweck abweichen. In dieser Hinsicht sollte die »Warum«-Frage nützlich sein.

Nach Lewins bekannter Ursachenanalyse (Kraftfeld-Theorie) befinden sich Organisationen in dynamischer Spannung zwischen Kräften, die zu Änderungen drängen, und Kräften, die sich diesen Änderungen widersetzen. Das etablierte Change Management hat dies so interpretiert, dass es die Aufgabe des Managements ist, den Widerstand gegen Änderungen abzubauen und die änderungswilligen Kräfte zu stärken. Aber nach unserer Dilemmatheorie ist dies nur eine Zwischenlösung. Sie übersieht die Tatsache, dass z. B. eine Stärkung der die Änderung fördernden Kräfte auch den Widerstand der Menschen herausfordern kann.

Die Nutzlosigkeit statischer Firmenumwandlungen

Wir glauben, dass es zu einfach ist, diese Faktoren mit Entweder/Oder-Fragen bzw. Was/Warum-Fragen anzugehen, weil sie die Spannungen zwischen den kulturellen Unterschieden übergehen.

Wir behaupten, dass unsere im vorigen Kapitel beschriebene Methodologie, Dilemmata aufzudecken, die aus kulturellen Spannungen in Organisationen erwachsen, ein bewährtes System im Umgang mit der Organisationskultur ist. Wir müssen allerdings hier darauf hinweisen, dass es bei unserem Denkmodell zum Change Management nicht um den Versuch geht, eine Organisationskultur zu ändern. Dies ist ein Widerspruch in sich, weil Kulturen dazu neigen, sich zu erhalten und ihr Dasein zu schützen. Kulturen haben ein Gespür für Gleichgewicht und Stabilität. Wenn man versucht, dieses Gleichgewicht zu stören, schwingt das Pendel auf den Störenden zurück. Kurzum, Kulturen sind lebende Systeme mit einem eigenen Gespür für Zweck und Verhältnismäßigkeit. Man möchte vielleicht, dass sie sich anders verhalten, doch sie haben ihren eigenen Kopf mit einer Tendenz, in aktuellen Verhaltensmustern zu verharren.

Unternehmen haben mit so vielen gefügigen Objekten zu tun, die sie nach ihren Wünschen formen und dann an die Kunden verkaufen, dass viele Menschen die Unternehmenskultur für ein weiteres gefügiges Objekt halten. Aber Kultur ist weder ein Objekt oder Ding, noch ist sie gefügig. Kultur ist ein Wertunterschied, ein lebendes System, das sich von uns unterscheidet.

Die Behandlung lebender Systeme, als seien sie gefügige Objekte, führt zu einer höchst absurden Situation. Am bekanntesten ist vielleicht das berühmte Krocketspiel in *Alice im Wunderland*. Alice wurde gebeten, bei einem Spiel mitzuspielen, in dem die Krockettore von Lakaien gebildet wurden, die Kugeln zusammengerollte Igel und die Krockethämmer Flamingos waren. Alice erlebte enttäuscht, dass die Lakaien aufstanden und fortliefen, die Igel davonkrochen und ihr Flamingo den langen Hals drehte und sie ansah.

Ganz ähnlich verhalten sich Kulturen und andere lebende Systeme, wenn wir ihnen gegenüber unseren Willen durchzusetzen suchen. Sie stellen sich uns entweder entgegen oder weichen aus, und wir stehen vor einem Spiel, das fast unmöglich zu spielen ist, geschweige denn zu gewinnen. Der Irrtum liegt darin, lebende Systeme wie tote Gegenstände zu behandeln.

Wandel und Kontinuität
unterscheiden sich nur in einem

Statt Wandel also als ein »Ding« anzusehen, das sich der Kontinuität oder Bewahrung entgegenstellt, wollen wir ihn als einen Unterschied auf einem Wertekontinuum betrachten. Wir streben Veränderungen an, um unser Unternehmen zu bewahren, unsere Rendite, unseren Marktanteil, unsere Kernkompetenz oder was uns sonst wertvoll ist. Wenn wir unter bestimmten Bedingungen nichts ändern, scheitern wir vielleicht damit, wichtige Kontinuitäten zu wahren, und verlieren unter Umständen alles.

Der Grund, unter bestimmten Bedingungen etwas zu ändern, ist normalerweise der, in anderer Hinsicht nichts ändern zu wollen, weiterhin kreativ zu sein, erfolgreich, wertvoll für Kunden. Daraus folgt, dass wir uns nicht darüber hinwegsetzen können, dass Unternehmenskulturen sich bewahren müssen. Wir müssen mit diesen wichtigen Kontinuitäten arbeiten. Wir müssen uns sagen, »eine Änderung in dieser Richtung hilft uns, das zu bewahren, was uns am wichtigsten ist, und unter Umständen, die sich ändern«. Wir müssen, anders ausgedrückt, den Wandel mit der Kontinuität aussöhnen, um eine sich bildende Identität zu wahren. Jeder Mensch und jede Organisation sucht sich zu ändern und bleibt doch gleich. *Plus ça change,* wie die Franzosen sagen.

Um die Kultur zu ändern, die die aktuelle Realität darstellt, müssen wir das Reale mit dem Idealen aussöhnen. Aber der einzige Weg zu diesem Ideal führt über die Mobilisierung aktueller Realitäten, z.B. durch den Befund, »durch den erhöhten Absatz unseres Hauptprodukts können wir neue Produkte entwickeln, die ihrerseits zu Hauptprodukten werden«. Der Verkauf des Althergebrachten erhält unsere Bemühungen aufrecht, das zu entwickeln, was neu ist.

Wenn Kultur »die Art und Weise [ist], wie wir die Dinge hier handhaben«, wie Deal und Kennedy (1982) meinen, dann muss diese »Art und Weise, Dinge zu handhaben«, die neuen Errungenschaften bringen, nach denen wir suchen. Wir brauchen den Realismus »der Art und Weise«, um den Idealismus der Änderungen aufzubringen, die wir anstreben. Wir können uns das wie einen Kreis vorstellen, also:

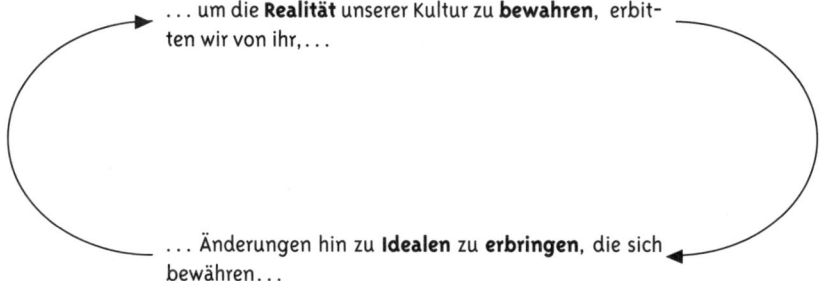

Eine solche Kultur bewahrt sich durch Änderungen und realisiert ihre Ideale, also:

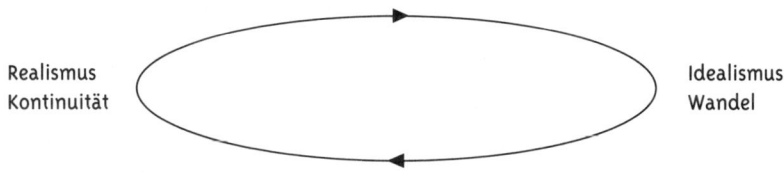

Wechsel zwischen kulturellen Archetypen

Wir können uns diese Spannungen jetzt als Unterschiede vorstellen. Diese Unterschiede sind die von Wandel und Kontinuität, ideal und real. In der Realität wirken sie aufeinander ein und stützen sich gegenseitig. So ist z. B. eine Hierarchie idealerweise das Ergebnis eines Wettstreits zwischen denen, die gleiche Erfolgsaussichten haben, wobei einige die anderen besiegt haben. Ein formales System entsteht aus Aktivitäten, die einmal informell waren, sich aber als so wertvoll erwiesen, dass sie eingebunden, formalisiert und wiederholt wurden.

Es gibt viele Gründe, warum Unternehmen ihr Profil ändern wollen. Die Inkubator-Kultur mag zwar außerordentlich einfallsreich gewesen sein, aber dort nicht so gut, wo es darum ging, diese Einfälle zu nutzen und sie in große Kundenzahlen umzumünzen. Die Lenkflugkörper-Kultur mag aus neuen Produkten hochwertige Waren gemacht und dabei Expertenteams eingesetzt haben, um sie zu perfektionieren, nur um dann vor einer Kostenklemme zu stehen; das Expertenteam ist teuer. Produkte des Typs Gebrauchsgegenstand brauchen Standardisierung, Reproduktion, Formalisierung, um die Kosten zu senken. Die Eiffelturm-Kultur ist vielleicht so in ihrer Hackordnung und in Formalitäten gefangen, dass sie sich nicht erneuern, keine Ideen ausbrüten oder sie zu genauen »Flugkörpern« machen kann. Eine Familien-Kultur ist vielleicht so bequem, so bemutternd, dass niemand dieses warme Nest verlassen und hinaus in die Gefahr will.

Kurz, der extremen Inkubator-, Lenkflugkörper-, Eiffelturm- und Familien-Kultur fehlen zumeist die Eigenschaften der entgegengesetzten Kulturen und sie sind nicht in der Lage, diesen Mangel durchzustehen. Wenn man Formlosigkeit oder Formalität, Gleichheit oder Hierarchie nicht »loslassen« kann, ist der Verhaltensspielraum sehr eingeschränkt. Wer etwas gegen Leistungshierarchien hat, wird die »großen Tiere« stutzen – ein Verhalten, dessen sich die Australier bezichtigen. Kulturen, die gegen die Gleichheit sind, werden auf den hervorstehenden Nagel einhämmern, der die Autorität behindert oder in Frage stellt – ein Wesenszug, zu dem sich die Japaner bekennen. Kulturen, die gegen die Formalisierung sind und damit die Fantasie ausbeuten, werden oft über die angewandte Wissenschaft und das Handwerk klagen – ein Merkmal, das die große Zahl britischer Erfindungen erklärt, die zwar ausgebrütet, aber nicht bis zum Welterfolg weiterverfolgt wurden. Kulturen, die gegen die Formlosigkeit und gegen Trottel sind, profitieren möglicherweise nicht von interdisziplinärer Fantasie – ein Mangel, dessen sich einige Deutsche zeihen.

Alles in allem greift jeder Quadrant unserer unternehmenskulturellen Karte auf andere Quadranten zurück, um sich zu erhalten. Die völlige Umwandlung (wie bei Firmenumwandlungsprozessen wie dem Business Process Reengineering, BPR) von einem Quadranten in einen anderen bedarf der größeren Mithilfe des Quadranten, in dem Sie sich gerade befinden, sodass Ihre Ideale von dem angetrieben werden, was real ist.

Das verallgemeinerte System

Wir können uns die verschiedenen Szenarien noch einmal ansehen und sie aus dem Blickwinkel von »Unterschied« und »in ständigem Gleichgewicht« zwischen den Zuständen betrachten.

Acht Szenarien kulturellen Wandels

Wir wollen jetzt mithilfe von Daten aus unserer aktuellen Forschung acht der häufigsten Möglichkeiten betrachten, mit denen Unternehmenskulturen den Wandel suchen. Jede dieser Möglichkeiten ist anhand eines Szenarios beschrieben. Dieses Szenario söhnt die Wirklichkeit der aktuellen Unternehmenskultur mit dem Ideal und der späteren Realisierung der Kultur aus, auf die das Unternehmen sich zuzubewegen strebt. In diesem Prozess umspannt das Unternehmen mindestens zwei Quadranten und nutzt seine aktuelle Wirklichkeit, um seine Ideale zu gestalten. Hier die acht Szenarien.

1 Von der Inkubator- zur Lenkflugkörper-Kultur und zurück

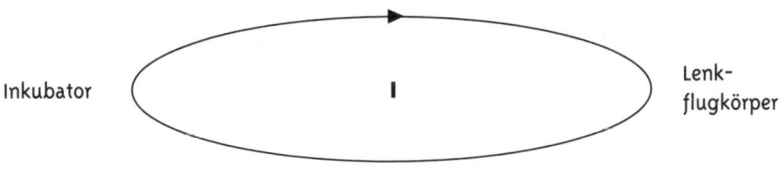

In diesem Szenario steht ein findiges Inkubator-Unternehmen vor der Notwendigkeit, aus einer alten Erfindung Geld zu machen, wenn es neue, kreative Schritte subventionieren will. Andere Unternehmen haben in puncto Einfallsreichtum gleichgezogen und schicken sich an, sein aktuelles Innovationsniveau zu übertreffen. Das Unternehmen muss mehr Kunden für seine Erfindungen erreichen und veredelte und fertige Erzeugnisse auf einen immer anspruchsvolleren Markt bringen, wenn es ausreichende Gewinne erwirtschaften will. Expertenteams mit der formalen Zielvorgabe Rendite, Qualitätssicherung und Marktanteil werden dringend benötigt.

Man beachte, dass der Kreis zurück zum Inkubator führt. Die Rückmeldungen über das, was die Kunden mögen oder nicht, was mehr oder weniger Gewinn abwirft, sollten die Richtung von Forschung, Entwicklung und Inkubation bestimmen. Es schadet den Erfindern nicht, wenn sie wissen, woher ihre Unterstützung kommt, und es gereicht ihren Forschungsansätzen eventuell zum Vorteil.

2 Von der Lenkflugkörper- zur Inkubator-Kultur und zurück

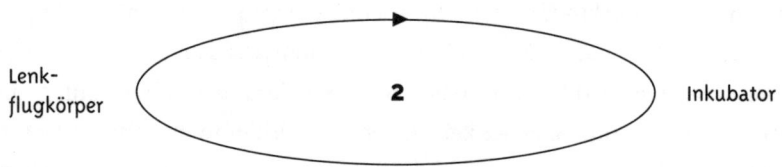

In diesem Szenario stößt eine Lenkflugkörper-Kultur mit Teams, die Projekte vollenden und »geführt« sind von rationalen Zielen, auf schwierige Fragen, etwa wie rational diese Ziele wirklich sind. Angenommen, diese Ziele könnten auch auf völlig anderen Wegen erreicht werden? Sind die Produkte veraltet? Gibt es kreative Beiträge, die das Unternehmen nicht erfasst und daher aus den Augen verloren hat? Vor allem aber, ist die Zeit reif für eine Erneuerung?

Warum dann nicht Teams einsetzen, die Gebiete benennen, wo

das Ausbrüten neuer Ideen besonders lohnend sein könnte? Was wünschen die Kunden, bekommen es aber nicht, weil noch niemand dieses Problem gelöst hat? Eine Inkubator-Kultur sollte aus den Kundenbedürfnissen entstehen, die die Teams erkannt haben.

Auch hier führt der Kreis wieder zurück, da die neue Inkubator-Kultur auf die Teams reagiert, die ihr das Mandat gaben und neue Innovationsgelegenheiten erkannten.

3 Von der Eiffelturm- zur Lenkflugkörper-Kultur und zurück

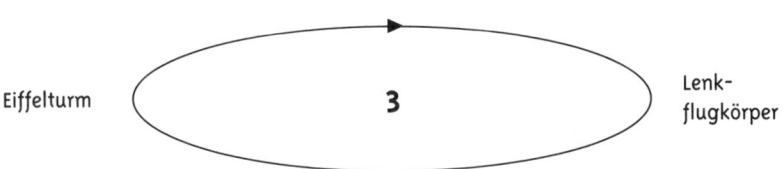

Eiffelturm **3** Lenk-
flugkörper

In diesem Szenario hat das Unternehmen jahrelang großen betrieblichen Erfolg gehabt und die meisten Benchmarks seiner Branche übertroffen, doch die Kunden haben mit zunehmender Marktsättigung mehr Macht gewonnen und verlangen – und erhalten – von konkurrierenden Lieferanten mehr persönlichen Service sowie kundenspezifische Produkte und/oder Dienstleistungen. Wegen des Drucks auf die Margen steckt ein Großteil des Gewinnpotenzials darin, stärker auf Kundenwünsche einzugehen.

Der Rat an das Unternehmen lautet, Projektteams einzurichten, die die besonderen Anforderungen wichtiger Kunden anvisieren und damit beginnen könnten, die Erzeugnisse des Unternehmens in Richtung der aufkommenden Marktbedürfnisse zu »ziehen«. Einige Kunden sind »strategischer« als andere, und was der Kunde A heute vom Unternehmen verlangt, kann schon bald eine Norm für die gesamte Branche sein. Projektteams werden funktionsübergreifend besetzt, um festzustellen, wie alle Unternehmensfunktionen sich den Kundenwünschen noch besser annähern könnten. Es ist wichtig, dass die Funktionsabteilungen von den Teams informiert und zu Höchstleistungen »geführt« werden. Was die

Kunden wünschen, kann zu einer neuen Benchmark werden, da die Schleife ein Feedback an die Eiffelturm-Kultur liefert und sie noch besser macht.

Bei einer Variante dieses Prozesses werden Arbeiter und Manager der Eiffelturm-Kultur jede Woche mehrere Stunden in Qualitätszirkel gesteckt; so wird zumindest vorübergehend von einer Eiffelturm- zu einer Lenkflugkörper-Kultur umgeschaltet, bevor die in den Qualitätszirkeln geschmiedeten Lösungen zurück in die Fabrik getragen und dazu benutzt werden, Routinevorgänge umzustrukturieren. Die Arbeitsgruppen der Qualitätszirkel konzentrieren sich auf Verbesserungen wie das Vermeiden von Ausschuss und Duplikaten sowie die Neueinstellung des Montagebands. Sie nehmen sich eine »Auszeit«, um auch die eigene Arbeit kritisch zu bewerten; nicht nur ihre eigenen Aufgaben können auf Geheiß dieser Zirkel geändert werden, sondern sogar die Gesamtgestaltung des Betriebs.

Eine Variante dieses Prozesses ergab sich in den Gruppen »Lebensqualität am Arbeitsplatz«. Hier besteht die Aufgabe des Teams darin, die Eiffelturm-Kultur menschlicher zu gestalten, damit sich die Erfahrungen der Beschäftigten qualitativ verbessern. Lebensqualität am Arbeitsplatz war in den 1970er- und 1980er-Jahren ein stark beachtetes Anliegen, ist aber inzwischen zum Teil durch das »Gleichgewicht Arbeit/Leben« ersetzt worden, den Versuch, die Anforderungen des Privat- und Familienlebens mit denen der Unternehmen auszusöhnen. Das erfordert intensive Verhandlungen von Menschen in Gruppen, auch Gleitzeit und Job Sharing. Zwei oder mehr beschäftigte Frauen können sich darauf einigen, sich einen Arbeitsplatz zu teilen, sodass A die eigenen Kinder und die von B zur Schule bringt und B die Kinder am Nachmittag abholt.

Das Sensitivitätstraining mit seinen T-Gruppen war ein Versuch, denen weiterzuhelfen, die in bürokratischen Eiffelturm-Kulturen arbeiten mussten, sie zu einem Stillhalteabkommen zu bewegen und Gruppenfähigkeiten der Lenkflugkörper-Kultur entwickeln zu lassen, die in ihren Routinekulturen fehlten. Diese Bewegung zeigte, dass die Teams sich mit der Zeit weiterentwickeln – wie Kulturen, die von ihren Mitgliedern geschaffen werden und deren Prioritäten wiedergeben.

Eine Verlagerung von der Eiffelturm- zur Lenkflugkörper-Kultur erfolgte durch Zufall im berühmten Hawthorne-Experiment. Mehrere junge Frauen kamen aus der Fabrik in eine kleine Experimentalgruppe. Hier entwickelten sie, wie von den Forschern erwartet, eine höhere Produktivität, angeleitet durch regelmäßiges Feedback und ein allgemeines Ziel. Die Geselligkeit und der unmittelbare Kontakt in der Gruppe steigerten auch die Arbeitsmoral erheblich.

4 *Von der Lenkflugkörper- zur Eiffelturm-Kultur und zurück*

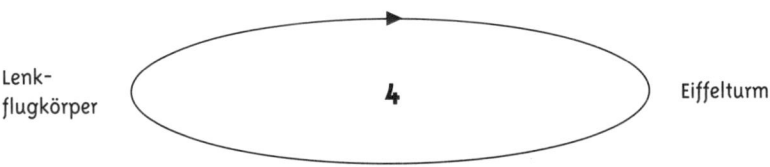

Mehrere Jahre lang hat ein Unternehmen sich mit Erfolg der wachsenden Komplexität und dem Trend seiner Branche zu Sonderanfertigungen gestellt, mit Projektgruppen, die mit Vertretern der wichtigsten Bereiche wie Herstellung, F&E, Marketing, Verkauf etc. besetzt waren. Das hat ihm zu strategischen Vorteilen und zur Partnerschaft mit einigen wichtigen Kunden verholfen. Es kann aber weder die unaufhaltsame Überflutung der Branche mit Waren ignorieren noch die hohen Kosten des Expertenteams, das vielleicht nur einige Minuten Einsatz von Spezialisten benötigt, deren Zeit aber trotzdem für Stunden in Anspruch nimmt.

Immer mehr Aufträge entfallen auf Alltagsartikel und das Unternehmen wird wegen überhöhter Preise nicht bestehen können, wenn es bei Routineanfragen den »Service von Rolls Royce« bietet. Es muss Wege finden, sie schnell und billig zu erledigen und sich als ein kostengünstiger Anbieter für diesen gesättigten Marktbereich zu positionieren. Es muss Standardprodukte auf den Markt werfen und Gewinn mit ihnen machen, wenn es überleben will.

Projektgruppen sind ohnehin auf neueren Märkten besser eingesetzt, die ungewöhnliche Anforderungen stellen. Sobald eine Gruppe

»langweilig« wird, ist es Zeit für Standardprodukte, nicht für Spitzenerzeugnisse. Projektgruppen sollten alles, was Routine geworden ist, an kostengünstiger arbeitende Bereiche abgeben. Sie können unter Umständen wertvolle Tipps zur Kostensenkung geben und sollten Rückmeldungen über die Qualität derartiger Anregungen bekommen.

5 Von der Familien- zur Inkubator-Kultur und zurück

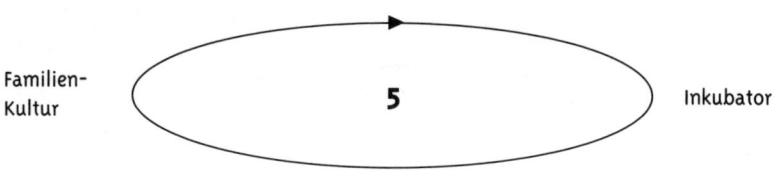

Dieses Unternehmen besaß immer eine fröhliche, familiäre und intime Kultur, in der die Gründer und ihre Nachkommen echten Anteil an der »Familie« der Beschäftigten nahmen. Der Gründer war ein brillanter Unternehmer, dessen Erbe sich erhalten hat. Sein Sohn, sein Neffe und seine Nichte studierten und sind echte Profis. Sie sind im Unternehmen beliebt und bestens qualifiziert.

Und trotzdem – der Gründer ist Mitte siebzig. Das Unternehmen muss sich erneuern. In den letzten 15 Jahren sind keine größeren Innovationen erfolgt und die Firma zehrt von den Erträgen der Vergangenheit. Eine Unternehmergruppe schlägt vor, eine kleine Firma aufzukaufen, die für ihren Erfindungsreichtum bekannt ist, der es jedoch an Größe oder geeigneten Mitteln fehlt. Die Unternehmer wollen Aktienbezugsrechte, die ihnen unter Umständen höhere Bezüge einbringen, als der Gründer sie hatte, und weit höhere als sonst jemand im Unternehmen. Außerdem interessieren sie sich wenig für die Geschichte des Unternehmens und dessen Tradition. »Fortschritt oder Untergang« verkünden sie auf einer Sitzung.

Das Problem liegt nicht unbedingt in ihrer Einstellung, sondern gerade darin, dass ihre Innovationen, wenn sie denn Erfolg haben, das gesamte Unternehmen verändern. Deshalb kam der Vorschlag, dass sie ihre

Zukunftsvision mit dem Gründer teilen und sie, er und seine Familie diese Vision gemeinsam mit allen anderen tragen. Sie wollen als Gruppe entscheiden, was sie davon halten.

6 Von der Familien- zur Eiffelturm-Kultur und zurück

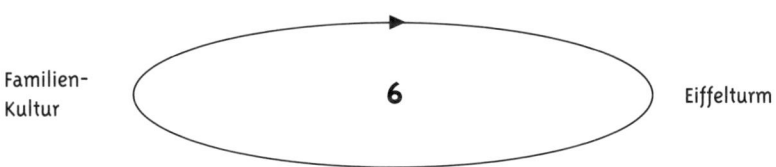

Familien-Kultur   **6**   Eiffelturm

Es kommt eine Zeit, da wird ein Unternehmen einfach zu groß, um noch auf der Ebene persönlicher Beziehungen zusammengehalten zu werden. Die meisten von uns können hundert Namen oder mehr nennen, aber wenn ein Unternehmen diese Größe überschreitet, stößt die informelle Führung an ihre Grenzen. Unbekannte müssen eine Funktion, eine Aufgabe, einen Arbeitsplatz haben, sonst weiß niemand mehr, ob die Leute auch die Arbeit verrichten, für die sie bezahlt werden. Bürokratie schleicht sich ein, wenn die »Kontrollspanne« zu breit wird.

Bis heute hat noch niemand ein wirkliches Mittel gegen die »unvermeidliche« Ankunft der Rollen- oder Aufgabenkultur gefunden, die eine Familien-Kultur bei zufällig zusammengewürfelten Beteiligten weiterhin ermöglicht. Eine Möglichkeit wären kleine Betriebseinheiten mit weniger als 100 Beschäftigten, sodass jede »Familie« »Aufgaben« hat, die sie persönlich überwacht. Ein anderes Mittel wären »in Stein gehauene« oder »schleichende« Arbeitsplatzbeschreibungen, die von Überwachern und Überwachten gemeinsam definiert werden. Große Unternehmen haben Möglichkeiten, Familienwerte am Leben zu halten, wie die japanische Tradition des Mentorenverhältnisses zwischen älterem und jüngerem Bruder belegt. Motorola fördert nach wie vor die Einstellung von Verwandten. 1993 gab es dort einen Beschäftigten, von dem 50 Verwandte in der Firma arbeiteten. Sommerliche Computercamps, zu denen die Kinder

der Beschäftigten eingeladen werden, können der erste Schritt in Richtung auf eine spätere Einstellung sein.

Viele Großunternehmen fördern Netze unter Minderheiten und Mentorenbeziehungen zwischen Abteilungen und Funktionen, sodass anfällige Personen eine Art Meister haben, der zwar nicht direkt über ihnen steht, aber bereit ist, sich für sie einzusetzen.

7 Von der Familien- zur Lenkflugkörper-Kultur und zurück

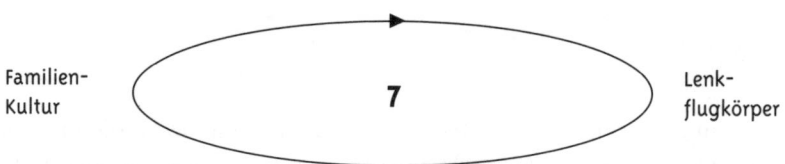

Familien-Kultur 7 Lenk-flugkörper

Dies ist ein gutes Familienunternehmen, das jedoch professioneller werden muss. Die Söhne und Töchter des Firmengründers sind zwar gute Leute, aber niemand glaubt, dass sie auf Grund ihrer Verdienste ausgewählt worden sind. Tatsächlich hat Verdienst in diesem Unternehmen auch keinen hohen Stellenwert, ebenso wenig wie Professionalität. Viele Kunden sind dem Unternehmen seit 30 Jahren und länger verbunden und ihre Loyalität gegenüber dem Unternehmen und der Familie ist stark und anrührend. Doch die Branche wandelt sich und es gibt konkurrierende Technologien, die ständig eingeschätzt und fachmännisch beurteilt werden müssen.

Drei Arbeitsgruppen sind gebildet worden, jede unter der Führung eines Familienmitglieds. Sie haben die Aufgabe, den fehlenden professionellen Sachverstand ausfindig zu machen und aufzuzeigen, wie man am besten an ihn herankommt. Nur wenn man solche Arbeitsgruppen aufstellt, erkennt man, wie wenige Fachleute man selbst hat! Die Hoffnung geht dahin, dass die Familienmitglieder zu den größten Fürsprechern für mehr Professionalität werden und sich guter Beratung nicht verschließen. Das Unternehmen bemüht sich erst seit diesem Jahr um Bewerber von der führenden technischen Hochschule des Landes; die meisten, denen eine Stelle angeboten wurde, haben jedoch abgelehnt.

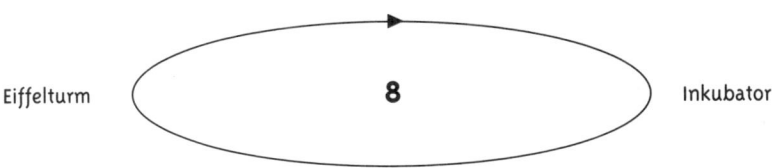

Dieser Schritt war relativ selten, bis die Idee von der totalen Umstrukturierung populär wurde. Eiffelturm-Kulturen werden von Beratern vollkommen zerlegt, total umstrukturiert und erstehen dann neu im Eiffelturm-Status, aber in einer neuen, kostengünstigeren Anordnung. Wegen der enormen Gegensätze zwischen Eiffelturm- und Inkubator-Kulturen ist dieser Vorgang häufig traumatisch und bringt radikale Einschnitte mit sich, die oft hunderte von Arbeitsplätzen kosten.

Die Inkubator-Phase ist zeitlich begrenzt und wird selten von den Angehörigen der Eiffelturm-Kultur in Anspruch genommen, sondern meist von Beratern des Unternehmens.

Eine nicht so häufige, aber konstruktivere Alternative ist der Plan von Joseph Scanlon. Normale »Eiffelturm«-Vorgänge werden einmal wöchentlich für ein oder zwei Stunden ausgesetzt und die Mitarbeiter halten ein Brainstorming über mögliche Änderungen im Arbeitsablauf ab, die die Effizienz steigern, Kosten senken, Ausschuss verringern und generell zu Innovationen führen sollen. Jede Arbeitseinheit erstellt eine Input-Output-Analyse, damit der Erfolg jeder Innovation berechnet werden kann. Im Allgemeinen erhalten die Mitarbeiter 50 Prozent Erfolgsbeteiligung, die andere Hälfte geht an das Unternehmen und seine Anteilseigner. Für vielleicht 90 Minuten begeben sich alle Beschäftigten jeden Freitag in den »Inkubator-Modus« und kritisieren und verbessern ihre Arbeitsumgebung.

Auch wenn diese Arbeit in Gruppen erfolgt und teilweise eine Lenkflugkörper-Operation ist, liegt das Hauptgewicht doch auf der Kreativität der einzelnen Mitarbeiter, auf funktionsfähigen Prototypen neuer Ideen, nicht auf bloßen Anregungen. Der Scanlon-Plan geriet Ende der 1970er-Jahre fast völlig in Vergessenheit; dann griffen die Japaner die Idee wieder auf, die daraufhin auch in vielen amerikanischen Unternehmen wiederbelebt wurde.

Wir können unsere acht Szenarien vom kulturellen Wandel jetzt auf unserer Karte eintragen (vgl. dazu Abbildung 5.1).

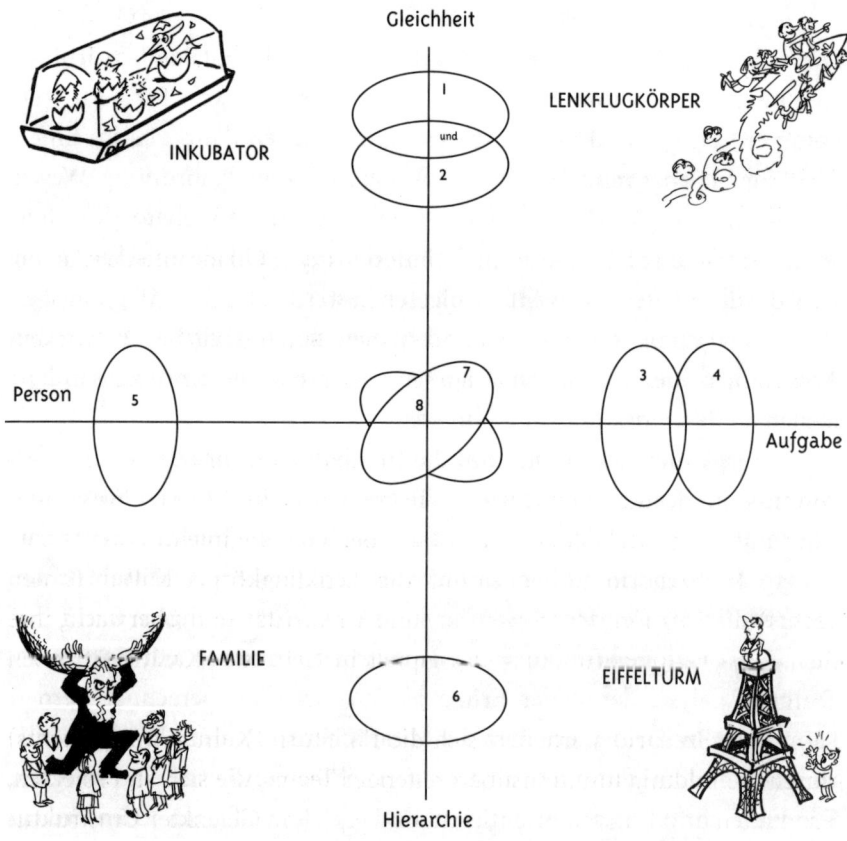

Abbildung 5.1   Acht Szenarien sich ändernder Unternehmenskultur

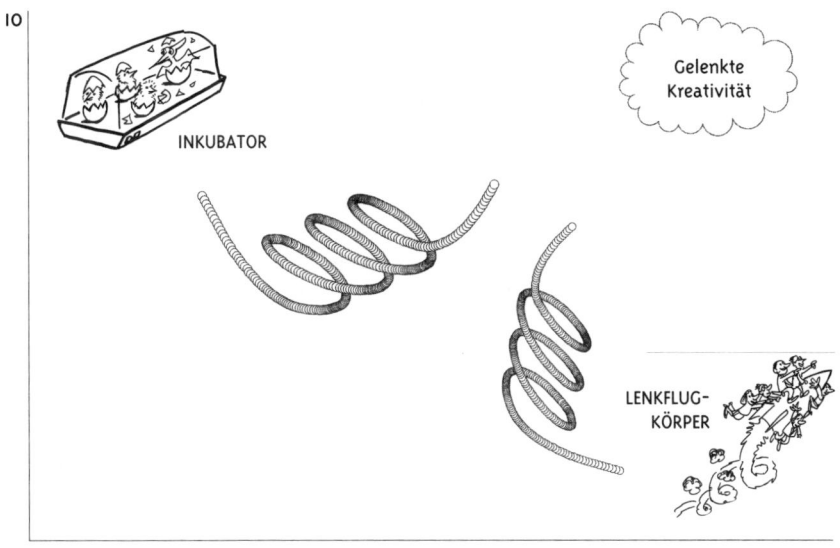

INKUBATOR

Gelenkte
Kreativität

LENKFLUG-
KÖRPER

0   10

Abbildung 5.2   Szenarien 1 und 2

Man beachte, dass alle Kreise, die mindestens zwei Quadranten umfassen, als Aussöhnung von Dilemmata angesehen werden können, die Aufgaben durch Menschen vollbringt und Menschen durch Aufgaben entwickelt. Wir können unsere acht Szenarien jetzt auf sechs Dilemma-Achsen darstellen.

In Szenario 1 übernimmt die Inkubator-Kultur (oben links) von produkt- und kundenorientierten Teams ein Gefühl für Richtung und Führung, was in Gelenkter Kreativität (oben rechts) gipfelt.

In Szenario 2 übernimmt die Lenkflugkörper-Kultur (unten rechts) die Mission der Innovation und Kreativität und überwacht ihre Teams auf Originalität. Auch das gipfelt in Gelenkter Kreativität (oben rechts).

In Szenario 3 erneuert sich die Eiffelturm-Kultur (unten rechts) durch die Bildung funktionsübergreifender Teams, die sich an Projekten, Produkten und Kunden orientieren, und gipfelt in Gelenkter Umstrukturierung (oben rechts).

In Szenario 4 muss die Lenkflugkörper-Kultur (oben links) ihre

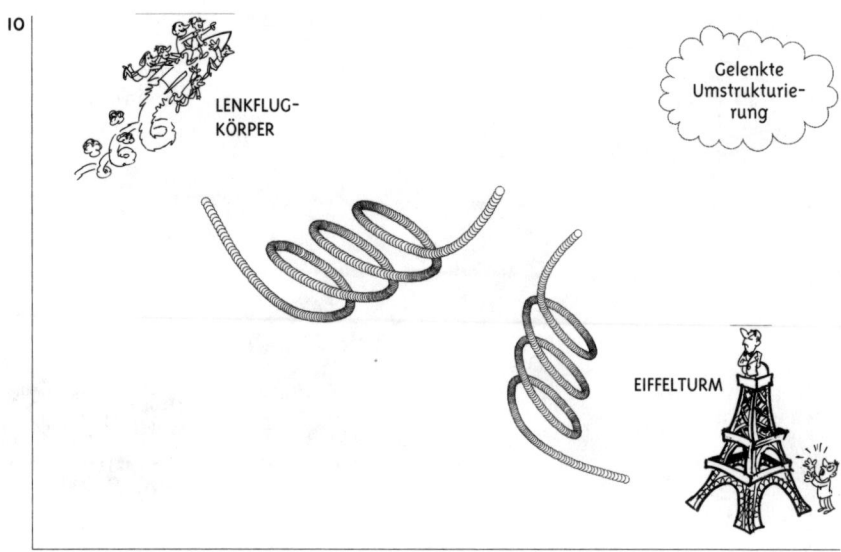

Abbildung 5.3   Szenarien 3 und 4

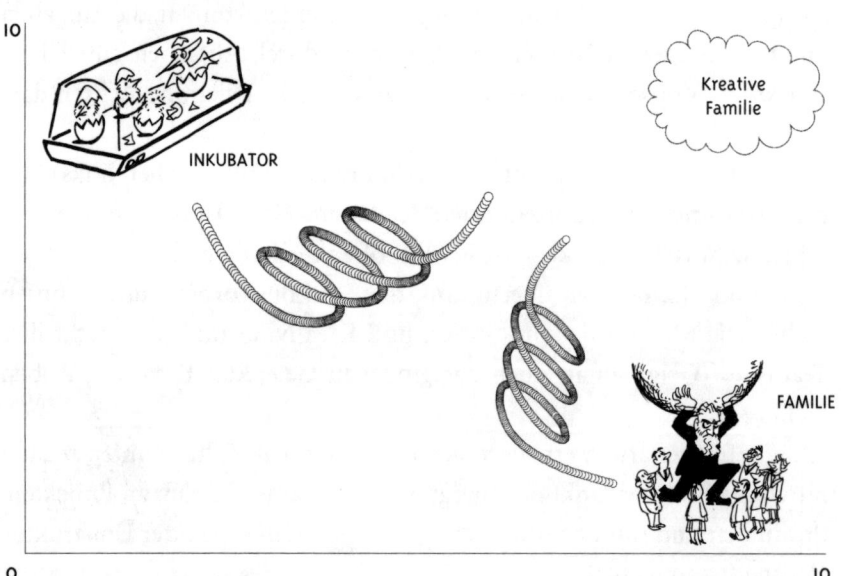

Abbildung 5.4   Szenario 5

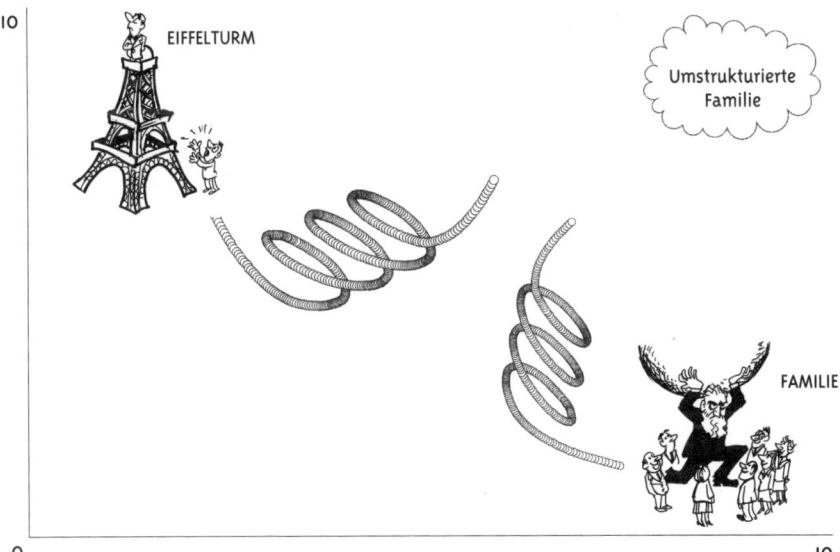

Abbildung 5.5   Szenario 6

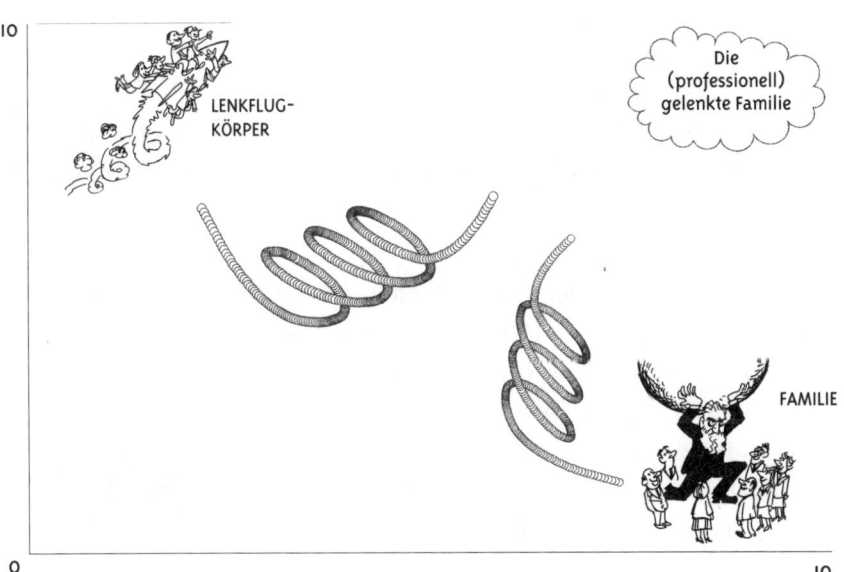

Abbildung 5.6   Szenario 7

Das verallgemeinerte System   **181**

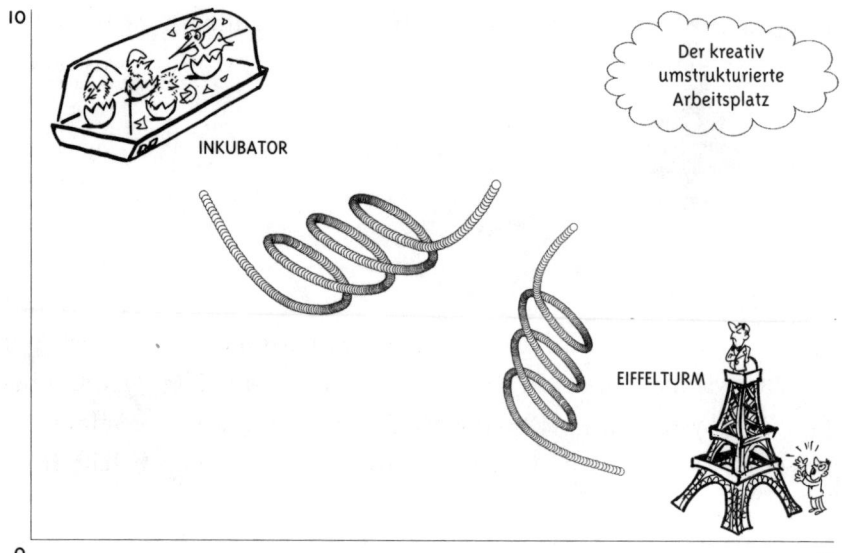

Abbildung 5.7   Szenario 8

routinemäßigeren Operationen standardisieren und rationalisieren, um Kosten zu senken, was ebenfalls in Gelenkter Umstrukturierung gipfelt (oben rechts).

In Szenario 5 muss die Familien-Kultur (unten rechts) ihre Vertrautheit und informellen Bindungen einsetzen, um neue Ideen auszubrüten und ihr Gründergenie zu erneuern. Das gipfelt in der Kreativen Familie (oben rechts).

In Szenario 6 hat die Familien-Kultur (unten rechts) ihre frühere Vertrautheit abgelegt und muss systematisch Aufgaben zuteilen, wenn sie nicht die Kontrolle und Richtung verlieren will. Das gipfelt in der Umstrukturierten Familie (oben rechts).

In Szenario 7 beschließt die Familien-Kultur (unten rechts), professioneller zu werden und externen Sachverstand einzuholen. Das gipfelt darin, dass die Professionell gelenkte Familie die qualifiziertesten Experten einsetzt (oben rechts).

In Szenario 8 beschließt die Eiffelturm-Kultur (unten rechts), sich kreativ umzustrukturieren und ihre Struktur und Aufmachung radikal zu überdenken, wobei sie Beschäftigte freisetzt, was im Kreativ umstrukturierten Arbeitsplatz gipfelt (oben rechts).

Die obigen Szenarien geben uns eine neue Möglichkeit, über den interkulturellen Wandel nachzudenken. Man beachte insbesondere, dass die Szenarien ein »und zurück« enthalten, was das Wesentliche dieser Dynamik ausdrückt. Jedes Änderungsszenario enthält mehr als nur eine einzige Richtung.

Der französische Chemiker Le Châtelier beschäftigte sich mit Gleichgewichtssystemen und stellte fest, dass ein im Gleichgewicht befindliches System auf Belastung so reagiert, dass es dieser Belastung entgegenwirkt. Das fasst eine Denkweise zusammen, bei der die Teile (Moleküle) des Verbandes zwischen den Extremzuständen ständig hin und her tanzen. Es gilt nicht »entweder oder«, sondern »sowohl als auch«.

Kapitel 6
Interkulturelles Marketing

Marketingprofis werden sich zunehmend der Notwendigkeit bewusst, die jeweiligen kulturellen Bedingungen zu berücksichtigen, wenn sie auf verschiedenen Märkten agieren. Die Einführung von Markenartikeln in unterschiedlichen Kulturen und die Entwicklung einer Marketingstrategie für den Weltmarkt sind für uns alle fundamentale Fragen. Unser methodologisches System, das auf dem Erkennen, Achten und Aussöhnen kultureller Unterschiede beruht, bietet einen Ansatz, sich diesen Herausforderungen zu stellen.

Vielleicht könnte man Marketing als den Prozess definieren, der die Bedürfnisse und Wünsche der Kunden aussöhnt. Jeder Marketingstudent kennt die Geschichte von dem Marktforscher, der nach Afrika ging, seinen Chef anrief und empfahl, den geplanten Verkaufsstart der Schuhe, die sich in Europa so gut verkauften, für Afrika abzusagen. »Warum?«, fragte der Chef. »Weil hier kein Mensch Schuhe trägt«, war die Antwort. »Oh«, erwiderte der Chef, »dann müssen wir dort sofort Schuhe einführen.« »Das verstehe ich nicht«, erklärte der Marktforscher, nur um sich sagen lassen zu müssen: »Das ist doch ein riesiger Markt ohne Konkurrenz.« Unzählige Marketingprofis haben uns schon erzählt, dass Kunden sehr oft nicht wissen, was sie wollen, und man deshalb einen Markt schaffen (anschieben) müsse. Andere erklären demgegenüber, dass ein Marketingprofi sich an den Bedürfnissen der Kunden orientieren und gut zuhören können müsse (sich ziehen lassen). Sobald wir uns international betätigen, stellt sich das Gebot, Bedarf und Wünsche auszusöhnen, noch dringlicher. Wo international ausgerichtete Kulturen (wie die USA) vielleicht mit einem Technologieschub starten, um zu einem späteren Zeitpunkt auf die Bedürfnisse der Kunden einzugehen, hören sich die Japaner die Bedürfnisse der Kunden vielleicht zuerst einmal an und lassen sich von ihnen »ziehen«, um sich später auf die Entwicklungen der Technologie einzulassen.

Bevor wir auf das zentrale Anliegen dieses Kapitels eingehen, sollten wir zuvor noch anmerken, dass bei kulturellen Unterschieden in grundlegenden Fragen noch immer viel zu oft elementare Fehler gemacht werden. Viele davon gehen auf die Sprache, die Religion und die Höflichkeit allgemein zurück. Eingeführte Produktnamen können in zwei verschiedenen Sprachen eine ganz andere Bedeutung haben. Inserate, Symbole und Gesten können in unterschiedlichen Kulturen etwas ganz anderes bedeuten. Das Rot für Gefahr in westlichen Kulturen kann andere Produktanmutungen für einen Chinesen haben, für den Rot auch Erfolg bedeuten kann. Ähnlich kann Gelb, wenn es in der Verkaufsförderung eingesetzt wird, auf einen Araber unter bestimmten Umständen anstößig wirken, in westlichen Kulturen dagegen Frische und Sommer assoziieren. Die Einführung neuer Produkte im Fastenmonat Ramadan ist, wenn sie mit einem opulenten Büfett einhergeht, zeitlich falsch geplant.

Wichtiger als diese offenkundigen Seiten der Kultur sind Unterschiede, die eher unterschwellig auf unterschiedliche Bedeutungen zurückgehen, die scheinbar gleichen Produkten oder Dienstleistungen in verschiedenen Kulturen beigemessen werden. So kaufen Amerikaner einen Sony Discman vielleicht, damit sie ihre Lieblingsmusik hören können, »ohne dabei von anderen gestört zu werden«. Chinesen kaufen das gleiche Produkt, damit sie ihre Lieblingsmusk hören können, »ohne andere dabei zu stören«. Das Produkt mag technisch identisch sein, das Kaufmotiv ist jedoch ein anderes, weil die Käufer sich selbst und der Privatsphäre anderer eine unterschiedliche Bedeutung und Priorität beimessen.

Wenn wir anti-ethnozentrisch vorgehen, können wir offene kulturelle Unterschiede leicht erkennen; versteckte kulturelle Unterschiede werden uns jedoch vielleicht nicht bewusst. Die erforderliche kulturelle Sorgfalt steht offensichtlich nicht auf der Tagesordnung des Managements und auch nicht auf der vieler klassischer Marketingmodelle wie denen von Porter. Die klassische Marketingtheorie, insbesondere die angelsächsischen Untersuchungen, stützt sich überwiegend auf die Analyse einzelner Kulturen.

Dem Gegenstand dieses Buches folgend möchte unser neues Marketingparadigma dem Marktteilnehmer ein solides System bieten, das wieder auf das Dreigestirn Erkennen, Achten und Aussöhnen zurückgreift. Der erste Schritt besteht also darin zu erkennen, dass es beim Marketing kulturelle Unterschiede gibt. Unterschiedliche Orientierungen daran, »woher der Kunde kommt«, sind weder richtig noch falsch, sondern einfach verschieden. Man urteilt viel zu schnell über Menschen und Gesellschaften, die die Welt anders sehen als man selbst. Der nächste Schritt besteht darin, diese Unterschiede zu achten und den Kunden das Recht zuzugestehen, die Welt (und unsere Produkte und Verkaufsbemühungen) so zu sehen, wie sie möchten.

Wegen dieser unterschiedlichen Sichtweisen auf die Welt haben wir zwei scheinbar konträre Sichtweisen auf die gegensätzlichen Kulturen – die der Verkäufer und der Käufer. Der klassische Ansatz ist, sich ausschließlich auf die Bedürfnisbefriedigung der Kunden zu konzentrieren: »Das herstellen, von dem wir wissen, dass wir es verkaufen können.« Aber wir müssen auch das eigene unternehmerische Wissen berücksichtigen: »Versuchen, das zu verkaufen, von dem wir wissen, dass wir es herstellen können.« Bei unserer neuen Vorgehensweise besteht die Aufgabe des Marktteilnehmers also nicht nur darin, die eigenen Stärken zu Gunsten der Bedarfsbefriedigung der Kunden aufzugeben, sondern auch darin, diese scheinbar gegensätzlichen Ausrichtungen auszusöhnen.

Um zu demonstrieren, wie das zu erreichen ist, führen wir zuerst einige Beispiele von Produkten und Marken an, die beim Übergang von lokalen zu internationalen Märkten vor grundlegenden Dilemmata standen. Wir verfolgen die Schritte von der lokalen zur globalen und dann zur transnationalen Marke.

Dann untersuchen wir, wie Marken die mannigfaltige Wertorientierung zu einem Bedeutungssystem zusammenfassen. Wir erklären, warum Archetypen auf einer höheren Ebene integriert werden müssen, sobald die internationale Dimension ins Spiel kommt. Wir folgen dem gleichen Aussöhnungsmuster und überprüfen einige grundlegende Marketingthemen, die von der Kultur beeinflusst werden, von der Werbung bis zur Marktforschung.

Wie das Marketing grundsätzlich von kulturellen Unterschieden abhängt

Wir können unser Kulturmodell nutzen, um die prinzipiellen Dilemmata einzuordnen, die sich aus der einen oder anderen marketingbedingten Warte ergeben.

Das Dilemma zwischen dem Universalen und dem Besonderen

In diesem Bereich liegt das beherrschende Dilemma in der Zweiteilung global-lokal. Es geht um die Frage, ob man nur auf eine standardisierte Art vorgehen sollte (identisches Sortiment und entsprechend identische Absatzförderung) oder lokal (verschiedene Produkte und an jedem Standort

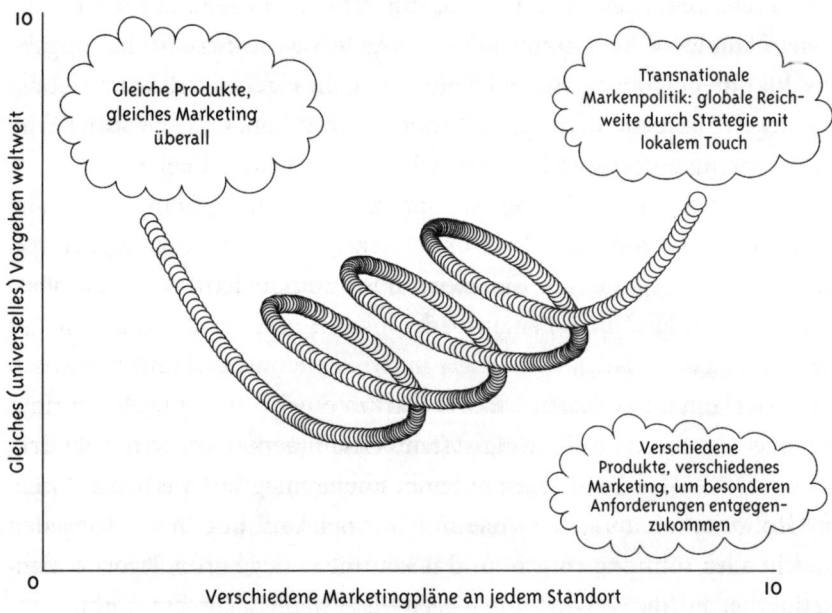

Abbildung 6.1   Das Dilemma global—lokal

ein lokal ausgerichtetes Marketing). Glauben wir, unseren Kunden ist am besten gedient, wenn sie global und uns gleich werden, oder lassen sie sich doch stärker von ihrer nationalen oder lokalen Kultur beeinflussen?

Dieses Dilemma wird durch transnationale Spezialisierung ausgesöhnt. Wir integrieren beständig die besten Praktiken und kommen den Kundenbedürfnissen dadurch nach, dass wir aus den vielen Möglichkeiten lernen, das Beste zu übernehmen, anzupassen und zu kombinieren.

Wir verweisen wieder auf McDonald's, die diese Integration dadurch erreichen, dass sie den Big Mac auf der ganzen Welt zum Markenartikel machen. Das große »M« verkörpert die universale Corporate Identity mit einheitlicher Möblierung und Ausstattung in sämtlichen Restaurants. Doch im Mittleren Osten ist der Big Mac ein vegetarischer Burger und wird mit Reis zubereitet, nicht mit Gebratenem wie in Asien. Sogar noch lokalere Varianten werden angeboten wie der »Croquet« in den Niederlanden.

Heineken variiert die Temperatur, mit der das Bier ausgeschenkt wird, um lokalen Vorlieben nachzukommen, positioniert aber auch identische Erzeugnisse auf unterschiedlichen Märkten verschieden, um die unterschiedliche Bedeutung nachzuvollziehen, die die Konsumenten dem Produkt beimessen. In einigen Teilen Europas wird es verkauft als »Bier, wie es getrunken werden sollte«. In der Karibik wird es als kosmopolitisch aufgestellt. Die (fast identischen) TV-Werbespots auf allen Inseln zeigen die gleichen Ansichten von Paris, London und Tokio – um die Weltmarke Heineken zu propagieren –, jedoch mit einigen Aufnahmen von leicht erkennbaren, inseltypischen Gebäuden oder Denkmälern, um die globale Marke im lokalen Umfeld anzusiedeln.

Der Durchschnittsmanager in Großbritannien ist universalistisch ausgerichtet und verlässt sich eher auf unternehmensweite Regeln und Verfahren als auf besondere Umstände. Viele Manager stecken in der Praxis viel Zeit in den Umgang mit dem Besonderen. Allerdings beginnt man in Großbritannien vorzugsweise mit Normen und Regeln, die für jeden und in allen Situationen gelten. Das kommt in der hohen Priorität zum Ausdruck, die der Entwurf und die Verbesserung von Systemen genießen, die auf die Kontrolle der Effizienz und Voraussagbarkeit aller Unternehmensprozesse abzielen. Man findet daher eine starke Betonung universell anwendbarer Maßnahmen und Maße sowohl bei wirtschaftlichen als auch menschlichen Unternehmensaspekten. Wenn wir jedoch die funktionale Spezialisierung der Manager in unserer Datenbank untersuchen (auch der Manager aus Großbritannien), stellen wir fest, dass Marketingprofis tatsächlich meist von der besonderen Warte ausgehen – also dem, was der Kunde wünscht – und dann versuchen, diese Bedürfnisse mit ihren Standardprodukten oder -dienstleistungen auszusöhnen.

Alain Giscard hielt einen Marketingvortrag über europaweite Trends bei Verbraucherpräferenzen. Mithilfe von Balkendiagrammen zeigte er, dass Frankreich in Europa führend in Polysensualität ist (der Fähigkeit, auf vielfache Weise die Sinne und Gelüste anzuregen). Großbritannien hinkte hinterher, doch dieser Trend war überall auf dem Vormarsch. Der Leiter der Marktforschung von Clorox, einem amerikanischen Unternehmen, hatte Schwierigkeiten.»Polysensualität ist doch nur ein konstruierter Begriff. Ich meine, kein Mensch sagt zu Ihren Forschern, ›Ich bin polysensualistisch‹ oder ›Ich fühle mich heute so polysensualistisch‹. Es ist eine rationale Konstruktion, die Ihr Unternehmen erfunden hat. Sie glauben, die Verbraucher würden dem beipflichten, aber wie würden Sie einen Polysensualisten erkennen, wenn Sie ihm begegnen? Was würde er sagen? Das Konzept ist nicht empirisch!«

Giscard wurde ziemlich ungehalten und zeigte auf einen ganzen Stapel Computerausdrucke.»Es ist alles hier!«, rief er.»Drei Jahre Forschung. Sorgfältig nachgeprüft.« Der Kontrahent zuckte die Schultern und gab auf.

Das Problem besteht hier darin, dass die Franzosen unscharfe Konzepte wie die Polysensualität lieben und diese für sie, da sie Rationalisten, keine Empiriker sind, daher ein absolut klares Konzept ist, von dem sich Verbraucherreaktionen exakt herleiten lassen. Franzosen beginnen nicht mit »den Tatsachen« wie die Amerikaner, sondern mit Arten der Wahrnehmung und des Denkens; die Polysensualität ist eine solche Art. Der Angriff wurde nicht als Angriff auf die Genauigkeit der Daten und darauf empfunden, ob sie leicht nachzuprüfen waren, sondern auf die Vernunft und die geistigen Fähigkeiten des Forschers. Die französische

Marktforschung ist interaktiver und reagiert stärker auf kluge Konzepte als das angelsächsische Pendant. Die Daten werden nicht isoliert, sondern als auf der Interaktion mit Beobachtern basierend ausgelegt.

Die Werbung universalistischer Unternehmen impliziert häufig, dass ihre Lösung die einzig mögliche Antwort auf die vermeintliche Frage des Verbrauchers ist. Ein Beispiel dafür ist eine Plastiktüte mit Reißverschluss,»One Zip« genannt, die als *die* Lösung für das Lagern und Frischhalten von Lebensmitteln propagiert wird. Ein weiteres Beispiel liefern die Möbelinserate von Ducal. Das Unternehmen bezeichnet seinen Katalog als »IHREN unentbehrlichen Möbelführer«. Diese Aussage hebt sich grafisch vom Rest der Seite ab. Ein Stoffhersteller nennt sich »Auserlesene Stoffauswahl«. Die Werbung spricht von »die feinste Stoffauswahl« und der Werbeslogan heißt »Immer der richtige Stoff«.

Das Dilemma zwischen Individualismus und Kommunitarismus

Dieser zweite Bereich führt uns ganz ähnlich zu einigen zentralen Dilemmata. Geht es beim Marketing darum, individuelle Kundenbedürfnisse und -wünsche zu befriedigen, oder konzentriert sich alles darauf, einen Trend oder eine Mode zu schaffen, die von der Gruppe angenommen werden? Individuen kaufen dann, um zu zeigen, dass sie zu der Gruppe gehören, indem sie dem gemeinsamen Trend folgen. Stellen wir, aus der Sicht der Kunden, eine Beziehung zu anderen her, wenn wir entdecken, was jeder von uns sich wünscht, oder ist uns ein gemeinsamer Begriff wichtiger, mit dem wir uns identifizieren und als dessen Teil wir uns fühlen können?

Obwohl also das Marketing in einer individualistischen Kultur das Individuum als Zweck ansehen könnte, profitiert es von einer kollektiven Abmachung als das Mittel zu diesem Zweck. Umgekehrt sieht das Marketing in einer kommunitaristischen Kultur die Gruppe als den Zielmarkt, kann aber das Feedback und Verbesserungsvorschläge Einzelner nutzen.

Die Marketingbeziehung sollte wie ein Kreis gesehen werden. Die Entscheidung, sich auf ein bestimmtes Ende zu konzentrieren, ist willkürlich. ·

Microsoft Windows und seine Office-Produkte bieten den Vorteil eines Gruppenansatzes. Dokumente können gemeinsam genutzt und ausgetauscht werden, weil sie sich an gemeinsame Dateiformate halten. Trotzdem kann der Einzelne das System so konfigurieren, dass es seinen individuellen Wünschen entspricht – etwa die Einstellung des Bildschirms auf das individuelle Sehvermögen. Jaguar- und Mercedes-Besitzer können gemeinsam mit Markenkollegen stolzes Mitglied im Club der Fahrer von Nobelkarossen werden. Wenn sie jedoch den Schlüssel in das Schloss des eigenen Wagens stecken, stellen sich Sitz und Spiegel automatisch nach ihren Vorgaben ein, auch wenn jemand anderer diese Einstellung verändert hat.

Auf der Metaebene können wir sehen, wie Richard Branson mit Erfolg die Rollen von David und Goliath ausgesöhnt hat, als er Virgin als Marke etablierte. Er schafft erfolgreich öffentliche Sympathie für den benachteiligten Einzelnen, der sich dem kollektiven Angreifer (dem Establishment) entgegenstellt.

Der Einfluss der kommunitaristischen Wertvorstellungen der chinesischen Kultur auf die Vermarktung von Konsumgütern ist ziemlich direkt. Am besten werden die meisten Waren in einem Familien- oder familienähnlichen kollektiven Umfeld positioniert. Familienähnliche Gemeinschaften, die in der Werbung häufig angesprochen werden, sind Kollegen, Mitglieder eines Sportvereins oder Schulkameraden. Innerhalb der Gemeinschaften erhalten die wichtigen Personen oft besondere Beachtung oder eine besondere Rolle.

Die kommunitaristische Ausrichtung der Japaner ist für Individualisten, die in Japan geschäftlich zu tun haben, von größter Bedeutung. Bei der Arbeit mit Japanern ist es wichtig, neben der Arbeit auch gesellig mit Kollegen und Untergebenen zu verkehren. Um sich Respekt zu verschaffen und effizient zu sein, muss man als Teamplayer und Bestandteil der Gruppe angesehen werden. Wie wir gesehen haben, sind die Büros generell offen, damit sich reichlich Gelegenheit zur Teamarbeit bietet, und es ist bei Japanern allgemein üblich, sich untereinander zu besprechen, bevor man handelt.

Der Begriff »Selbstvertrauen« ist zwar in vielen Sprachen nicht übersetzbar, ist aber in der amerikanischen Literatur von Autoren wie Ralph Waldo Emerson gepriesen worden. Dem Durchschnittsamerikaner wird von Kindheit an intensiv Selbstvertrauen vermittelt, Abhängigkeit steht dagegen nicht hoch im Kurs. Sehr viel Wert wird auf die persönliche Entfaltung und Selbstverwirklichung gelegt.

Da Unabhängigkeit und Selbstentfaltung dem Durchschnittsamerikaner praktisch zur zweiten Natur geworden sind, spricht die Werbung natürlich oft gerade diesen Kulturaspekt an. So zeigt z. B. ein Werbeplakat einen Mann, der offensichtlich vor körperlichen und geistigen Herausforderungen steht, und darunter steht:»Sei all das, was in dir steckt. Komm zur Armee.« Ebenso bekannt sind die Werbespots von Marlboro, die einen Cowboy allein auf seinem Pferd mitten in der Wildnis zeigen. Der Betrachter wird aufgefordert,»ins Marlboro-Land zu kommen«. Die unterschwellige Botschaft lautet, dass im Marlboro-Land Männer noch Männer sind und niemanden sonst brauchen. In kommunitaristischeren Kulturen würde Werbung dieser Art wahrscheinlich keinen großen Anklang finden, in den USA ist sie dagegen ziemlich erfolgreich.

Das Dilemma zwischen spezifisch und diffus

In welchem Maß wird der Kunde einbezogen? Betrachten wir Kunden als kleine»Zocker«, Leute, denen man auf die Schnelle ein paar Euro abnehmen kann, oder sind sie der Grundstein für länger anhaltende Beziehungen? Brauchen wir zuerst eine Beziehung, bevor sie unser Kunde werden können, oder kommen wir sofort ins Geschäft, aus dem sich dann eine Beziehung ergeben kann oder auch nicht?

Marketing durch Aussöhnung ist mehr als ein Kompromiss. Es ist die Kunst, spezifische Bereiche zu definieren, um einen persönlicheren Service zu bieten und so die Beziehung zu vertiefen. Jan Carlson von SAS nennt es den»Augenblick der Wahrheit«, so wie die wenigen Augenblicke während eines Langstreckenflugs, in denen ein Fluggast mit dem Kabinenpersonal kommuniziert. Diese wenigen Sekunden (oder Augenblicke) hinterlassen beim Fluggast einen nachhaltigen Eindruck, der seine Entscheidung beeinflusst, beim nächsten Mal wieder mit dieser Gesellschaft zu fliegen – oder nicht – und Freunden von seinen Erfahrungen zu berichten.

Die Rolle des Marketingteams besteht demnach darin, jene Umstände zu bestimmen, unter denen man spezifische Augenblicke nutzen kann, die Beziehung durch den angebotenen Service zu vertiefen, sodass sie dem Kunden diffus erscheint.

Beim amerikanischen Qualitätskaufhaus Nordstrom zeigt man, dass man diesen Gedanken begriffen hat. Das Kaufhaus ist für seinen ausgezeichneten Kundendienst bekannt, der selbstverständlich eine Rücknahme einschließt, »ohne dass Fragen gestellt werden«. Das Unternehmen hat sogar Waren zurückgenommen, die gar nicht bei ihm erworben wurden. Nordstrom schafft eine Atmosphäre, in der beispielhafte Serviceleistungen zur Legende werden. Das Haus hat sogar ein Marketingbudget, um Personen ausfindig zu machen. So gibt es die Geschichte von einer Verkäuferin aus der Filiale in Chicago, die einen Kunden beim Kauf eines Koffers für seine Reise nach Europa beriet. Als der Kunde gegangen war, entdeckte sie auf dem Ladentisch seinen Pass und das Ticket für einen Flug von New York nach Europa. Sie konnte den Kunden nicht mehr erreichen und flog deshalb mit seinem Pass und Ticket von Chicago nach New York. Dort konnte sie beide Dokumente noch rechtzeitig am Abfertigungsschalter der Fluggesellschaft zurückgeben. Der Mann gelobte, nie mehr woanders als bei Nordstrom einzukaufen.

Das sind natürlich extreme Geschichten, die jedoch eins beweisen: dass dieses Unternehmen weiß, wann es den einen Schritt zusätzlich machen muss – ein Augenblick der Wahrheit.

Fons Trompenaars erlebt einen »Augenblick der Wahrheit«

Fast hätte ich meinen Flug nach Irland verpasst. Es war an einem Freitagabend gegen 18 Uhr. Ich ging zum Schalter des Reisebüros im Flughafen Schiphol in Amsterdam; der Flug nach Kerry in Südirland sah einen Zwischenstopp in Dublin vor. Als ich nach meinem Ticket fragte, blickte die Reisebüroangestellte verdutzt. Sie konnte nichts finden. Ich wurde etwas nervös, weil der Flug um 18.45 Uhr abgehen sollte und die Flugsteige oft weit vom Terminal entfernt sind. Im Computer war keine aktuelle Reservierung vorgemerkt; schlimmer noch, eine Reservierung war vor fünf Tagen von meinem Büro storniert worden. So liefen wir zum Schalter von Aer Lingus, um noch einen Platz zu buchen. Es war nichts mehr frei und man bat mich um meinen Namen, um mich für den nächsten Flug um 19.45 Uhr nach Belfast zu buchen. Den Anschluss an die letzte Maschine nach Kerry würde ich nicht mehr bekommen, aber was blieb mir anderes übrig? Ich musste am Samstag früh um 8.30 Uhr einen Vortrag im Irish Management Institute (IMI) halten. So buchte ich einen Platz für den späteren Flug, außerdem ein Hotelzimmer und einen Privatjet ab Dublin für den nächsten Morgen — zum Sonderpreis von 3000 US-Dollar. Alles mit freundlicher Hilfe von Aer Lingus.

Als ich jedoch meinen Namen für die Buchung angab, stutzte die junge Dame am Schalter. »Trompenaars? Wir haben ein Ticket für Sie für den früheren Flug.« Mir wurde klar, dass das IMI ein Ticket für mich reserviert hatte, die Buchung aber nicht über mein Büro gelaufen war, doch nun war es zu spät. Ich nahm also die Maschine um 19.45 nach Belfast. Wir starteten binnen zehn Minuten, ein Rekord für Schiphol an einem Freitagabend. Der Pilot informierte uns über den Bordlautsprecher, wir hätten vom Tower die Erlaubnis erhalten, etwas früher zu starten, worüber ein Fluggast sicher sehr erfreut sein würde. Dieser Fluggast war ich, wie mir klar wurde! Wir landeten eine halbe Stunde früher als geplant und ich erwischte noch den letzten Flug nach Kerry; der Pilot teilte mir mit, dass ein Mitarbeiter von Aer Lingus am Flugsteig auf mich warten und mich zur Anschlussmaschine bringen würde. Ich wurde mit einem Wagen zu der Maschine gefahren, die zum Abflug nach Kerry bereitstand; der Chauffeur ließ sich von mir den Namen des Hotels und des Privatjet-Unternehmens geben, damit die Buchungen dort storniert werden konnten. Ich kam noch am gleichen Abend an und gelobte, jedem, der unentschlossen war, mit Aer Lingus zu fliegen, die Geschichte zu erzählen; außerdem erwähnte ich sie am nächsten Morgen in meinem Vortrag. Der daraufhin einsetzende Beifall galt einem Unternehmen, das sich auf Augenblicke der Wahrheit versteht.

Welche Verallgemeinerung können wir aus diesen Fällen ziehen? Beim Vermarkten einer Marke, eines Produkts oder einer Dienstleistung gewinnen Unternehmen deutlich an Stärke, wenn sie bestimmen können, wann sie in die Tiefe gehen sollen. Natürlich würden Fluggesellschaften Pleite machen, wenn sie immer so auf Kundenwünsche eingingen wie im Fall von Aer Lingus. Würde Nordstrom jedem Kunden von Chicago nach New York nachfliegen, wären sie ebenfalls bald am Ende. Betrachten wir die Aussöhnungsgrafik der Abbildung 6.2.

Weil deutsche Manager stark technisch ausgerichtet sind, ist es oft nicht ratsam, nur Marketing- oder Verkaufsleute zu Geschäftsverhandlungen zu schicken, bei denen eventuell auch einige technische Fragen zur Sprache kommen. Deutsche diskutieren nicht gern die allgemeinen Umrisse von Geschäftsangeboten und überlassen die Details den Technikern. Tatsächlich kann es häufiger passieren, dass die deutsche Seite ihre eigenen Techniker bei Entscheidungen einbezieht. Sie sind folglich stärker an den

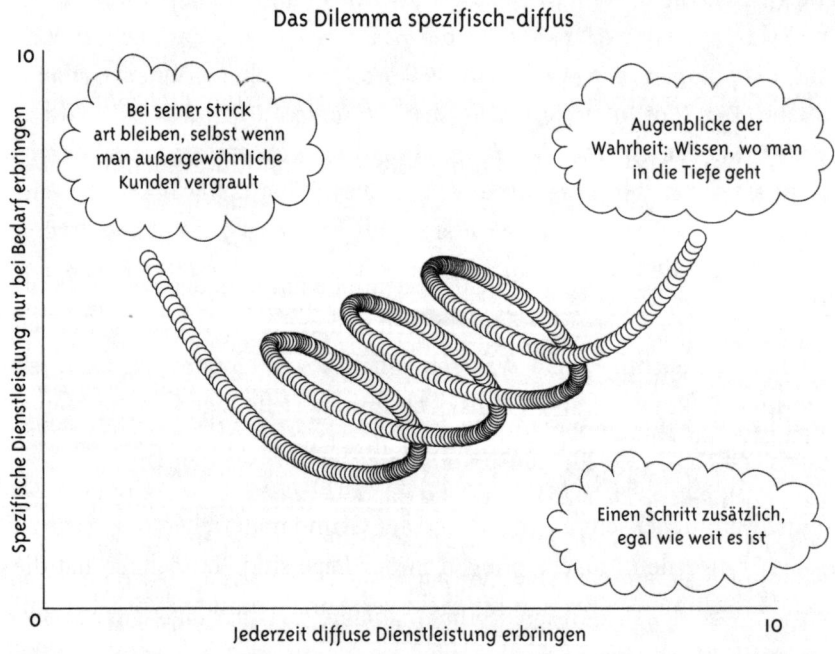

Das Dilemma spezifisch-diffus

Bei seiner Strick art bleiben, selbst wenn man außergewöhnliche Kunden vergrault

Augenblicke der Wahrheit: Wissen, wo man in die Tiefe geht

Einen Schritt zusätzlich, egal wie weit es ist

Spezifische Dienstleistung nur bei Bedarf erbringen (y-Achse, 0 bis 10)

Jederzeit diffuse Dienstleistung erbringen (x-Achse, 0 bis 10)

Abbildung 6.2 »Augenblicke der Wahrheit«

genauen technischen Einzelheiten interessiert als an perfekten Präsentationskünsten. Wichtig ist auch, im Hinterkopf zu haben, dass Marketingleute in deutschen Unternehmen im Allgemeinen keinen besonders hohen Status besitzen.

Das französische Marketing ist dagegen oft sehr kontextabhängig und ganzheitlich ausgerichtet. Stellen Sie den Fernseher an und Sie wissen oft nicht, was beworben wird, selbst wenn Sie die Worte und einzelne Textpassagen verstehen. Wie in den meisten kontextbetonten Kulturen enthält Werbung in Frankreich häufig einen Kontext, der bei den französischen Betrachtern Assoziationen auslösen soll. Viele französische Werbekampagnen sind anspruchsvoll und versuchen ganze Umfelder zu schaffen. Bei Harrods wurde beispielsweise einmal ein kompletter provenzalischer Dorfplatz aufgebaut, um französische Produkte zu verkaufen. L'Oréal hatte Porträts von »Les Dames de Beauté« anfertigen lassen, schönen Damen, zumeist Königinnen und königlichen Geliebten, die Loire-Schlösser bewohnten. Der Teint jeder der Schönen war jeweils einer Kosmetikreihe zugeordnet.

Das Dilemma zwischen neutraler und affektiver Ausrichtung

Welchen Part spielen das Zeigen und die Rolle von Emotionen und/oder wird das Zeigen von Emotionen kontrolliert? Was prägt die Kaufentscheidungen?

Peter Darke und sein Forscherteam behaupten, dass es gleichgültig sei, ob man ein neues Auto oder einen neuen Lippenstift kauft; in allen Fällen berücksichtige man wahrscheinlich sowohl materielle Faktoren (Produktmerkmale, Preis etc.) als auch immaterielle Eigenschaften (etwa welches Gefühl das Produkt vermittelt). Ihre Untersuchungen zeigen, welchen Einfluss affektive (emotionale) Erfahrungen haben können, auch wenn Verbraucher sehr motiviert und auf Grund materieller Merkmale zu absolut rationalen Entscheidungen in der Lage sind. Tatsächlich hat die Absatzforschung die Bedeutung affektiver Anhaltspunkte (Vorlieben auf Grund von Gefühlen) und informatorischer Anhaltspunkte (Vorlieben auf Grund von Merkmalen) bei Verbraucherentscheidungen gezeigt. Offenbar wirken sich affektive Anhaltspunkte auf das Urteil vor allem dann aus, wenn Verbraucher weniger Grund haben, rational und analytisch an die Sache heranzugehen, und merken, dass sie Produkte nur bedingt beurteilen können. Außerdem werden Entscheidungen mit einem starken affektiven Element oft als Impulskauf empfunden, den Verbraucher letztlich bedauern. Das ist das bekannte »Käuferreue«-Syndrom. Die Emotionalität erklärt auch, warum viele Frauen sich gern einer »Ladentherapie« unterziehen, die sogar so weit gehen kann, dass sie mit Freundinnen nur einen Schaufensterbummel machen, statt tatsächlich etwas zu kaufen.

Vernunft und Gefühle sind normalerweise miteinander verknüpft. Wenn Kunden Zufriedenheit (oder Unzufriedenheit) äußern, versuchen sie, eine Bestätigung dafür in ihren Gedanken und Gefühlen zu finden – und versuchen auch zu zeigen, dass sie so reagieren wie andere (»Ich sehe dieses Produkt/diese Dienstleistung genauso wie du«), was in der Theory of Conspicuous Consumption (Theorie vom Geltungskonsum) (Bagwell und Bernheim, 1996) abgehandelt wird. Kunden, die neutral reagieren, suchen eine indirekte Reaktion.

Das Dilemma für Johnson and Johnson

Welche Schwierigkeiten ergaben sich, als Johnson and Johnson eine Werbekampagne für einige ihrer Babyprodukte in verschiedenen Kulturen starten wollte?

Die erste Kampagne lief in den USA an – eine (weiße) Mutter hält ihr erstes Neugeborenes im Arm. Zärtlichkeit und Liebe beherrschen diesen Werbespot. Eine sanfte, typisch amerikanische Stimme singt »die Sprache der Liebe«. Dieser Spot wurde anschließend für mehrere Länder in Südamerika, Asien und Europa »übersetzt«. Der Text des Liedes hatte einen lokalen Bezug und die Mutter kam offensichtlich aus dem Land, wo der Spot gezeigt wurde. Alles war anders, bis auf das Markenkonzept.

Nach einigen Rückmeldungen wurde jedoch klar, dass weitere Anpassungen erforderlich sein würden. In Australien und Großbritannien wurden die emotionalen Seiten aus offensichtlichen Gründen weniger stark betont. In Frankreich und Italien spielten Gefühle die zentrale Rolle. Dies ist ein gutes Beispiel dafür, wie man den Gedanken der Mutterliebe verallgemeinern und den Ausdruck von Gefühlen in verschiedenen Kulturen spezifizieren kann. Auf allen Märkten entsprach die wahrgenommene der beabsichtigten Bedeutung.

Tom Peters sagte bei einem Vortrag auf der Shell Human Resource Management Conference 1999 in Atlanta: »Heutzutage ist es cool, emotional zu sein.« Das ist Aussöhnung.

Das Dilemma zwischen Errungenschaft und Zuschreibung

Möchten Kunden ein funktionales Produkt, das einen nützlichen Zweck erfüllt, oder kaufen sie Status? Die Zeit kann man auf einer Digitaluhr für 5 € genauso ablesen wie auf einer Rolex Oyster für 10 000 Euro. Eine Rolex Oyster ist jedoch eine symbolische Verkörperung von Status, nicht einfach nur eine Uhr.

Jede Gesellschaft gewährt bestimmten Mitgliedern mehr Status als anderen und bringt damit zum Ausdruck, dass diesen Personen und den Produkten, die sie besitzen und zur Schau stellen, sowie den Dienstleistungen, die sie in Anspruch nehmen, ein höheres Maß an Beachtung gezollt werden sollte. In Kulturen, die sich an Errungenschaften orientieren, stehen Leistung, Zuverlässigkeit und Funktionalität im Vordergrund. In Kulturen, die Status zuschreiben wie in Asien, wird Status den Produkten zugeschrieben, die ganz von selbst Bewunderung bei anderen hervorrufen, wie Hightecharktikel und Schmuck. Der Status hat weniger mit den funktionalen Eigenschaften des Produkts zu tun. Die Beweggründe dafür, sich durch den Kauf zugeschriebenen Status zu verschaffen, sind von Kultur zu Kultur verschieden.

Natürlich werden identische Produkte in verschiedenen Ländern verkauft, etwa ein Mercedes. Aber in Deutschland werden Zuverlässigkeit und erstklassige deutsche Technik verkauft, dank derer man schnell und sicher über die Autobahn preschen kann. In einem Dritte-Welt-Land wird Status verkauft.

Das Dilemma zwischen interner und externer Kontrolle

Lassen wir uns von einem inneren Antrieb anregen oder richten wir uns nach äußeren Ereignissen, die außerhalb unserer Macht liegen? Hier geht es vor allem darum, die von innen gesteuerte Kultur des technologischen Schubs (verkaufen, was wir herstellen können) mit der von außen gesteuerten Welt des Marktsogs (herstellen, was wir verkaufen können) zu verbinden.

Niemand wird die enormen Kenntnisse und die Findigkeit leugnen, die Philips im Bereich der Technologie und des Marketings besitzt. Das Problem lag darin, dass zwischen diesen beiden wichtigen Bereichen offenbar keine Verbindung bestand. Der Schub durch die Technologie muss bei der Entscheidung helfen, von welchen Märkten man angezogen werden möchte, und der Marktsog muss einem helfen zu erkennen, welche Technologien angeschoben werden sollen.

Dilemmata, die daraus entstehen, dass der Zeit eine unterschiedliche Bedeutung beigemessen wird

Betrachten wir die Zeit als sequenziell oder synchron? Gründet sie auf kurz- oder langfristiger Bedeutung? Und konzentrieren wir uns in erster Linie auf die Zukunft, die Gegenwart oder die Vergangenheit? Diese drei Grundelemente der Zeit werden unterschiedlich gesehen, je nachdem, durch welche kulturelle Brille man blickt. In sequenziellen Kulturen ist Zeit ein objektives Maß vergänglicher Schritte. Je schneller man handeln und auf den Markt kommen kann, desto konkurrenzfähiger ist man. Synchrone Kulturen erledigen die Dinge dagegen gern »just in time«, sodass die Gegenwart sich der Zukunft annähert. Je synchroner das Timing ist, desto konkurrenzfähiger ist man.

Wenn man sich auf Produkte kapriziert, denen man seinen Ruf verdankt, kann das die Schaffung neuer Produkte gefährden. Karel Vuursteen von Heineken führte mit Erfolg die (alte) Tradition der Familie Heineken mit den künftigen Bedürfnissen des Unternehmens zusammen und die Tradition des Produkts Heineken mit der Notwendigkeit zu (zukünftigen) Innovationen – beispielsweise auf dem Gebiet der Spezialbiere. Die Prozessinnovation suchte nach neuen Methoden, das gleiche Ergebnis zu erzielen (das traditionelle Produkt), während die Produktinnovation völlig neue Getränke möglich machte, ohne dabei Heinekens Spitzenerzeugnis zu beeinträchtigen.

Wir haben mit unseren Untersuchungen den Beweis erbracht, dass die Kulturen ganz unterschiedliche Zeithorizonte haben. Auf der einen Seite kennen wir Kulturen, die von Vierteljahr zu Vierteljahr rechnen. Hier sieht man den Vertriebsmann, der den Absatz in die nächste Woche vordatiert, weil das Verkaufsziel für die laufende Periode bereits erreicht ist, sodass dieser Verkauf der Vorgabe für die nächste Periode gutgeschrieben werden kann. Andere planen dagegen offenbar sehr viel weiter voraus. Sie sind sehr erfolgreich darin, auf Kosten der kurzfristigen Flexibilität ferne Ziele zu erreichen. Clotaire Rapaille hat den ersten kurzfristigen Ansatz »Tierzeit« genannt, den zweiten »Gründerzeit«. So ist z. B. der amerikanische Code für Zeit eine Tierzeit, die das Kurzfristige und die unmittelbare Gegenwart betont: »Just do it«, sofortige Belohnung, Shareholder-Value, »Habgier« u. a. Das langfristige Zeitgefühl der Japaner wird am besten durch eine kleine Anekdote verdeutlicht. Als ein japanisches Unternehmen sich an Aktivitäten im kalifornischen Yosemite-Nationalpark beteiligen wollte, legte es einen 250-Jahres-Plan vor (was angesichts des Alters eines Redwood-Baums verständlich ist). Die Kalifornier reagierten mit entgeisterten Sprüchen wie: »Mein Gott, das sind ja eintausend Vierteljahresberichte!« Die Wiedervereinigungspläne der Volksrepublik China mit der Republik China (Taiwan) sind ähnlich langfristig und umfassen mehrere künftige Generationen.

Die Tierzeit kann jedoch nur zusammen mit der Gründerzeit bestehen. Am äußersten Ende der amerikanischen Zeitachse, die auf das Hier und Jetzt fixiert ist, entdecken wir, dass die USA die älteste schriftliche Verfassung der Welt haben. Andere Länder wie Japan und Frankreich haben ihre Verfassung schon mehrmals geändert. Anders ausgedrückt, die

Amerikaner mögen Veränderungen, solange nichts Grundsätzliches geändert wird. Wenn die Grundlagen stabil sind, können wir die Tierzeit nutzen und umgekehrt.

Diese grundlegende Konstruktion gilt, wie all diese Dilemmata, direkt für das Marketing. Es ist herrlich, wenn die amerikanischen Marketing-Gurus Al Ries und Jack Trout in der Einführung ihres Bestsellers *Bottom-Up Marketing* schreiben: »Wir leben in einer Zeit des Wettbewerbs. Die Wirtschaft von heute ist in fast allen Kategorien kriegerisch geworden. Dieser Wandel des Umfelds hat den traditionellen Top-Down-Ansatz im Marketing überholt. Was nützen langfristige strategische Pläne, wenn man die künftigen Schritte der Konkurrenz nicht vorhersehen kann? Wie kann man auf einen Wettbewerber reagieren, wenn die eigenen Mittel langfristig verplant sind?« Trotzdem ist Ries und Trout natürlich bewusst, dass man aussöhnen muss, auch wenn sie das nicht ausdrücklich so formuliert haben. Sie sprechen sich gegen die herkömmliche Theorie aus, nach der die Unternehmensführung zuerst die Strategie für eine Marketingkampagne festlegen sollte. Dann sollte die Strategie dem mittleren Management übergeben werden, das die taktischen Schritte zur Durchführung der Strategie auswählt. Sie sind anderer Meinung und schlagen das Gegenteil vor: Bottom-Up-Marketing. Interkulturell angewandt, ist das eine noch größere Sache. Wir behaupten, dass das Dilemma für das Marketing universell ist. Einerseits brauchen wir eine Strategie, die uns einen langfristigen Kontext und Anleitungen für unseren Weg gibt, andererseits müssen wir in der Lage sein, unterschiedliche und einmalige Ideen zu haben angesichts unserer kurzfristigen Zwänge, das Beste für unser Umfeld zu leisten. Grafisch könnte man dieses Dilemma wie in Abbildung 6.3 darstellen.

Ries und Trout glauben selbstverständlich daran, dass Taktik beim Marketing automatisch die vernünftigste Strategie hervorbringt. Da sind wir anderer Meinung. Nach unseren Erfahrungen befruchten sich Taktik und Strategie in einem ständigen Gestaltungsprozess gegenseitig. Der Ausgangspunkt ist abhängig von der Kultur. Kurzfristige Kulturen beginnen gern taktisch. Langfristige Kulturen könnten dagegen mit einer Strategie beginnen, ihre Taktik in einen Zusammenhang zu stellen. Sieger ist,

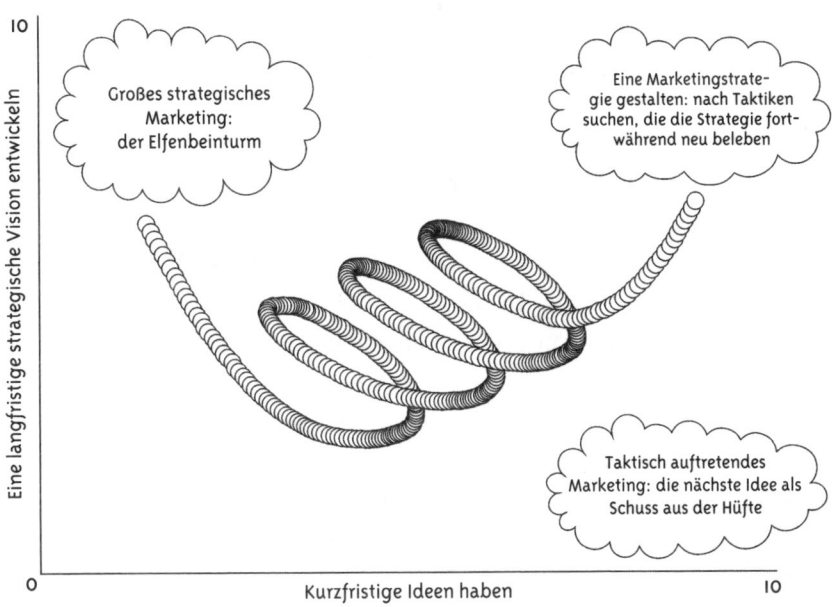

Das Dilemma langfristig-kurzfristig

Eine langfristige strategische Vision entwickeln

10

Großes strategisches Marketing: der Elfenbeinturm

Eine Marketingstrategie gestalten: nach Taktiken suchen, die die Strategie fortwährend neu beleben

Taktisch auftretendes Marketing: die nächste Idee als Schuss aus der Hüfte

0 — Kurzfristige Ideen haben — 10

Abbildung 6.3   Das Dilemma kurz- versus langfristig

wer integrieren (aussöhnen) kann; aus welcher Richtung man startet, ist gleichgültig.

Abschließend ist zu sagen, dass unser neues Marketingparadigma demnach eine Haltung erfordert, die diese ständigen Dilemmata aussöhnt, die sich aus allen der oben angeführten kulturellen Dimensionen ergeben können. Das erfolgreiche Marketing von heute ist das Ergebnis der Verbindung der Lernbemühungen zwischen allen Dimensionen mit den gegensätzlichen Ausrichtungen und Ansichten.

Die Bedeutung der Marken in den Kulturen

Marken, Produkte und Dienstleistungen sind komplexe Bedeutungssysteme. Verschiedene strittige Fragen über unterschiedliche Bedeutungen, die diesen Aspekten gegeben werden, durchdringen mehrere kulturelle Dimensionen gleichzeitig. In diesem Abschnitt wollen wir eine Anzahl Dimensionen miteinander verknüpfen, die in ihren ganz eigenen Kombinationen zu Archetypen werden.

Die Analyse der Archetypen belegt, dass die oben beschriebenen Dilemmata nicht einfach verschwinden, sondern stattdessen zu noch komplexeren Paaren werden. Unsere Arbeit zeigt erneut, dass die Internationalisierung des Marketings neue Herausforderungen für die Marketingprofis schafft.

Das Dilemma von Unilever Japan

Etwas Rätselhaftes beunruhigte den amerikanischen Marketingmanager von Unilever Japan. Absatz und Marktanteil des Shampoos *Sunsilk* gingen deutlich zurück. Die üblichen Marktuntersuchungen erbrachten keine konkreten Gründe für diese Entwicklung. Die Reaktion fiel so aus, wie Sie vermuten – das übliche hinhaltende japanische Gerede. Der drastische Absatzrückgang folgte auf die Einführung einer neuen Werbesendung, in der sich eine junge Frau die Haare wusch und anschließend trocknete. Aufnahmen in Zeitlupe unterstrichen die Sinnlichkeit des Spots, das Haar fiel in langsamen, wellenförmigen Bewegungen. Dann klingelte es plötzlich an der Tür und man sah in einer Großaufnahme eine männliche Hand, die die Tür öffnete. Danach erschien in Großaufnahme das Produkt auf dem Bildschirm.

In seinem Buch *Seven Secrets of Marketing in a Multicultural World* beschreibt Clotaire Rapaille, wie man den Archetyp dieses Produkts entschlüsseln kann. Shampoo hat nicht nur funktionale Eigenschaften, sondern ist gleichzeitig Teil der umgebenden Kultur. Man muss zum Archetyp des Produkts zurückgehen, und in den USA geschieht dies, indem man das Produkt mit einer bestimmten Sinnlichkeit verbindet.

Aber diese Botschaft kam in Japan nicht an. Man zeigte Japanerinnen den Werbefilm und bat sie zu schildern, was der Mann ihrer Meinung nach tun würde, nachdem er die Tür geöffnet hatte. Viele gaben an, »er nimmt ein Schwert und enthauptet sie« – da wusste Unilever, warum der Absatz zurückgegangen war. Die Archetypen der Marke und des Produkts mögen universell sein, die Botschaften sind kulturell determiniert.

In *Did the Pedestrian Die?* befasst sich Fons Trompenaars mit diesem und anderen Fällen. Das Unilever-Beispiel handelt davon, wie unterschiedlich Botschaften in der äußeren Schale unserer kulturellen Zwiebel interpretiert werden. Wir erleben allerdings auch, dass kulturelle Missverständnisse bis ins Innere des Zwiebelmodells gelangen – bis zur Ebene der Grundannahmen.

Vor einigen Jahren bat das japanische Unternehmen NTT die Kabelabteilung von AT&T, ein Kabel mit bestimmten technischen Spezifikationen herzustellen. Die Kabel wurden geliefert, aber die Amerikaner waren sehr überrascht, als die Japaner sie fast umgehend zurückschickten. AT&T hatte sie genau nach den technischen Vorgaben hergestellt. Auf Nachfragen gab NTT als Begründung an, die Kabel seien hässlich. In Japan kann etwas, das als hässlich gilt, nicht gut sein.

Bei AT&T weiß man inzwischen, dass eine Marke heute nicht nur eine Ansammlung funktionaler Eigenschaften darstellt, sondern auch ein System von Bedeutungen und tief verwurzelten Wertvorstellungen. Das Verständnis und der Nutzen der eigentlichen Bedeutung, die einmal eine interessante Zugabe für ein Produkt war, sind heute ein wesentliches Erfordernis, wenn man längerfristig erfolgreich sein möchte. In ihren Arbeiten bieten Clotaire Rapaille und Autoren wie Margaret Mark und Carol Pearson einige interessante Konzepte und Instrumente an, um den Archetyp, die tiefsten psychologischen Strukturen eines Produkts oder einer Dienstleistung, zu erfassen.

Wenn man allgemein anerkannte Modelle untersucht (etwa die von Jung oder Maslow), hat es den Anschein, als stünde die Menschheit vor einigen fundamentalen Dilemmata, unabhängig von kulturellen Unterschieden.

Das erste Dilemma betrifft das in jedem Menschen vorhandene Spannungsfeld, den eigenen Weg als Individuum zu finden, aber gleichzeitig einer Gruppe angehören zu wollen. Das zweite Dilemma ist das zwischen dem Bedürfnis nach Sicherheit und Stabilität und dem Bedürfnis nach Herausforderungen, Reizen und danach, das Umfeld ändern zu wollen. Auf jeder Achse dieses Dilemmas finden wir mehrere Archetypen – vgl. Abbildung 6.4.

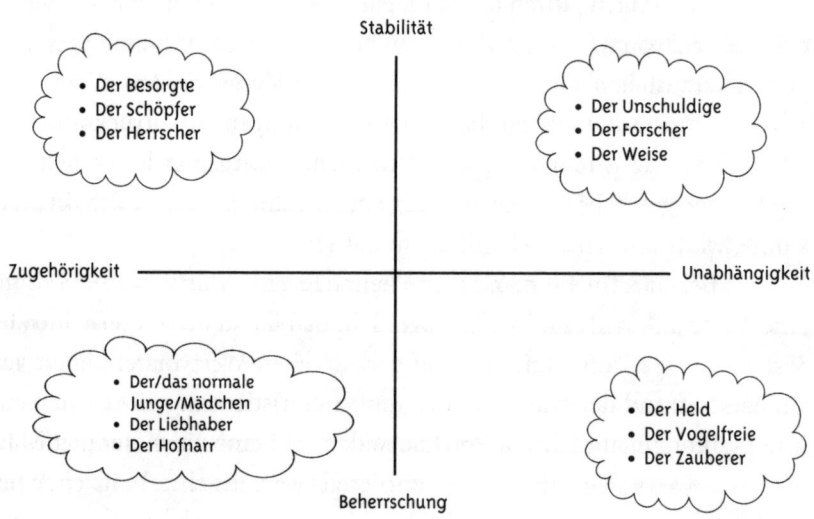

Abbildung 6.4 Erfassen der Archetypen

In *Did the Pedestrian Die?* beschäftigte Fons Trompenaars sich eingehender mit den Archetypen. Rekapitulieren wir.

Die Archetypen der ersten Kategorie – die Unabhängigen – sind der Unschuldige, der Forscher und der Weise. Jeder möchte auf seine Weise der Gruppe entfliehen, der er angehört. Alle drei Archetypen dieser Kategorie sind von Natur aus Individualisten.

Das *unschuldige* Produkt strebt also nach Loyalität und Berechenbarkeit; typische Beispiele sind Coke und McDonald's. Der Unschuldige ist universalistisch, eigenbestimmt, zuschreibend und an der Vergangenheit orientiert. Und hier kann man sehen, was geschieht, wenn von einem Archetyp abgewichen wird, wie in dem Fall, als das neue Coca-Cola mit süßerem Geschmack eingeführt wurde, das direkt mit Pepsi Cola konkurrieren sollte. Coca-Cola musste zur klassischen Coke zurückkehren, dem »real thing«.

Die *Forscher*-Marke existiert nicht in der Abgeschiedenheit eines unberührten Paradieses, sondern sucht nach einer besseren Welt. Gute Beispiele sind Timberland, Ralph Lauren, Jeep und Starbucks. *Forscher*-Marken vereinen eine partikularistische, eigenbestimmte, leistungsorientierte und kurzfristige Zukunft mit einer individualistischen Ausrichtung.

Dann haben wir noch die *Weisen*-Marke, die den Käufer in dem Glauben bestärken möchte, dass es eine ideale Welt gibt, wenn man ständig frei und offen lernt und sich entfaltet. *Weisen*-Marken sind universalistisch, eigenbestimmt, zuschreibend, zeitlos und – selbstverständlich – wieder sehr individualistisch. Die Buchhändlerkette Barnes & Noble in Amerika wäre sicher diesem Archetyp zuzurechnen, ebenso die Fernsehikone Oprah Winfrey.

Erfolgreiche Produkte und Menschen gibt es auch in einem entgegengesetzten System von Archetypen. Dieses Trio vermittelt dem Kunden den Eindruck »dazuzugehören«, und auch ihnen kann man sich auf verschiedene Arten nähern. Alle sind kommunitaristisch ausgerichtet.

Pearson und Mark unterscheiden den normalen Jungen/Mädchen, den Liebhaber und den Hofnarren als verschiedene Möglichkeiten, einer größeren Gruppe anzugehören. Der Typ *normaler Junge/Mädchen* nimmt an, dass alle Menschen gleich sind, und vermeidet jede Art von elitärem Verhalten. Die neben dem Dazugehörigkeitsgefühl stärkste Ausrichtung ist hier die Leistungsorientierung. Solche Marken sind Avis (»we try harder«) mehr als Hertz, VISA eher als American Express und Volkswagen eher als BMW.

Liebhaber-Marken sind oft in Kosmetik-, Mode- und Reiseunternehmen vertreten. Sie beziehen sich auf Sexappeal und Schönheit und gehören durch eine affektive und diffuse und äußere Ausrichtung dazu. Romanische Marken wie Chanel, Yves St. Laurent, Gucci und Ferrari sind hier tonangebend.

Schließlich haben wir noch den Typ *Hofnarr*, der dazu anhält, sich zu freuen, dass man beieinander ist. Dieser Typ weist eine gruppenorientierte Haltung auf, kann aber auch sehr affektiv und nach außen ausgerichtet sein. Verkörpert wird dieser Archetyp durch Marken wie Pepsi und Burger King, die ihre Identität wesentlich daraus beziehen, dass sie ihre größeren Brüder Coke und McDonald's ärgern.

Um mit einer Marke international erfolgreich zu sein, muss man Widersprüche zwischen den Archetypen auf einer höheren Ebene ausgleichen. Ein hervorragendes Beispiel dafür ist, wie Barnes & Noble sich in eine internationale Marke von großer Integrität verwandelte. Als Leonard Riggio die bekannte, aber finanziell angeschlagene Kette erwarb, startete er sofort einen erfolgreichen Preiskrieg. Das ermöglichte ihm, mehrere andere Buchläden und -ketten aufzukaufen, denen er das fast mönchartige Logo von Barnes & Noble anheftete. Nachdem er dieses recht unabhängige und individualistische Image durch den Einsatz der Markenstärke bewahrt hatte, stattete er eine Buchhandlung nach der anderen mit einem einfachen Raum aus, in dem einige bequeme Stühle standen und Kaffee serviert wurde. So wurde B & N zu einem Gesamterlebnis, bei dem unabhängige »Weise« ihre neuesten Ideen mit Gleichgesinnten in einer Gemeinschaft von Individualisten austauschen konnten, und es wurde zur größten Buchhandelskette der Welt.

Auch der internationale Erfolg von Chanel, der der gleichen Logik folgte, lässt sich durch eine ähnliche Integration von Archetypen erklären. Chanel ist zwar eine klassische »Liebhaber«-Marke, aber es ist bekannt, dass Coco Chanel, eine recht attraktive Dame, auch äußerst unabhängig war. Nach ihrer Ansicht konnte eine Frau Männer nur durch Unabhängigkeit bezaubern; auf die Frage, warum sie abgelehnt habe, einen der reichsten Männer Europas zu heiraten, antwortete sie:»Herzöge von Westminster gibt es viele. Aber es gibt nur eine Coco Chanel.« Und durch die Integration von *Unabhängigen* und *Liebhabern* verlieh sie dem erfolgreichen internationalen Marketing genau die richtige Duftnote.

Die Aussöhnung lässt sich wie in Abbildung 6.5 darstellen.

Wie oben erwächst die zweite Kategorie der Dilemmata aus dem Bedürfnis nach Sicherheit und Stabilität, indem sie auf den Wogen der Umwelt schwimmt, und andererseits aus dem Bedürfnis, die Umwelt dadurch zu kontrollieren, dass man sie ändert.

Die drei Archetypen, die das Bedürfnis wiedergeben, die Welt zu ändern, könnten definiert werden als der Held, der Vogelfreie und der Zauberer.

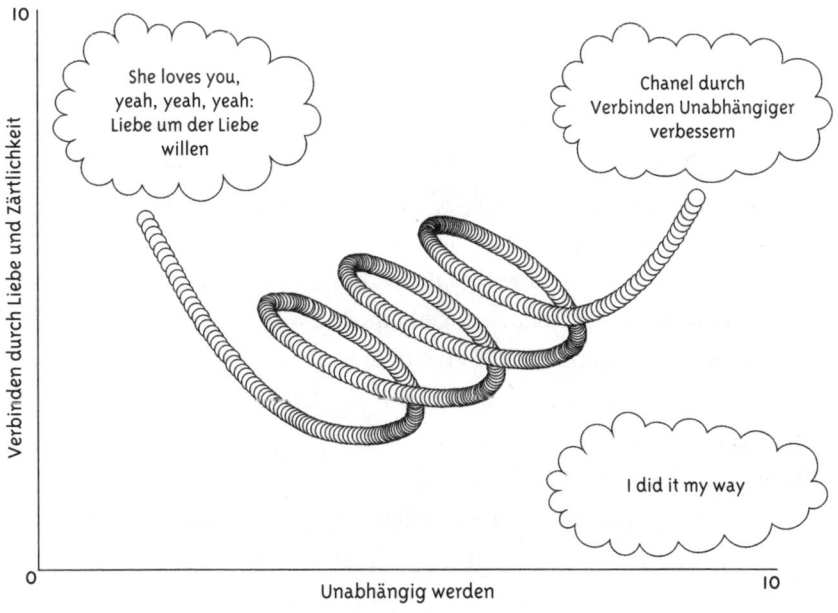

Abbildung 6.5   Chanel: das Dilemma Liebhaber—Held

Helden werden von der Angst getrieben, ein Opfer zu sein, und deshalb bewundern sie Handeln und Entschlossenheit. Alle *Helden* sind eigenbestimmt, individualistisch und leistungsorientiert. Typische Beispiele für Helden-Produkte sind Federal Express und Nike (»Just do it«); ein individueller Vertreter dieses Archetyps ist der amerikanische Radrennfahrer Lance Armstrong, der, nachdem er seine Krebserkrankung besiegte, als erster Mensch sechsmal die Tour de France gewann. Viele Helden sind in der Motorbranche vertreten. Für seine Helden-Marke ging Nike sogar so weit, sein Ziel so zu formulieren: »Das Gefühl des Wettbewerbs erleben, gewinnen und die Wettbewerber zermalmen.« Man muss allerdings aufpassen, bei diesem Archetyp nicht über das Ziel hinauszuschießen. In den USA gab es viel Kritik an Nikes Werbekampagne, in der ein Athlet alle möglichen lebensbedrohenden Zwischenfälle (Explosionen, Brände) überstehen musste, um am Ende als Sieger dazustehen. Gezeigt wurde dies während der öffentlichen Diskussion über das Engagement von Nike gegen Kinderarbeit im Fernen Osten. Das macht die Gefahr aller Archetypen deutlich, zum Klischee zu verkommen.

Entscheidung oder nicht?

Ein amerikanischer Vertreter verhandelte mit einigen Mitarbeitern von Siemens über den Verkauf eines Dutzends Maschinen für die Halbleiter-industrie. Da sein Unternehmen hohe Qualität zu einem guten Preis bot, wusste er, dass es keine echten Wettbewerber gab. Nach einer hervorragenden Vorführung zeigten sich der Einkaufs- und der technische Leiter, die gemeinsam für Käufe von über 10 Millionen Dollar zuständig waren, höchst beeindruckt. Beide erklärten, die Maschinen in etwa sechs Monaten kaufen zu wollen. Angesichts der entschiedenen Haltung war sich der Amerikaner sicher, dass der Handel perfekt war. Eine Woche später erhielt er jedoch die schriftliche Bitte nach einer zweiten Vorführung, weil Siemens einige seiner größeren Zulieferer in die Entscheidungsfindung einbeziehen wollte. Er war ziemlich überrascht, weil die beiden Siemens-Mitarbeiter der höchsten Entscheidungsebene angehörten. Sie hatten dem Geschäft zugestimmt und jetzt wollten sie die Zulieferer einbeziehen.

Der Amerikaner hatte in diesem Fall die positiven individuellen Reaktionen der beiden leitenden Angestellten von Siemens so interpretiert, dass das Geschäft zu Stande gekommen war. Er hatte nicht bedacht, dass Individualität in Deutschland eine energische, selbstbewusste Persönlichkeit bedeutet; es bedeutet nicht, dass Einzelne die Macht zu Entscheidungen haben, ohne die Gruppe zu konsultieren. In diesem Fall kann man die deutsche kommunitaristische Tendenz daraus ersehen, dass das Siemens-Team irgendeine Form der Übereinstimmung erreichen wollte, die auch langjährige Zulieferer von Siemens einbezog.

Der Archetyp des *Vogelfreien* hat den Reiz der verbotenen Frucht. Er gibt sich häufig als romantischer Typ, der frischen Wind in ein Unternehmen bringt, das Tyrannei oder Unterdrückung erleiden musste oder zu lange unter der Fuchtel einer beherrschenden politischen Partei stand. Gute Beispiele sind Richard Branson, Harley-Davidson und Apple. Vogelfreie sind partikularistisch, individualistisch und leistungsorientiert. Sie können den Status quo nicht ertragen.

Der dritte Archetyp ist der *Zauberer,* der Typ, der die Welt mit neuen Technologien, dem Internet, der Biochemie und Genmanipulation verändern will. Treffende Beispiele sind Sony, die Ritz Carlton Hotels und das wundervolle, Harry-Potter-artige Gefühl, dass man die ganze Welt mit einem Stückchen Plastik durchqueren kann – der MasterCard. Zauberer vereinen Eigenbestimmtheit mit Zuneigung für die Suche nach einer neuen universalen Wahrheit.

Unlauterer Wettbewerb?

1975 verklagte AATM die Firma Sanyo wegen unlauteren Wettbewerbs. Es wurde publik, dass Sanyo an Sears Roebuck herangetreten war und angeboten hatte, dem Unternehmen »Hausmarke«-Fernsehgeräte unter der

Bezeichnung »Sears« zu liefern, deren Preis 15 Prozent unter dem amerikanischer Marken lag — ein Preis unter den Gestehungskosten. Ein zweiter Anklagepunkt lautete, Sears erhalte einen Rabatt für jeweils 100 verkaufte Geräte, was einem Preisnachlass von weiteren 10 Prozent entspreche. Sanyo und Sears erklärten dagegen, der Nachlass sei eine Gegenleistung dafür, dass Sanyo den Kundendienst übernehme und den Kunden die Reparaturkosten direkt berechne.

AATM beklagte ferner, der Kundendienst sei eine versteckte Form des Direktverkaufs mit dem Ergebnis, dass den Kunden zusätzlich Sanyo-Geräte verkauft würden. Das Gericht gab AATM Recht, inzwischen hatte sich die Sache jedoch erledigt. Es gab nicht mehr genug amerikanische Fernsehgerätehersteller.

Warum war der Taktik von Sanyo so schwer beizukommen? Warum machte Sears mit?

Es war schwer, gegen Sanyo vorzugehen, weil man Unternehmen, die sich von eigenbestimmten Interessen leiten lassen, leicht aushebeln kann. Sobald man die Japaner an den »Kundendienst« lässt, reißen sie sich den ersten Ersatzverkauf unter den Nagel und dann den nächsten — und kommen so immer näher an den Kunden heran. Die Gerichte sind viel zu schwerfällig, diese Taktik zu unterbinden, selbst wo sie gesetzwidrig ist; bis die Beschwerde verhandelt wird, ist man längst aus dem Geschäft, wenn nicht schon vorher. Sears machte mit, weil es gut dafür bezahlt wurde. Fremdbestimmte Taktik kann die Treuepflicht eigenbestimmter Profiteure leicht überrumpeln.

Auf der anderen Seite des Spannungsbogens, der das Bedürfnis befriedigt, die Welt zu strukturieren (oder ihr Sicherheit und Stabilität gibt, wenn Sie so wollen), findet man die drei Archetypen des Besorgten, des Schöpfers und des Herrschers. Sie alle sind fremdbestimmt.

Der *Besorgte* steht für Altruismus, trägt die Last der ganzen Welt auf seinen Schultern und ist sehr empfänglich für die Verwundbarkeit der Menschen. Besorgte sind universalistisch, kommunitaristisch, affektiv und diffus. Dieser Archetyp ist natürlich im Gesundheitswesen sowie bei pharmazeutischen, philanthropischen und Wohlfahrtseinrichtungen sehr beliebt. Marken wie Volvo, General Electric, BT und die staatliche Lotterie spekulieren auf Einfühlungsvermögen, Kommunikation, Beständigkeit und Vertrauen – die in den Firmenmessages alle einen hohen Stellenwert haben.

Koreanische Dilemmata

Die Koreaner gelten vielen als die »Individualisten Asiens«. Das ist im Wesentlichen darauf zurückzuführen, dass die meisten Asiaten einen äußeren Kontrollort haben, die Koreaner dagegen eher einen inneren Kontrollort. Die meisten Koreaner glauben, die Umwelt kontrollieren und beeinflussen zu können, sobald sie verstehen, wie sie funktioniert. Die meisten anderen Asiaten betonen dagegen, wie wichtig es ist, in Einklang mit der Natur zu leben, was bedeutet, Kräfte zu akzeptieren, die unbekannter Herkunft sein können.

Eine der Zweiteilungen in koreanischen Organisationen ist der Gegensatz zwischen interner Kontrolle und hierarchischen Führungsstilen. Die konfuzianische Ansicht, dass eine höhere Stellung und mehr Erfahrung mehr Achtung verlangen, und die militärische Kultur Koreas ergeben zusammen eine Bevorzugung hierachischer Führungssysteme. In einer mechanistischen, eigenbestimmten Kultur werden die Ausübung persönlicher Macht und die daraus entstehenden gelegentlichen Konflikte als die normale Ordnung der Dinge betrachtet.

Die koreanische Unternehmenskultur ist gekennzeichnet durch die Bereitschaft, auf einem Markt mit starkem Wettbewerb Risiken einzugehen. Korea gehört mit einer Bevölkerung von etwa 44 Millionen Menschen zu den größten Herstellern von Haushaltsgeräten, Halbleiterchips und Schiffen. Dass das Land im Welthandel einen Wettbewerbsvorteil hat, kann den disziplinierten Beschäftigten, den investitionsfreudigen Unternehmen, den aggressiven unternehmerischen Zielen und einem scharfen heimischen Wettbewerb zugerechnet werden.

Die koreanische Besonderheit geht zum Teil auf die Fähigkeit zurück, ausländische Technologie komplett zu assimilieren und zu verbessern.

Koreanische Unternehmen sind herstellungsorientiert. Ihr Ansatz bestand in der Massenproduktion standardisierter Erzeugnisse, und so war das Land in der Lage, die Produktionskosten niedrig zu halten. Eine Besonderheit vieler koreanischer Unternehmen sind ihre frühen Bemühungen, eigene Produktmodelle zu entwickeln und auf ausländischen Märkten mit eigenen Markennamen aufzutreten. Korea hat außerdem sehr früh Fertigungsanlagen im Ausland errichtet. Koreanischen Unternehmen ist aggressives Wachstum wichtiger als Rendite. Menge ist der wichtigste Faktor, der eine aggressive Preispolitik ermöglicht. Ein Cashflow für die Finanzierung des Wachstums ist wichtiger als sofortige Gewinne. Der *Chaebol* Sankyung z. B. erklärt in seinem »Sankyung Führungssystem«, »die Ziele eines Unternehmens sind Überleben und Wachstum«.

Der *Schöpfer* ist ein Spiegelbild des Künstlers, des Neuerers und des Nonkonformisten. Der Schöpfer ist fremdbestimmt, aber auch partikularistisch, affektiv und individualistisch. Großartige Marken wie »Sesamstraße« und Swatch-Uhren sind so eingeführt worden. Wenn man sich etwas vorstellen kann, ist es auch machbar. Der Schöpfer weiß allerdings auch, dass die Kritik hart und schnell zuschlägt. Er weiß, dass er Strukturen benötigt, damit das Endprodukt ein Erfolg wird. Wenn man nicht aufpasst, kann der Archetyp abgleiten in verantwortungsloses Verhalten und Tagträumerei.

Der *Herrscher*-Archetyp schließlich steht für Kontrolle des Bestehenden, um Chaos zu vermeiden. Der Herrscher beherrscht die Welt mit dem Wunsch, ihr zu Wohlstand zu verhelfen. Herrscher sind universalistisch, neutral und zuschreibungsorientiert. In Werbesendungen kommt dieser Archetyp treffend ins Bild – American Express, Microsoft und Procter & Gamble sind gute Beispiele für Herrscher-Marken. American Express z. B. hatte eine erfolgreiche Werbekampagne, bei der leicht erkennbare bekannte Personen die Karte verwendeten, um wie Mitglieder eines

Königshauses behandelt zu werden, ob sie nun erkannt wurden oder nicht.

Wie wichtig ein hoher zugeschriebener Status in der japanischen Gesellschaft und Industrie ist, kommt in der Bedeutung der Reputation zum Ausdruck, der einer Person wie der eines Unternehmens. Ein internationales Unternehmen wie Unilever ist in der europäischen Öffentlichkeit in erster Linie durch seine Markennamen bekannt. In Japan ist ein solches Unternehmen gezwungen, beim Marketing und der Werbung seine geschäftliche Reputation hervorzuheben. Wie wichtig die Reputation in Japan ist, wird um die Mittagszeit deutlich, wenn man eine Schlange vor einem Restaurant mit »guter Reputation« sieht, auch wenn in anderen guten Restaurants ringsum noch Tische frei sind.

Auf demselben Schauplatz können kulturelle Unterschiede darüber entscheiden, wie wirkungsvoll der Archetyp vermittelt und wahrgenommen wird. So kann Hero mit seinen Marken in international ausgerichteten Ländern wie Frankreich und den Vereinigten Staaten sehr erfolgreich sein. In stärker fremdbestimmten Ländern wie den Niederlanden oder Dänemark muss man mit Produktvergleichen in der Werbung sehr vorsichtig sein, wenn das Konkurrenzprodukt dort schlechter dargestellt wird als das eigene. Erinnern Sie sich noch an die Zeit, als die Waschmittelsparte von Procter & Gamble OMO (von Unilever) vernichtete? P & G startete eine harte, ganz spezielle Verkaufsförderungskampagne in Europa (deren Wirkung durch die kostenlose Beachtung in den Medien noch gesteigert wurde). Es wurde gezeigt, dass OMO das Gewebe der Wäsche nach mehreren Waschgängen zerstörte. Binnen weniger Wochen büßte OMO einen erheblichen Marktanteil ein, den sich die großen Marken von P & G gutschreiben konnten. P & G gewann zwar die Schlacht, verlor aber den Krieg. Niederländerinnen mieden lange Zeit P & G-Waschmittel, weil das Unternehmen seinen Konkurrenten geschädigt hatte. So etwas macht man in fremdbestimmten Kulturen nicht.

Um international erfolgreich zu sein, muss man Archetypen auf einer höheren Ebene integrieren, darf aber nicht in die Grube übertriebener Klischees fallen. So erkannte z. B. General Electric die Gefahr, die einem zu weit getriebenen Archetyp innewohnt; es wandelte sich zum

»Helden«, der die Welt durch Innovationen (und Technologie) verbessert. Deshalb wurde der bekannte Werbespruch aus den 1980er-Jahren – »living better electronically« – verändert in »GE – we bring good things to life«. Text und Kontext sind so austauschbar. Das erklärt den Trend, der heute in Europa zu beobachten ist, wo die Betonung darauf liegt, an die Menschen zu denken. Kürzlich war ein Fernsehspot zu sehen, in dem sich ein italienischer Fußballer verletzt hatte. Die italienischen Fußballfans schrien, ganz romanisch, Zeter und Mordio. Der Spieler wurde vom Spielfeld direkt ins Krankenhaus gefahren, wo man anhand einer GE-Kernspintomografie erkannte, dass seine Verletzung nicht so schwer war. In der nächsten Einstellung schoss er das Siegtor für Italien. Danach wurde einem GE-Mitarbeiter in einer genauso gefühlsbetonten Szene gedankt und der Spot endete mit dem Satz: »Ich tu nur meine Arbeit.«

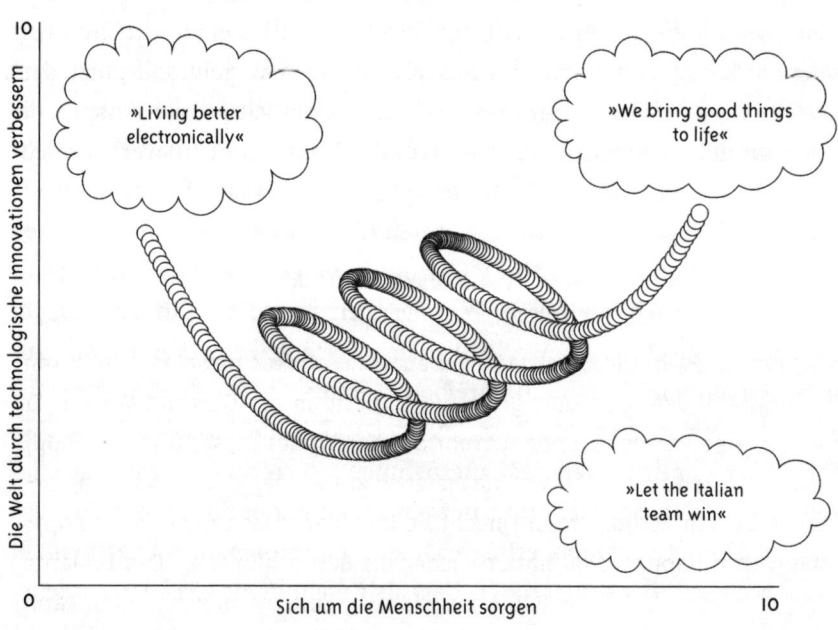

Abbildung 6.6 GE: Das Dilemma Held–Besorgter

Die »Sesamstraße« ist ein weiteres Beispiel für eine international erfolgreiche Marke. Es ist eine Genugtuung, die differenzierte Aussöhnung des Schöpfer-Archetyps im Kontext des Archetyps zu beobachten, der die Welt als Erzieher zu verändern sucht. Für jede lokale Fassung der »Sesamstraße« weltweit arbeitet ein Kreativteam von Künstlern eng mit einem Team professioneller Didaktiker zusammen. Schöpfung und Erziehung sowie Divergenz und Konvergenz werden so ausgesöhnt, dass die Darstellung über die Kultur erhoben wird. Mark und Pearson haben dies festgehalten: »Vor allem eine gesunde Spannung zwischen ungezügelter Kreativität und der erzieherischen Arbeit der ›Sesamstraße‹ macht das Wesen des Erfolgs dieser Schöpfer-Marke aus. Dabei ist die Zusammenarbeit glücklich und erfolgreich, weil, wie Truglio von der VP-Forschung sagt: ›Jeder hat Achtung vor der handwerklichen Kunst des anderen.‹«

Die Aussöhnung gegensätzlicher Bedeutungssysteme oder Markenarchetypen bringt Erfolg dadurch, dass sie sie unempfindlicher gegen unterschiedliche kulturelle Deutungen macht. Das Ziel sollte sein, eine integrierte Marke zu schaffen, die nicht übertreibt, wenn es um das Beherrschen oder Ändern der Umwelt, die Zugehörigkeit zu einer Gemeinschaft oder das Streben nach individueller Unabhängigkeit geht. Die Spannung wird oft durch Humor gemildert – so wie in einer Werbung für Aspro, die zeigt, wie ein fürsorglicher Partner zu einem Held-Archetyp werden kann.

Aspro

Ein junges Paar wird um halb sieben vom Wecker geweckt. Der Mann springt aus dem Bett und gibt eine Tablette in ein Glas mit Wasser. Er weckt seine Partnerin, indem er ihr den Inhalt des Glases über den Kopf schüttet. Sie will wissen, was das jetzt schon wieder soll, und er antwortet, es sei ein Aspro. Irritiert macht sie ihm klar, dass sie gar keine Kopfschmerzen habe, woraufhin er wieder ins Bett schlüpft ... Das brillante Ende des Spots lautet »ASPRO – für schlechte Zeiten«. In jeder Kultur kann der Besorgte zum Helden werden.

Weitere Kultur- und Marketingaspekte

Dieser letzte Abschnitt beschäftigt sich mit einigen Marketingthemen, von der Werbung bis zur Marktforschung, die von der Kultur tangiert werden. Der begrenzte Raum verbietet uns, alle Aspekte des Marketingprozesses zu beleuchten. Wir beschränken uns deshalb auf die Werbung und die Marktforschung. Aber wer unserer Logik der Aussöhnung folgen kann, kann die Grundzüge extrapolieren.

Marktforschung

Ein erster Schritt, wenn man grundsätzliche Fragen zu Märkten und Kunden stellen möchte, erfordert Marktforschung. Man stößt auf viele Probleme, von denen etliche denen sehr ähneln, auf die man auch bei multikulturellen Untersuchungen trifft.

Usunier hat in seinem beeindruckenden Handbuch für interkulturelles Marketing den Problemen der kulturübergreifenden Marktforschung ein ganzes Kapitel gewidmet. Wir beschränken uns hier auf die typischen Dilemmata, denen ein internationaler Marktforscher begegnet, und schlagen Möglichkeiten vor, wie sie ausgesöhnt werden können.

Es ist unklug, die nationale Marktforschung auf ein ausländisches Umfeld übertragen zu wollen, ohne sich eindeutige Gedanken über das Forschungsdesign zu machen. Man wird auf Unterschiede stoßen bei der Art der Marktinformationen, bei den Methoden, diese Informationen zu sammeln, bei der Gültigkeit und Zuverlässigkeit dieser Informationen etc. Internationale Marktforscher müssen ihre ethnozentrische Voreingenommenheit überwinden und die Feedbackkanäle erweitern. Es ist nötig, darauf zu achten, dass Konstrukte und Instrumente formal und informell gleichwertig sind. Eine allgemeine Richtschnur sollte sein, dass wir nach der Bedeutung von Produkten, Marken, Vertrieb, Preisen etc. suchen müssen. Der Einsatz unserer Terminologie, um stabile und sinnvolle Verallgemeinerungen zu erreichen, auf die Entscheidungen gegründet werden können, erfordert die Aussöhnung zwischen großen Stichproben, fragebogenartige Zuverlässigkeit bei kleinen Verbraucherbefragungen und ein gültiges Verbraucherpanel.

Funktionale versus holistische Gleichwertigkeit

Das erste Dilemma, auf das der internationale Forscher wahrscheinlich trifft, ist das zwischen den funktionalen Eigenschaften eines Produkts/ Dienstleistung und der holistischen (ganzheitlichen) Erfahrung mit diesem Produkt.

Zu viele internationale Forscher suchen noch nach der funktionalen Gleichwertigkeit der Produkte, die auf den Markt kommen sollen. Folglich entstehen auf dieser Ebene viele Probleme. Wenn man z. B. Daten über ein Auto sucht, sind wahrscheinlich Leistungsfunktionen (Geschwindigkeit/PS, Ästhetik/Design/Farbe, Sicherheit, Handlichkeit, Status, Zuverlässigkeit) in jeder Kultur von größter Wichtigkeit. Man kann Conjoint-Analysen verwenden, um die signifikanten Unterschiede beim relativen Beitrag dieser funktionalen Eigenschaften in den Kulturen zu bewerten. In Schweden haben Aspekte der Sicherheit, Durchschnittsverbrauch und Zuverlässigkeit vermutlich eine höhere Bedeutung als in Italien, wo Ästhetik und Status vielleicht eine geringere Entropie erzielen. Offensichtlich muss man beim Sammeln dieser Informationen darauf achten, ob Analyse und Messmethode sich entsprechen.

Wenn wir jedoch versuchen, die holistischen Aspekte des Produkts zu beurteilen, sehen wir interkulturell interessante Unterschiede. Wie wir bei der Untersuchung der Archetypen im vorigen Abschnitt gezeigt haben, sind spezielle Eigenschaften eines Produkts im Kopf und Herzen der Individuen einer bestimmten Kultur auf ganz besondere Weise verbunden. Wenn man Forschung am holistischen Rand von Produkten betreibt, bekommen daher alle funktionalen Eigenschaften plötzlich eine andere Bedeutung. In einigen Kulturen wird beispielsweise die Sicherheit stark mit der Wagenfarbe verknüpft, während die Sicherheit in anderen Kulturen viel mit der Leistung des Wagens und seiner Zuverlässigkeit zu tun hat. In vielen westlichen Kulturen sind Fahrer roter Wagen öfter in Unfälle verwickelt als Fahrer grüner Wagen; das mag daran liegen, dass Fahrer, die »verwegener« sind, das Familienauto als Ersatz-Ferrari betrachten. Die rote Farbe hat zusätzlich zum funktionalen Aspekt der Farbe eine weitere Bedeutung.

Für eine erfolgreiche internationale Einführung eines Produkts müssen die funktionalen und die holistischen Aspekte ausgesöhnt werden. Wenn ein Produkt in einer Kultur als bloße Ansammlung funktionaler Eigenschaften aufgefasst wird, während in einer anderen das Gefühl des Ganzheitlichen stärker ist, wird die internationale Werbung zum Albtraum. Nehmen wir eine Armbanduhr. In den USA muss sie funktional sein, während sie in Italien den Status oder Lebensstil des Trägers steigert oder unterstreicht. Und man braucht sich nur den gewaltigen Erfolg von Swatch anzusehen, um zu erkennen, dass eine Aussöhnung beider (auch dank der Einführung der Quarztechnologie) zum internationalen Erfolg führen kann. Hätten Sie gedacht, dass Volvo mit der Cabrioletversion seines Wagens international Erfolg haben könnte, wo sein Status doch nur von der Sicherheit lebte? Die grafische Darstellung dieser Aussöhnungen zeigt Abbildung 6.7.

Der Marktforscher muss wissen, dass beide Aspekte kritisch auf ihre Eigenschaft als Basis geprüft werden müssen, von der aus eine Aussöhnung möglich ist. Die technischeren Seiten der funktionalen und holistischen Aspekte der Marktforschung findet der Leser bei Usunier (1996) und de Mooij (1997).

Das Dilemma »emisch«–»etisch«

Dieses Dilemma wurde 1929 von Sapir entdeckt und bezieht sich im Wesentlichen darauf, wie weit Kulturen einzigartig sind oder nicht.

Der »emische« Ansatz geht davon aus, dass Haltung und Verhalten für jede Kultur einzigartig sind. In der extremen Form besagt er, dass vergleichende Forschung unmöglich ist. Der »etische« Ansatz sucht nach universellen Ähnlichkeiten. Diese Annahmen beeinflussen das Forschungsdesign offensichtlich stark. Wenn man von der Einzigartigkeit je-

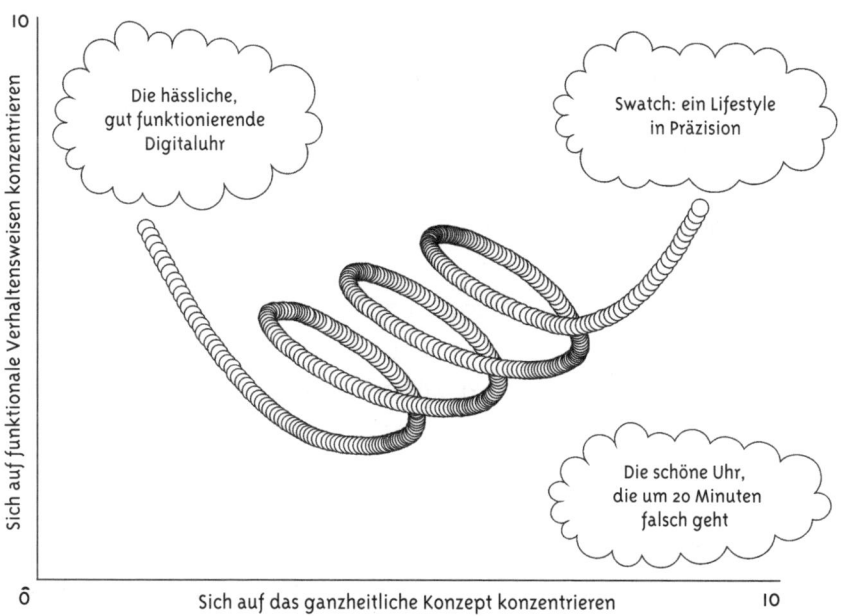

Abbildung 6.7　Das Dilemma Funktion–ganzheitliches Konzept

der Kultur ausgeht, müssen die Messinstrumente auf das lokale Umfeld abgestimmt sein. Diese Instrumente haben den Vorteil, in dieser Kultur sehr zuverlässig zu arbeiten; ihr Nachteil besteht offensichtlich darin, dass man sie nicht in anderen Kulturen einsetzen kann. Die offenkundigsten Instrumente sind der Einsatz der Terminologie und die Forscher selbst. Sie alle sind lokal. Aber auch die Art der Instrumente ist lokal. Fragebogen, die man in den kontextschwachen USA benutzen könnte, werden nicht in Burkina Faso verwendet, weil Direktbefragungen in kontextstarken Kulturen bessere Informationen erbringen. Selbst der Einsatz von Likert-Skalen – die von starker Zustimmung bis zu starker Ablehnung reichen – wird in einzelnen Kulturen oft unterschiedlich interpretiert.

Für weiterführende Details fehlt der Platz und so konzentrieren wir uns auf die begrifflichen Dilemmata, die auf die Forscher zukommen. Es läuft hinaus auf die Frage nach dem Umgang mit der Spannung, beim Sammeln von Daten einmalig sein zu wollen, gegen die Notwendigkeit, solide Verallgemeinerungen zu sichern. Für das transnationale Marketing ist es sehr wichtig, dass beide ausgesöhnt werden. Die Einführung multi-lokaler Produkte ergibt keine Feldprobleme. Man forscht lokal und vermarktet das Produkt lokal. Auch globale Produkte sind kein Problem; man überträgt einfach die Forschungsergebnisse, die man in dem Land gewonnen hat, aus dem das Produkt kommt. Für wirklich transnationale Produkte braucht man jedoch die Marktforschung, die die »emischen« und »etischen« Vorschläge aussöhnt.

Ein sehr lohnender Ansatz ist, mit den daheim entwickelten Instrumenten zu versuchen, im Ausland mit alternativen Forschungsmethoden zu ähnlichen Ergebnissen zu kommen. Wenn sich z. B. ein Online-Fragebogen in den USA bewährt, könnte man die gleichen Fragen (»etisch«) in einer anderen Form stellen, etwa bei Direktbefragungen (»emisch«) in Burkina Faso. Bei der Anpassung der Instrumente ist jedoch wichtig, dass mit diesen verschiedenen Ansätzen sowohl funktionale als auch begriffliche Gleichwertigkeit erreicht wird. Entscheidend für diesen Prozess ist, dass das Marktforschungsteam ein Spiegelbild der betroffenen Länder ist. Durch eine Diskussion der Dilemmata, vor denen sie gemeinsam stehen, können sie eine Gleichwertigkeit der Bedeutung realisieren, damit die optimalen Forschungspläne durchgeführt werden. Das Dilemma zeigt sich wie in Abbildung 6.8.

Ein gutes Beispiel für diese Aussöhnung »emischer« und »etischer« Marktforschung war der Start einer neuen Werbekampagne von Heineken in Europa. Heineken verwendet eine universelle Werbebotschaft als Teil seiner Marketingstrategie: Ein Heineken macht aus einer stressigen eine entspannte Situation. Ein Werbespot, der in den Niederlanden besonders erfolgreich war, zeigt eine junge Frau, die sich fertig macht, um mit ihrem Freund auszugehen. Sie steht vor dem Schrank und sucht mit verzweifeltem Blick nach einem Kleid für den festlichen Anlass. Ihr Freund, bereits im Smoking, sieht ihr zu. Offensichtlich amüsiert ihn ihre Verzweiflung. Er geht aus dem Zimmer und kommt ganz lässig gekleidet zurück – in Jeans und Lederjacke. Er reicht ihr eine ihrer eigenen Jeans. Der Druck ist fort und auch der Plan für den festlichen Abend. Sie gehen in eine gemütliche Kneipe – einen typisch holländischen *bruine kroeg* –, wo sie ganz ungezwungen sein können. Damit sollte gezeigt werden, dass die

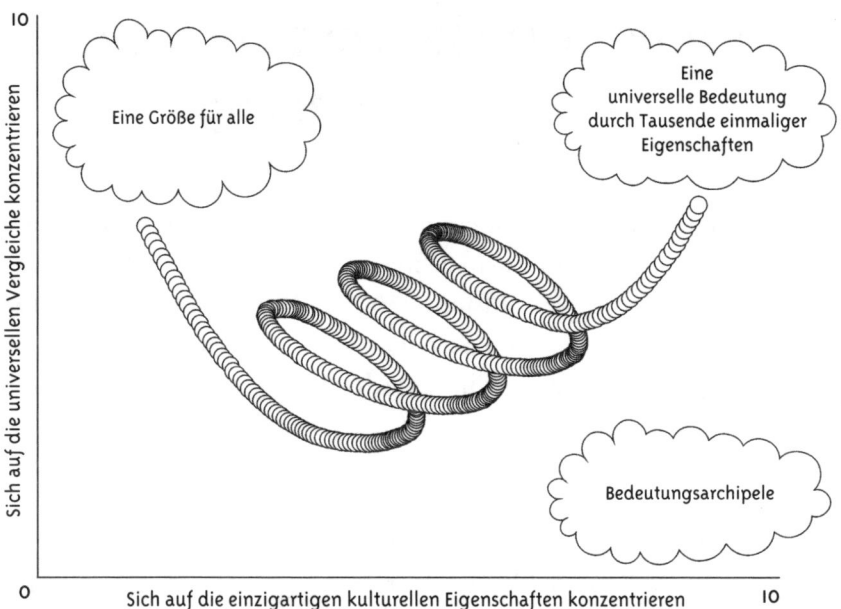

10

Sich auf die universellen Vergleiche konzentrieren

Eine Größe für alle

Eine universelle Bedeutung durch Tausende einmaliger Eigenschaften

Bedeutungsarchipele

0

Sich auf die einzigartigen kulturellen Eigenschaften konzentrieren

10

Abbildung 6.8   Das Dilemma »emisch«–»etisch«

jungen Leute sich nichts aus Status machen und sich lieber natürlich geben: bescheiden, aber kosmopolitisch, Heineken-Trinker.

Dieser in den Niederlanden so erfolgreiche Werbespot fiel bei einem Vortest in Griechenland durch. Dort wurde er so interpretiert, als ob das junge Paar nicht an der festlichen Abendveranstaltung teilnehmen könne und sich mit einem weniger aufregenden Abend begnügen müsse. Heineken wurde in diesem Rahmen als ein ganz normales Bier für normale Anlässe und normale Leute aufgefasst.

Diese unterschiedliche Aufnahme am Markt geht auf Wertunterschiede zurück. Zwanglosigkeit und »Normalität« sind Werte, die in den Niederlanden so sehr geschätzt werden, dass das, was in weiten Teilen der Welt als anspruchslos und unzivilisiert gelten würde, für die Niederländer ein Ideal ist.

Interkulturelle Werbung und Verkaufsförderung

Werbung und Verkaufsförderung sind ein wichtiger Bestandteil des Marketingprozesses; den könnte man definieren als strukturierten Kommunikationsprozess, der die Verkaufsförderung von Waren und Dienstleistungen zum Ziel hat. Das Wort »Werbung« wird im Allgemeinen zwar als Gattungsbegriff verwendet, meint jedoch genau genommen eine Kommunikation, deren Ziel die Anregung des gesamten Marktvolumens ist (wie wenn man den Markt auf einen neuen, bereits bestehenden Produkttyp aufmerksam macht), während die »Verkaufsförderung« darauf abzielt, Ihr Produkt oder Ihre Dienstleistung von denen Ihrer Konkurrenten abzugrenzen. Da Kommunikation Austausch von Informationen ist und Informationen Bedeutungsträger sind, werden Werbung und Verkaufsförderung wesentlich durch die Kultur beeinflusst.

Es besteht bereits das grundlegende Dilemma zwischen der Absatzsteigerung über das Wachstum des Gesamtmarktes oder über einen erhöhten Marktanteil. Das muss sich natürlich auf Marktbedingungen beziehen. In einer Kultur (oder einem Land) ist der Markt vielleicht gesättigt (das Ziel sollte also ein erhöhter Marktanteil durch Produktdifferenzierung sein). Auf einem anderen neueren oder nicht gesättigten Markt (am Beginn des Produktlebenszyklus) könnte das Ziel einfach darin bestehen, die Kunden zu informieren, dass Ihr Produkt existiert und auf dem Markt ist. Sie machen sich vielleicht nicht einmal Gedanken über den Aufbau von Markenartikeln oder Image. »Esst mehr Käse statt Fleisch«, ist eine Werbung, die die Menschen veranlassen soll, sich gesünder zu ernähren – auch mit Ihrem Käse. »Esst *unseren* Käse, es ist eine neue Sorte«, ist in einer bestehenden Käse konsumierenden Kultur eine Verkaufsförderung. Die Aussöhnung von Marktwachstum und Marktanteil ist natürlich eine elementare Herausforderung für jeden Anbieter.

Die Entwicklung der Weltwirtschaft hat neben den grundlegenden Marketingaktivitäten auch die Anforderungen an und die Kompetenzen der Werbeprofis drastisch verändert. Man kann sich heute nur noch schwer vorstellen, dass wir zu Beginn der 1990er-Jahre den gemeinsamen Start von CNN und anderen Telekommunikationsdienstleistern erlebten. Und ebenfalls erst Anfang der 1990er-Jahre starteten Procter & Gamble, Nike und Unilever ihre erste weltweite oder sogar nur europäische Werbekampagne. Die Massenmedien haben das gesamte Werbegeschäft erheblich verändert. Viele sehen die Massenmedien als die Hauptverantwortlichen für die Globalisierung der Unternehmen, des Marketings und der Werbung. De Mooij merkt jedoch an: »Bestimmte Fernsehprogramme können zwar im Nu um die Welt gehen, das heißt jedoch nicht, dass diejenigen, die in den verschiedensten kulturellen Zusammenhängen und Gewohnheiten zuschauen, etwa gleichgeschaltet wären.« Eine wunderbare Untersuchung von Vink (1996) über den Einfluss der TV-Seifenoper »Dallas« in verschiedenen Kulturen ergab, dass die Amerikaner sie als willkommene Gelegenheit zum Staubsaugen ansahen, die Brasilianer als eine Verkörperung des amerikanischen Traums, während sie für die Franzosen ein weiterer Beweis für die Primitivität amerikanischer Wertvorstellungen war. Dieselbe Fernsehsendung, aber welch unterschiedliche Bedeutungen wurden ihr beigemessen!

Globalisierung bedeutet aber auch, dass Organisationen es mit unterschiedlichen Wettbewerbsarten zu tun haben und dass Größenvorteile entscheidend für den Fortbestand werden. Wie bei anderen funktionalen Aktivitäten sind auch in der Werbung verschiedene Vorgehensweisen möglich.

Das Beispiel Garucci hat offenbar viele gemeinsame Bezugspunkte mit anderen internationalen Organisationen. Die Grundspannung entspricht dem Dilemma global-lokal, das wir schon früher erörtert haben. Fassen wir einmal die Argumente zusammen, die bei dem Treffen zu hören waren.

Fallstudie: »Garucci«

Der italienische Designer:
Globale Marketingstrategie oder lokale Kampagnen?

Die Firma Garucci ist im Bereich Freizeitmode für ihre Designerbekleidung bekannt. Ihre Produkte — Jeans, Blusen und modische T-Shirts — werden in 30 Ländern verkauft, hauptsächlich in Europa, Australien und Amerika. Das Unternehmen hat Fertigungsstätten in fünf Ländern, vier davon in Asien. Es hat Vertragshändler in 28 Ländern und zwei Vertriebsorganisationen in Italien und den USA, die zur Unternehmensstruktur gehören. Garucci überlegt, wie man die Werbestrategie neu aufbauen kann. Die zentrale Frage lautet: Was ist vorteilhafter — eine globale Strategie, lokale Kampagnen in den einzelnen Ländern oder eine Mischform, etwa ein regionales Vorgehen?

Die Marketingchefs der 15 größten Länder kamen zusammen, um über folgende Fragen zu diskutieren:

- Ein zentrales Vorgehen, bei dem eine globale Werbekampagne über die Massenmedien gestartet werden sollte.
- Ein unabhängiges lokales Vorgehen, wobei jedes Land über die eigene Strategie entscheidet.
- Ein regionales Vorgehen, bei dem jede Region (West- und Südeuropa, USA und Kanada, Lateinamerika und Australien) eigenständig über ihre Strategie entscheidet.
- Eine Kombination aus diesen Varianten.

Das Unternehmen hatte gerade einige Kernwerte vorgestellt, die um Integrität, Innovation, Avantgardismus und soziale Verantwortung kreisten. Giulio Garucci, der 66-jährige CEO und Gründer des Unternehmens, früher Designer, aber jetzt Geschäftsmann, betonte die Bedeutung dieser Werte in den Werbeanzeigen, unabhängig von den Ergebnissen der Besprechungen. Er hob auch die großen Möglichkeiten des Internets hervor. Ein Experiment, bei dem über die Internetseiten von Garucci und Gap Inc. Bekleidung verkauft wurde, erbrachte sehr interessante Ergebnisse: 7 Prozent des Umsatzes entfielen auf diesen neuen Kanal.

Hier einige Beispiele von Diskussionspunkten aus den Besprechungen:

»Wir hatten immer eine lokale Verantwortung bei der Einführung unserer Produkte. Mode ist etwas sehr Nationales und wir müssen weiter mit dieser Freiheit vorgehen.« (Südeuropa)

»Garucci-Bekleidung ist sehr italienisch und gilt deshalb als sehr aktuell und modisch. Das müssen wir nutzen.« (USA und Australien)

»Die Kernwerte werden in den Produkten lebendig. Unsere Anzeigen weltweit bringen diese neue Identität nicht konsequent zum Ausdruck.« (Garucci persönlich)

»Die Werbebudgets werden immer höher. Wir brauchen Größenvorteile und sollten versuchen, zumindest Teile der Maßnahmen zusammenzufassen.« (Niederlande)

»Wir in Lateinamerika sehen nicht, wie wir das US-amerikanische Vorgehen für unsere Region nutzen könnten. In Südamerika gibt es jedoch viele Gemeinsamkeiten.« (Lateinamerika)

»Wir haben unseren Kunden in den USA die letzten Anzeigen aus Italien gezeigt. Sie waren sehr angetan, aber auch schockiert von den letztlich sehr sinnlichen Bildern.« (USA)

»Unsere italienischen und französischen Wettbewerber gehen jeder für sich vor. Xavier (Paris) hat eine regionale Kampagne gestartet, Pupi (Rom) hat wieder völlig dezentrale Budgets, nachdem er im letzten Jahr mit einer globalen Kampagne furchtbar gescheitert ist.« (Zentrale, Italien)

Was wäre angesichts dieser Argumente Ihrer Meinung nach das Beste für den künftigen Werbefeldzug von Garucci?

Heimisches Argument
(von einem italienischen Marketingprofi aus Mailand)

»Was uns vor zehn Jahren passierte, war sehr gut. Ein Großteil unserer Produktion wurde exportiert. Aber man sollte sich nicht zu früh freuen. Wir setzen noch immer 45 Prozent unserer Waren in Südeuropa ab. Wir sind ein italienisches Unternehmen. Und mit Blick auf unser Stammgeschäft ist es sehr gut, ein italienisches Unternehmen zu sein. Die Exporte sind in Ordnung, aber unsere Priorität liegt vor der Haustür. Halten wir uns daran, dass wir in unserer Werbekampagne italienisch sind. Was die anderen machen, ist ihre Sache, aber es sollte die Zentrale nicht einen Cent kosten. Wenn in vielleicht fünf Jahren ein weiterer Schritt zu tun ist, sollte er meiner Meinung nach sorgfältig mit der Zentrale abgestimmt werden.«

Multilokales Argument
(vom amerikanischen Werbechef)

»Der Erfolg, den wir in vielen Ländern einschließlich der USA und auf anderen wichtigen Märkten wie Australien, Japan und den Niederlanden hatten, beweist, dass die Leute vor Ort ihre Sache gut gemacht haben. Die Stärke von Garucci liegt darin, dass wir die Freiheit haben, in Mailand alles bestellen zu können, es aber unseren lokalen Organisationen überlassen ist, wie wir die Waren vertreiben, bewerben und verkaufen. Hätten wir die in Italien entwickelte Werbung übernommen, hätten wir viele unserer potenziellen Käufer irritiert. Die Geschlechterrollen sind zu stereotyp und sexuell aufgeladen. Von dem feinen Humor würde viel verloren gehen. Das gilt auch für die eindrucksvolle englische Kampagne, die voller typisch englischer Understatements ist. Für sie ist das großartig, aber uns würde es Kunden kosten. Wir konzentrieren uns in unseren Spots auf Italien, seine Kultur, seine Kreativität, aber wir tun es auf amerikanische Art. Aus diesem Grund konnten wir unseren Marktanteil im letzten Jahr drastisch steigern, wenn auch teilweise durch Online-Verkäufe. Wir sind sehr froh, dass wir unsere eigene Internetseite haben, die der Kunde aufrufen kann, wenn er auf den USA-Button klickt; sogar die Sprache ist anders als auf der britischen Seite. Und wir informieren viel umfassender über die Qualität der Gewebe.«

Internationales Argument
(vom australischen Marketingleiter)

»Das alles könnte für große Märkte wie Großbritannien und die USA durchaus zutreffen. Wir würden für Australien eine völlig andere Marketing- und Werbestrategie vorschlagen. Australien ist nicht dicht besiedelt, doch die Massenmedien erfordern viel Geld, wenn man eine Botschaft über das australische Fernsehen verbreiten will. Nehmen Sie dazu die Kosten für die Herstellung der Werbung, dann sind wir nicht in der Lage, es aus eigener Kraft zu schaffen. Die Australier mögen die italienischen Produkte von Garucci und, das können Sie mir glauben, auch die Werbung. Wir würden natürlich gern von den gewaltigen Investitionen profitieren, die Mailand getätigt hat. Selbst der herrliche italienische Dialekt wird akzeptiert, weil wir hier Italien verkaufen. Natürlich haben wir, wenn italienisch gesprochen wird, untertitelt und in einigen Regionen synchronisiert. Die Leute mögen das und wir haben weniger Kosten. Für das Internet schlage ich vor, immer zwei Spalten zu nehmen, wie in einigen zweisprachigen Magazinen von Fluggesellschaften. In der linken Spalte steht Italienisch, in der rechten die Sprache der Nationalität des Lesers. Wir bewahren die Kraft des italienischen Bildes und machen es in lokalen Umfeldern zugänglich. Vor allem aber müssen wir dringender denn je eine Feedbackschleife schaffen. Wir müssen erfahren, warum einige Produkte auf einigen Märkten durchfallen, damit wir alle etwas lernen können. Oder zumindest lokal. Kurz, lasst uns ein italienisches Unternehmen mit lokalen Anpassungen sein.«

Globales Argument
(vom italienischen Vizepräsidenten Marketing)

»Ich höre dem zu, was Sie zu sagen haben. Aber vergessen Sie nicht, dass unsere Hauptmärkte weltweit entweder die Generation X oder Kunden sind, die viel reisen. Sie leben in Hotels und tragen unsere Sachen sehr oft bei der Arbeit. In der vergangenen Woche habe ich Vertreter von Canal+, CNN und Sky getroffen; wegen der schwierigen weltwirtschaftlichen Bedingungen sind ihre Preise so stark gefallen, dass wir eine globale Werbekampagne ins Auge fassen können. Sie wird Modeerzeugnisse von Garucci auf Jahre hinaus bekannt machen. Ich habe die Kosten pro Land berechnet; Sie werden staunen, wie erschwinglich das geworden ist. Und es ergeben sich großartige Möglichkeiten, einen einzigen Werbespot zu produzieren, in dem unsere Spitzenprodukte für alle Länder und alle wichtigen Fertigungsprogramme wie Jeans, Hemden und T-Shirts zu sehen sind. Wir haben ein Demo-Band mitgebracht, und wie Sie sehen werden, spielt Al Pacino mit und spricht Englisch mit italienischem Akzent. Die ganze Welt wird es lieben und unsere Produkte kaufen. Wir können nicht lokal weitermachen. Die Welt hat sich verändert. Die Vorlieben in unseren Produktsektoren sind sich ähnlich geworden und die Standardisierung unserer Werbespots ist ein logischer nächster Schritt.

Und so sollte es auch bei unserer Website sein. Wir haben eine Site produziert, wieder auf Englisch, für all unsere Kunden. Sie hat eine .org-Adresse, sodass wir alle länderspezifischen Sites aufgeben können. Sie ermöglicht uns einen großartigen Zugang, denn die Site-Adresse wird in der globalen Werbekampagne bei Sky und CNN genannt.«

Transnationales Argument (von Giulio Garucci persönlich)

»Vielen Dank für die von Ihnen vorgebrachten Argumente. Alle erscheinen mir aus der jeweiligen Sicht sinnvoll. Ich sehe, dass unsere Organisation viele integrierte Unternehmenssysteme hat, etwa unser kürzlich eingeführtes IT-betriebenes Bestellsystem sowie unsere Herstellungsverfahren im Raum Asien. Das Design ist mit italienischen Profis zentral in Italien angesiedelt. Personal und Marketing sind jedoch mehr oder weniger lokal geblieben. Mode ist offensichtlich eine Branche, in der lokale Reaktionsbereitschaft benötigt wird, und wir stellen deshalb überwiegend heimische Bewerber ein. Das müssen wir in möglichst großem Umfang beibehalten. Etwas Sorge bereitet mir, dass wir in den letzten fünf Jahren nicht sehr viel voneinander gelernt haben. Wenn ich mir all die lokalen Werbespots ansehe und die Strategien, die sie im großen Zusammenhang behandeln, bin ich stolz, zu Garucci zu gehören, und traurig, dass es mir nicht gelungen ist, Sie zusammenzubringen. Auch ich habe einige Schlüsse gezogen.

In Mailand sind wir vielleicht zu italienisch und zu nicht-italienisch im Ausland. Ich schlage deshalb hinsichtlich der künftigen Werbestrategie, die viele von uns zusammenschweißt, Folgendes vor: Als Erstes möchte ich die sieben Vizepräsidenten Marketing aus unseren größten Ländern einladen. Sie werden von New York aus die neue Garucci-Marketinggruppe leiten. Wir wollen eine Reihe globaler Werbekampagnen über die Massenmedien starten; die Werbespots werden von unserer internationalen Arbeitsgruppe Werbung produziert, die aus mindestens fünf Nationalitäten fünf verschiedener Regionen bestehen wird. Die von uns beauftragte Werbeagentur sitzt in den Niederlanden und ist in vielem ein Spiegelbild unserer neuen Organisation. Sie betreibt weltweit Büros mit international besetzten Kreativteams. Jedes Land muss einen festen Prozentsatz des Umsatzes beisteuern, damit eine gerechte Finanzierung sichergestellt ist. Ich habe mit der Agentur gesprochen und erklärt, dass sie im Rahmen unserer Kernwerte freie Hand hat. Wir müssen einen umfassenden Weg finden, in den Werbespots Integrität, Innovation, Avantgardismus und soziale Verantwortung zu vermitteln.

Wir haben außerdem eine Internetagentur beauftragt, die alle lokalen Unternehmen dabei berät, ihre lokalen Sites im Rahmen der globalen Site zu gestalten, die in allen erforderlichen Sprachen zur Verfügung stehen wird. Wegen der Größenvorteile werden wir jedoch sicherstellen, dass die Distribution von einem neuen Partner übernommen wird, Exel, der die Produkte über seine regionalen Lagerhäuser weltweit versendet.

Ich sehe ein Bild vor mir. Wir waren eine Gruppe einzelner PCs mit einem Server in Mailand. Wir müssen die Dinge beibehalten, in denen der lokale PC gut ist, wie Flexibilität und Spannungsanpassung, und sie dann mit einem Server in Mailand verbinden, der eine Rolle spielt, die seinem Namen entspricht. Außerdem werden wir verschiedene Softwaretypen verwenden, etwas aus Mailand, New York und Tokio, damit wir nicht auf nur eine Logik angewiesen sind und ständig voneinander lernen können. Ich zitiere gern meinen italienischen ›Kollegen‹ und stelle fest, dass unser Werbeansatz so zu einer Palette von ›united colors‹ wird.«

Die obigen Auszüge zeigen, dass Garucci eine Firma ist, die sich von heimischen Anfängen zu einem internationalen Unternehmen entwickelt hat, weiter zu einem multilokalen Unternehmen und schließlich zu einer echten transnationalen Organisation. Für die Werbung könnte dies Folgendes bedeuten:

Globale Werbung

Das Wesentliche: standardisiertes Vorgehen, das durch funktionale und begriffliche Gleichwertigkeit auf Größenvorteile und allgemeine Konzepte abzielt.

Hauptkennzeichen:
- zentrale Werbung
- nur ein globales Produkt/Dienstleistung
- Einsatz von Massenmedien
- kaum kulturelle Unterschiede
- Ethnozentrismus/Geozentrismus

Hauptrolle der Zentrale: Kontrolle und Werbestrategie mit zentralem Budget. Lokale Aktivitäten sind unter strenger Kontrolle als erweitertes Vorgehen der Zentrale erlaubt. Die Zentrale besteht im Wesentlichen aus nur einer (heimischen) Nationalität. Das gilt auch für die Marketingabteilung.

Werbeunterstützung: eine globale Agentur aus dem Heimatland.

Beispiele: Coca-Cola, Nike.

Transnationale Werbung

Das Wesentliche: standardisiertes Vorgehen durch lokales Lernen. Zentrale begriffliche Gleichwertigkeit durch funktionale Unterschiede oder umgekehrt.

Hauptkennzeichen:
- zentrale Werbung durch dezentrales Lernen
- nur ein transnationales Produkt/Dienstleistung
- Einsatz von Massen- und lokalen Medien
- achtet kulturelle Unterschiede und geht über sie hinaus
- Geozentrismus

Hauptrolle der Zentrale: koordiniert die Werbestrategie mit einem zentralen Budget. Lokale Aktivitäten sind unter strenger Kontrolle als erweitertes Vorgehen der Zentrale erlaubt. Zentrale besteht aus mehreren Nationalitäten, die voneinander lernen. Das gilt auch für die Marketingabteilung.

Werbeunterstützung: viele transnationale Agenturen rund um den Erdball.

Beispiel: ABB.

Internationale Werbung

Das Wesentliche: standardisiertes Vorgehen, das auf Größenvorteile und lokale Anpassungen abzielt.

Hauptkennzeichen:
- lokale Anpassungen an ein zentrales Thema
- nur ein globales Produkt/Dienstleistung mit angepassten Varianten
- Einsatz von Massen- und lokalen Medien
- Achtung »externer« kultureller Unterschiede
- Ethnozentrismus

Hauptrolle der Zentrale: kontrolliert die Werbestrategie mit einem zentralen Budget. Überlässt die lokalen Anpassungen jedoch den lokalen Betrieben, unter strenger Kontrolle und als erweitertes Vorgehen der Zentrale. Die Zentrale besteht im Wesentlichen aus nur einer (heimischen) Nationalität, mit einigen Ausnahmen. Das gilt auch für die Marketingabteilung.

Werbeunterstützung: eine internationale Agentur aus dem Heimatland.

Beispiele: Disney, Procter & Gamble.

Multilokale Werbung

Das Wesentliche: lokales Vorgehen, das auf Größenvorteile abzielt.

Hauptkennzeichen:
- dezentrale Werbung
- viele Produkte/Dienstleistungen
- Einsatz lokaler Medien
- viele kulturelle Unterschiede
- Polyzentrismus

Hauptrolle der Zentrale: koordiniert und berät Werbestrategie mit einem dezentralen Budget. Lokale Aktivitäten sind zugelassen, ohne Kontrolle. Die Zentrale besteht im Wesentlichen aus nur einer (heimischen) Nationalität, ist aber klein. Lokale Aktivitäten werden ausschließlich von Einheimischen durchgeführt; das gilt auch für die Marketingabteilung.

Werbeunterstützung: viele lokale Agenturen aus dem Heimatland.

Beispiele: Unilever, Aegon.

Ein betrieblicher Ansatz: IKBM — Interkulturelles Beziehungsmarketing

Wenn wir solche Prozesse formalisieren wollen, können wir die Ideen des Kulturellen Beziehungsmarketings (KBM) auf ein IKBM-System (Woolliams und Dickerson, 2001) ausdehnen. So wie ISO 9000 ein Werkzeug für das Qualitätsmanagement darstellt, bietet der IKBM-Ansatz einen Mechanismus, eine kulturelle Prüfung der zu formulierenden Marketingstrategie durchzuführen. Das Management profitiert vom Einsatz dieses Modells, weil es sowohl die Auswirkungen interkultureller Dilemmata auf seine Marketingstrategie erkennen als auch ein Entscheidungssystem bereitstellen kann, um beim Handeln und Investieren Prioritäten zu setzen.

Zuerst eruieren wir die Dilemmata und stellen dann fest, von welchen interkulturellen Dimensionen sie sich herleiten. Dann holen wir die Ansichten wichtiger Beteiligter in der Lieferkette darüber ein (z. B. Zulieferer, Händler und Kunden), wie sich die einzelnen Dilemmata auf das Geschäft auswirken. Die Messungen erfassen die Auswirkungen auf den kurz- und mittelfristigen Umsatz, auf Kosten, zeitliche Verzögerungen etc. Dann kombinieren wir diese Daten mithilfe hierarchischer Clusteralgorithmen, Konkordanz- und Korrespondenzanalyse, um eine kulturelle Unternehmensportfolio-Karte zu erstellen. In der Praxis verwenden die Parteien das IKBM-Modell selbst und bestimmen die relevanten Variablen selbst, in einer Atmosphäre der Zusammenarbeit und gegenseitiger Achtung mit ihren Geschäftspartnern.

Nachdem die relevanten Variablen in das Softwaremodell eingegeben sind, wird eine Karte erstellt, die einem Entscheidungsträger zeigt, wo Probleme mit Kunden bestehen. Auf einer Achse ist ein Index der relativen Anziehung der einzelnen Töchter, Händler oder Kunden (Marktpotenzial, kulturelle Unterschiede) dargestellt, auf der anderen die aktuelle oder sich entwickelnde wirtschaftliche Position (Marktanteil, Erträge).

Der Stratege hat nun ein Entscheidungssystem, das eine ganzheitliche Sicht bietet und als Grundlage dient, Prioritäten für das strategische Handeln zu setzen, um Wettbewerbsvorteile zu erlangen.

Motorola z. B. muss eine Entscheidung darüber fällen, wo begrenzte Mittel investiert werden sollen, um Beziehungen zu wichtigen Kunden in Russland, Litauen und der Türkei herzustellen. Russland bietet beste Aussichten für Absatzsteigerungen, es gibt jedoch auch einen größeren kulturellen Unterschied zu dem Lieferanten, der Motorola 500 000 Euro kostet. Der kulturelle Unterschied zwischen Motorola und dem russischen Kunden ist gering (was darauf hindeutet, dass die Marktdurchdringungsrate höher und der Absatzplan leichter zu erreichen sein könnte), aber der litauische Kunde vertreibt nur Radiogeräte in einem kleinen geografischen Gebiet. Ein Kunde in der Türkei vertreibt dagegen Produkte in die Schwellenmärkte mit sehr guten Aussichten auf eine Absatzsteigerung, doch die kulturellen Unterschiede erfordern von Motorola eine Vorausinvestition von jeweils 250 000 Euro in diesem und dem nächsten Jahr, bevor ein Ertrag erwirtschaftet werden kann. Welche Prioritäten sollte Motorola bei der Marktentwicklung setzen?

Kulturelle Unterschiede sollten nicht einfach nur als Kosten gesehen werden, sondern als eine Investition – wie die Forschung und Entwicklung. Investitionen in die Entwicklung der Beziehungen in diesem Jahr und die Arbeit an der Aussöhnung der Dilemmata werden höhere Umsätze in der Folgezeit bringen.

Ein Index, der den relativen Ertrag aus der Aussöhnung verschiedener Investitionen misst, bietet ein objektives Mittel zur Beurteilung der Marktoptionen. Er wird berechnet als die zusätzliche Bruttoumsatzspanne in Abhängigkeit vom diskontierten Investitionsbetrag, der nötig ist, um die kulturellen Unterschiede auf einem bestimmten Markt auszusöhnen. Dieser Index ermöglicht dem Marktstrategen festzustellen, wo heute kulturelle Unterschiede bei den Kunden bestehen und wo sie in der Zukunft auftreten könnten. Er bietet dem Anteilseigner darüber hinaus eine sachkundige Analyse und rationale Grundlage der Führungsplanung und ist zudem eine gern gesehene Ergänzung zum Jahresbericht eines Unternehmens. Die Unternehmensführung hat nun ein klares Bild darüber, welchen

Märkten die Mittel zuzuteilen sind, um Absatzwachstum durch Aussöhnung zu gewährleisten.

Wir haben zu erläutern und darzustellen versucht, wie unsere Logik für das internationale Marketing zu einem neuen Denken führt. Das ständige Thema, Dilemmata aussöhnen zu müssen, ist allgegenwärtig. Ein Teil des Problems besteht darin, dass viele Profis das, was sie jahrelang hochgehalten haben, aufgeben müssen. Da die Weltmärkte zu einem Oligopol geworden sind, bestand das klassische Vorgehen darin, Unterschiede zu bestimmen und übertrieben darzustellen. Bisher galt Differenzierung als das Höchste. Doch unsere Untersuchungen zeigen, dass man Unterschiede, wenn man international wirklich erfolgreich sein will, zelebrieren und dann integrieren sollte. Da der Handel im globalen Dorf die Norm wird, wird Marktplanung, die zwischen Kulturen ausgleichen kann, zur Pflicht. Der hier beschriebene Ansatz ist ein wesentlicher Bestandteil des Instrumentariums der Marktteilnehmer für die Transnationalisierung.

Kapitel 7

Interkulturelle Personaldilemmata

Die Humanressourcen (HR), das Personalwesen, sind längst nicht mehr die Abteilung Heuern und Feuern, sondern haben eine strategische Bedeutung bekommen, da uns zunehmend bewusst wird, dass die Ressource, die in Unternehmen letztlich den Unterschied ausmacht, der Mensch ist, nicht Technologie, Prozesse oder Produkte. Wie sich die Welt doch geändert hat. Können Sie sich einen HR-Manager vorstellen, der unseren Vorfahren erklärt hätte, wie sie besser im Team arbeiten, um die frühen landwirtschaftlichen Methoden durch Trainingsprogramme zu verbessern, und der die Menschen stärker motiviert oder Pläne für die Arbeitsteilung und -erfassung entworfen hätte? Diese enormen Veränderungen und die Dynamik unserer Arbeitswelt sind der Grund dafür, dass das Personalwesen vor der schwierigen Aufgabe steht, viele Dilemmata auszusöhnen, um zum einen die eigenen Aufgaben wahrzunehmen, aber auch um das Unternehmen zu stützen. Einige Dilemmata haben ihren Ursprung in der Vergangenheit, andere in der sich ständig wandelnden Gegenwart.

Erst als die Arbeitgeber anfingen, die Produktion in Fabriken zu konzentrieren, wurde das Erfassen der Arbeitszeit auf der Jagd nach Produktivität und Profit wichtig. Die Flut der Ideen aus dem Zeitalter der Aufklärung, die Französische Revolution, die Zunahme des internationalen Handels und der Aufstieg der Gewerkschaften trugen alle zur Notwendigkeit bei, die Arbeit besser zu regulieren und zu organisieren.[4] Im späten 19. Jahrhundert erleben wir wichtige Untersuchungen von Weber, Frederick Taylor und Durkheim, die die Gesellschaft bekannt machen mit den Auswirkungen der Arbeitsteilung, mit Arbeitsstudien, Arbeitgeber-Arbeitnehmer-Beziehungen sowie einer Reihe immer anspruchsvollerer

Auswahlverfahren, die einzig dem Erhalt einer produktiven, effizienten und leistungsfähigen Arbeiterschaft galten. Das immer stärker gegliederte Klassensystem zu Beginn der Industriellen Revolution ließ das Personalmanagement und andere Disziplinen wie Finanzen, Marketing und betriebliche Prozesse entstehen.

Inzwischen erleben wir einen dramatischen Wandel dieses auf der Herstellung basierenden Denkens aus dem 19. Jahrhundert, als sowohl die Marktnachfrage nach neuen Produkten als auch die Arbeitslosigkeit hoch waren, sodass Sensibilität gegenüber Kunden oder Mitarbeitern nicht notwendig war. Jetzt, wo die Weltmärkte oligopolistisch werden und die Verbraucher durch die reiche Auswahl verwöhnt sind, hat sich die Arbeit in diesen marktorientierten Zeiten deutlich kundensensibler entwickelt. Im 21. Jahrhundert erleben wir, dass der Gegenstand des Managements – das Individuum – nicht länger bereit ist, passiv die Befehle der Unternehmensführung entgegenzunehmen.

Aber man kann nicht einfach ein »Paket« Arbeitskraft einstellen; auf der anderen Seite steht immer ein Mensch. Im 20. Jahrhundert änderte sich das, teilweise auf Grund eines besseren Zugangs zur Bildung, dahingehend, dass jeder Untergebene mit einer ganzen Hierarchie von Bedürfnissen daherkam (und einem Bedarf an Hierarchie, wie wir hinzufügen möchten), die nach Anerkennung verlangten.

Über die letzten Jahrzehnte haben wir die Entwicklung des autonomen, reflektierenden Individuums erlebt. Das ist jemand, der ein ganzes Bündel für die Organisation interner und externer Bedürfnisse hat. Die Macht ist ver- und aufgeteilt. Die Führung muss die Bedürfnisse des Einzelnen mit denen der Organisation aussöhnen, damit die Arbeit getan wird und die strategischen Ziele erreicht werden. In dieser neuen Welt gehört der Konflikt wie selbstverständlich zum Leben und die Fähigkeit, die Dilemmata zu bewältigen, die sich aus dieser Spannung ergeben, ist jetzt die neue Quelle der Autorität. Das wird im Prozess der anhaltenden Globalisierung noch deutlicher. Wir müssen uns also den Herausforderungen und der Antwort der Personalprofis widmen.

Im vorletzten Jahrhundert war das, was wir heute als den Bereich der Humanressourcen bezeichnen, unbekannt. Obwohl die Führung nie den Zustand erreichte, wissenschaftlich zu führen (ein Begriff von Taylor), wandte sich die HR-Gemeinde in den letzten hundert Jahren einem »wissenschaftlichen Vorgehen« zu, um Werkzeuge für die eigene Rolle zu entwickeln – z. B. zur Bewertung der Arbeit und der Arbeitsplätze. Viele Systeme verdanken ihren Ursprung den Anforderungen der amerikanischen Armee (HAY etc.), der »Operations Research« aus Kriegszeiten, späteren Arbeitsuntersuchungen und dem Personalmanagement. In den 1950er- und 1970er-Jahren verlagerte sich das Schwergewicht auf arbeitsvertragliche Fragen. Mit dem unglücklichen Industrial Relations Act aus den 1960er-Jahren versuchte die britische Regierung Beziehungen zwischen Unternehmen und Gewerkschaften zum Wohle der Beschäftigten zu kodifizieren. Kompensationssysteme nach dem Prinzip Entgelt für Leistung und andere Systeme zur Leistungsmessung kamen auf.

In den 1980er-Jahren machte die Welt der Unternehmen dank Wachstum, verbesserter Kommunikation und neuer Technologien einen Quantensprung und wurde oligopolistischer und wettbewerbsfähiger. Selbst die Personalabteilungen mussten nun ihr Budget rechtfertigen, worauf sie dadurch reagierten, dass sie die Strategie übernahmen und sich an ihr ausrichteten, wonach in einem Oligopol letztlich nur »Menschen« es schaffen können.

Im Widerspruch dazu führte die Notwendigkeit, auf dem immer wettbewerbsintensiveren Markt zu bestehen, von dem viele alteingesessene Firmen und Namen verschwanden, zu einem der überschätztesten Konzepte, dem Shareholder-Value, bei dem Beschäftigte lediglich austauschbare Ressourcen waren. Daher auch die Ableitung des Begriffs »Humanressourcen« (der Menschen nur noch als Ressourcen sah), der traditionelle Bezeichnungen wie »Personalmanagement« ersetzte.

Schritt für Schritt erlebten wir am Ende des letzten Jahrhunderts die Evolution des »findigen Menschen«. Um die Wertschöpfung aufrechtzuerhalten, wurden die HR gezwungen, mehr als ein Partner zu werden; sie mussten ein Akteur werden, der einen Beitrag zur Schaffung des maßgeschneiderten Arbeitsplatzes lieferte. Und für die Aktionäre wurde es Pflicht, an Werte zu denken, nicht an den Wert.

Die HR-Systeme und -Verfahren ändern sich allmählich, um sich der Welt der Dilemmata anzupassen, die durch die maßgeschneiderten Arbeitsplätze und mehr noch durch die Globalisierung geschaffen werden. In dieses neue Paradigma müssen mehr Werte integriert werden.

Neben den allgemeinen Änderungen (vor allem in der westlichen Hemisphäre) hat die Welt auch eine weitere bedeutende Verschiebung erlebt, die auf die Internationalisierung der Wirtschaft zurückgeht. Trotzdem stammt, wie schon erwähnt, die Mehrzahl der Werkzeuge und Methoden der Personalprofis nach wie vor aus der angelsächsischen Schule. Charakteristisch dafür ist das Instrumentarium, das bei der Einstellung und Auswahl zum Zuge kommt. MBTI und JTI (Myers-Briggs- und Jung-Typenindikatoren) sind die in Unternehmen am häufigsten verwendeten amerikanischen Instrumente zur Beurteilung von Persönlichkeitstypen. Mehr als 8000 Unternehmen verwenden weltweit das HAY-System für die Arbeitsbewertung. Das ursprünglich von Oberst Hay entwickelte System zur Bewertung von Arbeitsplätzen in der amerikanischen Armee wurde später zum beliebtesten Bewertungsinstrument für internationale Unternehmen ausgebaut. Und seit einiger Zeit haben wir die enorm populäre, von Kaplan und Norton entwickelte Balanced Scorecard, die zunächst vielen nordamerikanischen Firmen half, wichtige, über das rein Finanzielle hinausgehende wirtschaftliche Perspektiven zu messen.

Aber was haben diese amerikanischen Perspektiven für nicht-amerikanische Unternehmen geleistet (und ihnen angetan)? Offenbar gab es eine Zeit, als Globalisierung wörtlich genommen wurde. »Es funktioniert in den USA, exportieren wir es also in die übrige Welt«, war die Grundhaltung. Diese Vorgehensweise ist generell gescheitert. Funktioniert hat sie nur in Organisationen, wo die Unternehmenskultur die lokalen oder nationalen Kulturen dominiert hat (der Hewlett-Packard-»Way« und McKinsey sind typische Beispiele), vielleicht auch noch in Organisationen, wo das Produkt eine beherrschende Rolle gespielt hat – wie bei Coca-Cola, Disney und McDonald's.

Doch die meisten in den USA beheimateten Organisationen trafen dort auf Widerstand, wo eine amerikanische Logik für das lokale Umfeld einfach unerträglich war. Wenn eine F & E-Kultur glaubt, dass eine der drei Hauptseiten des HAY-Systems (für die Leistung erforderliches Wis-

sen) geringer eingestuft wird als eine andere Seite (etwa die Verantwortlichkeit), sollten wir die Gewichtung dann einfach anpassen, um die be-
gabtesten Forscher zu halten? Oder wenn die finanzielle Seite in den USA
als wichtig angesehen wird, verglichen mit der Kundenseite in Japan, sollten wir in den entsprechenden Kulturen dann eine andere Gewichtung
vornehmen, um die Scorecard wieder auszugleichen? Wir haben Gegen-
bewegungen erlebt, bei denen die Personalpraktiken dezentralisiert wurden. Zu viele lokale (und rechtliche) Unterschiede haben ein einheitliches
globales Vorgehen verhindert. Es mag in einem multilokalen Umfeld funktioniert haben, aber sobald die Organisation international oder trans-
national wird, versagt der multilokale Ansatz.

Welche Alternativen gibt es?

Wir bieten unsere auf der Logik der Aussöhnung beruhenden Erkenntnisse an, um zu erklären und zu diskutieren, wie die Personalmanager im
21. Jahrhundert die großen Dilemmata aussöhnen sollten, die auf kulturelle Unterschiede zurückgehen, ohne Rücksicht auf Landesgrenzen und
Organisationskulturen. Einige weitere Beispiele und ergänzende Erörte-
rungen finden sich in *Did the Pedestrian Die?* von Fons Trompenaars.

Die Rolle der HR und Unternehmenskultur

In Kapitel 4 haben wir die unterschiedlichen Bedeutungen erläutert, die
Organisationsbeziehungen zugewiesen wurden. Wir haben vier große Ty-
pologien entworfen, die verschiedene Organisationslogiken oder Unternehmenskulturen beschreiben: die Familien-, die Eiffelturm-, die Lenk-
flugkörper- und die Inkubator-Kultur. In der Zeit zwischen 1980 und
heute haben wir viele westliche (Lenkflugkörper-)Organisationen beob-

achtet, die versucht haben, Unternehmenskulturen, die völlig andere Voraussetzungen mitbrachten, westliche (oder eher angelsächsische) Personalsysteme aufzuzwingen. Das Ergebnis war entweder ein »unternehmerischer Regentanz« oder es »ging den Bach runter«. Was machen wir mit dem Prinzip Entgelt für Leistung in einer Familien-Kultur? Und wie sieht es mit einer formalen Arbeitsplatzbewertung in einer Inkubator-Kultur aus? Oder mit der Ermunterung zur Teamarbeit in einer durch und durch individualistischen und leistungsorientierten Kultur? Lässt sich die Personalforschung der amerikanischen und angelsächsischen Schule auf andere Kulturen übertragen?

Wir wollen deshalb Gründe nennen, warum die Wirksamkeit von Systemen beim Überschreiten kultureller Grenzen gefährdet sein könnte, welches die Dilemmata sind, die aufkommen können, und wie man sie aussöhnen kann.

Einstellen und halten

Jahrelang hat die Personalbeschaffung viele Organisationen mit Mitarbeitern versorgt, die mit den alten Arbeitsmethoden oder Paradigmen zufrieden waren. Je größer die Notwendigkeit zu globalen Veränderungen, desto größer auch die Wahrscheinlichkeit, dass neue Kräfte gebraucht werden, nicht einfach nur, um Ausfälle und Abgänge zu ersetzen, sondern damit Fachleute mit neuen Kenntnissen nachkommen. Die Auswahl des richtigen Mitarbeiters für eine Stelle ist für die Personalabteilung eine Schlüsselentscheidung und man hat verschiedene Instrumente und Systeme entwickelt, diesen Entscheidungsprozess zu fördern. Die Personalabteilung steht unter erheblichem Druck, bei Einstellungen gute Entscheidungen zu treffen. Einerseits, um die richtige Person zu bekommen, andererseits, um Benachteiligungen zu vermeiden. Einerseits, damit der Eingestellte die Arbeit gut bewältigen kann, andererseits, damit die Arbeit Zukunft hat. Die Personalführung steht vor einer ganzen Reihe solcher Dilemmata.

Ähnlich müssen Organisationen ihre besten Leute halten und die

Abwanderung wichtiger Mitarbeiter zu Konkurrenten (und den Verlust von Wissen) verhindern. Investieren Organisationen in die Ausbildung, nur um hoch qualifizierte Mitarbeiter an den Arbeitsmarkt zu verlieren? Weil das Anwerben und Halten von Personal eine der Schlüsselaufgaben der Personalprofis ist, umfasst es inzwischen auch die verschiedensten Auswahlmethoden und verwandte Verfahren, unterstützt von Beratern und Headhuntern. Überraschenderweise wurde ein bisher kaum erforschtes Gebiet wenig beachtet – das Image, das die Organisation für den Arbeitsuchenden oder Beschäftigen in spe hat.

»Amadeus«

Amadeus mit Sitz in München stand vor einem solchen Dilemma. Als Unternehmen, das für die Reservierungen der Fluggesellschaften verantwortlich war (ursprünglich für die Lufthansa, später aber für Air France und andere große Gesellschaften), hatte es hoch qualifizierte Mitarbeiter, die speziell in der IT-Software geschult waren, die den Zugang zu VLFADB (very large and fast access databases) gewährte – tausenden gleichzeitiger Online-Reservierungen oder Buchungsanfragen von Reisebüros oder Abfertigungsschaltern weltweit. Um die extrem hohe Zugriffsrate zu bewältigen, sind eine spezielle Software und Rechnersprache erforderlich, nicht die üblichen Technologien von Unix oder Windows. Diese IT-Spezialisten waren auf Grund ihrer Spezialkenntnisse einerseits hoch geschätzt, merkten aber andererseits (wie alle IT-Spezialisten), dass sie, was ihre Verwendung betraf, zurückfielen, weil sie in der Informationstechnologie keine aktuellen, übertragbaren Kenntnisse besaßen. Die meisten kannten sich nicht einmal mit Windows aus. So fühlten sie sich einerseits sicher, solange sie für Amadeus arbeiteten, während andererseits ihr Arbeitgeber der Einzige weltweit war, der die spezielle VLFADB-Software benutzte, sodass es für sie keine andere Arbeitsmöglichkeit gab. Sollten sie kündigen und im üblichen Umfeld von Unix oder Windows arbeiten – und damit auf dem allgemeinen IT-Markt mehr Sicherheit bekommen?

Amadeus söhnte dieses Dilemma dadurch aus, dass es seine IT-Mitarbeiter in Windows und Unix ausbildete, obwohl sie diese Kenntnisse für ihre Arbeit im Unternehmen überhaupt nicht brauchten. Zunächst hätte man meinen können, dass die IT-Mitarbeiter sofort kündigen würden, um ihre erweiterten Kenntnisse zu nutzen, doch in Wirklichkeit hielten sie noch stärker zu Amadeus als dem einzigen Arbeitgeber, von dem sie wussten, dass er sie in ihren Kenntnissen auf dem neuesten Stand halten würde.

Wir alle wissen, dass das alte Beschäftigungsmodell mit einer lebenslangen Anstellung bei einem großen Unternehmen nicht mehr gilt, nicht einmal in Japan. Die Daten unserer Datenbank belegen, dass die junge Generation der 20- bis 30-Jährigen fremdbestimmter und affektiver (bereit, ihre Emotionen zu zeigen) geworden ist, einen kürzeren Zeithorizont hat und mehr im Team arbeiten möchte. Das überrascht nicht, wenn wir feststellen, dass auch sie erkannt haben, dass das alte Modell der lebenslangen Beschäftigung bei einem einzigen Unternehmen ausgedient hat. Diese jungen, enorm leistungsfähigen Beschäftigten der Generation X und die noch jüngeren Babyboomer haben mehr Selbstvertrauen in die eigenen Fähigkeiten. Ihre Vorlieben haben sich verlagert, von der aufgabenorientierten Lenkflugkörper- zur personenorientierten Inkubator-Arbeitsumgebung. Ihr Prinzip für berufliche Sicherheit beruht darauf, sich persönliche und übertragbare Fähigkeiten zu erhalten. Ihre potenzielle »Verwendungsfähigkeit«, die sich auf ihr aktuelles Qualifikationsprofil stützt, treibt sie an, und nicht die alte Vorstellung vom sicheren Unternehmen, für das ein angesehener Arbeitgeber oder der Schutz ihrer Gewerkschaft steht.

Was könnte eine große Organisation heute für einen jungen, ehrgeizigen und begabten Beschäftigten attraktiv machen? Auf der Nachfrageseite haben Unternehmen der Old Economy es immer schwerer, gute Bewerber zu finden. Es besteht eine Spannung zwischen dem Bild dieser Unternehmen und den Vorstellungen dieser jungen, begabten Leute. Die machtorientierte Familien-Kultur und die rollenorientierten hierarchischen Strukturen der Eiffelturm-Kultur geben noch immer den Ton an, in der Wahrnehmung wie in der Realität. Die Großen erkennen das und tun alles, um darauf zu reagieren.

Die Haltung des globalen Unternehmens scheint gleichgültig (»es ist überall das Gleiche«), statisch und bietet offenbar nicht die Freiheit, sich selbst zu entfalten. Das ist für die Generation X natürlich nicht attraktiv. Außerdem arbeiten junge, begabte, frisch von der Hochschule kommende Babyboomer inzwischen gern lokal. Aus unserer Beratungs- und Forschungstätigkeit geht hervor, dass auf dem Arbeitsmarkt letztlich die Organisationen Erfolg haben, die die Dilemmata aussöhnen.

Junge Hochschulabgänger zieht es zu Organisationen, die diese unternehmenskulturellen Gegensätze ausgesöhnt haben. Das sind Organisationen, die von altersher eine beherrschende Lenkflugkörper- oder Eiffelturm-Kultur haben, aber dennoch offenbar begabte Mitarbeiter anziehen, weil sie die Spannungen zwischen freier Wahl und fundierten Lernmöglichkeiten, zwischen Personalabbau und Größenvorteilen sowie zwischen Image und Wirklichkeit aussöhnen.

Einstellungsprozess und Kultur

Wie oft schreibt ein Stelleninhaber, der auf dem Absprung ist, das Anforderungsprofil für seinen Nachfolger? Oder wie oft verfasst jemand aus der Personalabteilung eine Personalbeschreibung, die sich am gegenwärtigen Stelleninhaber orientiert?

Sehen wir das nicht alle? Suchen wir nicht alle nach den Eigenschaften, die wir selbst schätzen, bewusst oder unbewusst? Tatsächlich ist das Einstellen einfach eine extravagante Art des Klonens. Dies ist der Ursprung der professionellen Werkzeuge, Objektivität bei der Beurteilung zu bieten. Der Myers-Briggs-Typenindikator (MBTI®) ist das meistgenutzte Persönlichkeitsinventar der Geschichte. HR-Profis verlassen sich darauf, wenn Kunden wichtige geschäftliche, berufliche oder persönliche Entscheidungen treffen müssen. Allein im letzten Jahr gewannen zwei Millionen Menschen wertvolle Einsichten über sich selbst und über Menschen, mit denen sie täglich verkehren, indem sie den MBTI®-Fragebogen ausfüllten.[5]

Nach Myers-Briggs gibt es in den einzelnen Ländern feststellbare Unterschiede bei der Persönlichkeit. Der vorherrschende Typ im britischen Management ist z. B. ISTJ (Introverting, Sensing, Thinking, Judging – introvertiert, sensibel, denkend, urteilend), im amerikanischen Management ist er ESTJ (Extroverting, Sensing, Thinking, Judging – extrovertiert, sensibel, denkend, urteilend). Aus koreanischen MBTI-Untersuchungen geht hervor, dass Koreaner eher intro- als extrovertiert sind, wenn bei der Auswertung der Punkte die amerikanische Norm angewandt wird. Weil introvertierte Personen in der koreanischen Gesellschaft vergleichsweise häufig vorkommen, ermuntern die meisten Organisationen einschließlich Bildungseinrichtungen und Unternehmen ihre Mitglieder, in der Öffentlichkeit extrovertierter aufzutreten, und viele beurteilen einen extrovertierten Menschen günstiger. Es ist daher denkbar, dass die Leiter in den Bewertungszentren extrovertierte Personen besser einstuften als introvertierte. Eine wichtigere Frage bei individuellen Unterschieden ist vielleicht, ob Menschen über die Zeit und in verschiedenen Situationen sich selbst eher ähnlich bleiben als gegenüber anderen Kulturen und ob die Abweichung bei einem Einzelnen über die Zeit und im Kontext geringer ist als die Abweichung zwischen den Menschen. Aber all das setzt voraus, dass solche Instrumente auf »etischen«, nicht auf »emischen« Konstruktionen beruhen (vgl. Kapitel 6) – d. h. dass sie in allen Kulturen die gleiche Bedeutung haben.

Wenn der am häufigsten angetroffene Manager ein ISTJ-Typ ist, haben wir es dann mit dem »Huhn oder Ei«-Problem zu tun? Was ist aber mit diesen Methodologien, wenn die Anwendungen über das Umfeld hinausgehen, in dem sie entwickelt wurden? Angenommen, die Kultur mag den extrovertierten, sensiblen, intuitiven, auffassungsfähigen Typ. Wenn also eine Kultur eher an die Urteilsfähigkeit als an die Wahrnehmung glaubt, sollte sie ihre Leute dann entsprechend auswählen? Die Internationalisierung in der Personalbeschaffung hat ganz klar ergeben, dass in anderen kulturellen Umfeldern andere Typen vorherrschen. Und wie stände es mit dem Versuch zu prüfen, ob jemand in anderen Kulturen bestehen kann? Die Anhänger von Myers-Briggs finden Lösungen offenbar im Team und den sich ergänzenden Beziehungen von Typen oder sie beziehen sich darauf, dass die Typen nur Präferenzen sind, aber alles im Einzelnen potenziell angelegt ist. Aber warum wurden die Fragebogen dann überhaupt nach sich gegenseitig ausschließenden Werten entworfen? Das liegt daran, dass unser westliches Denken auf der kartesianischen Logik beruht und uns zwingt, »entweder – oder« zu sagen, nicht »und – und«. Das steht im Widerspruch zu dem, was Carl Jung eigentlich im Sinn hatte, als er das grundlegende begriffliche System hinter MBTI entwarf.

Wie können wir MBTI durch leichtes Anpassen des Instrumentariums und der Denkweise erweitern, die den Kontext seiner Anwendungen prägt, und es so zu einem Prachtinstrument jenseits aller kulturellen Präferenzen machen? Anerkannte MBTI-Spezialisten wissen natürlich, wie man das Instrument am besten für den ihm zugedachten Zweck einsetzt. Aber es wird auch von vielen anderen für Einstellungen und die Zuweisung von Aufgaben verwendet.

Was könnte man in einer Situation tun, wo die Kultur, in der Menschen eingestellt werden, eine leichte Präferenz für das Sensible hat und man vor einem Umfeld steht, wo Intuition den Vorzug genießt, wenn man Karriere machen will?

Die Forschung hat versucht, diese Skalen mit verschiedenen Arbeitskategorien und Funktionen zu korrelieren. Es gibt also Anzeichen, die nahe legen, welcher beherrschende Typ am besten zu einer Marketingrolle passt und welcher Typ am häufigsten unter erfolgreichen Managern zu finden ist. Infolge der Internationalisierung der Wirtschaft sehen wir uns jedoch plötzlich einigen interessanten Dilemmata gegenüber, die diesen Grundsatz in Frage stellen.

Unsere grundsätzlichen Bedenken bei allen Instrumenten wie dem klassischen MBTI und anderen sind, dass jede Dimension auf dem einachsigen Kontinuum basiert. Die MBTI-Logik fragt nach »sensibel *oder* Intuition«. Je mehr man sich als sensibel ausgibt, desto weniger hat man offenbar vom intuitiven Typ. Wenn man versucht, die MBTI-Typologie oder ein anderes assoziatives Modell in einem internationalen Zusammenhang anzuwenden, entdeckt man, dass das Festhalten an den Extre-

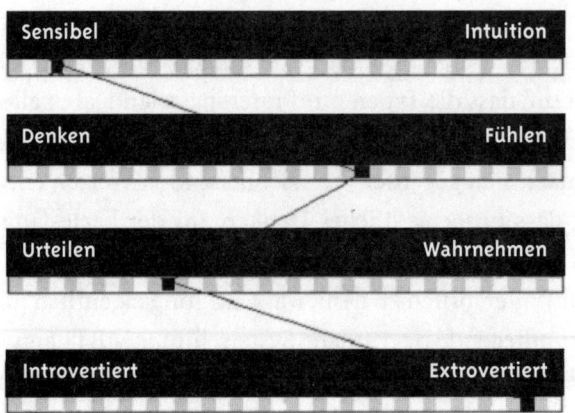

Abbildung 7.1 Die traditionellen bipolaren MBTI-Skalen

men der Skalen eine Einschränkung bedeutet. Auch wenn MBTI-Profis davon sprechen, die verschiedenen Präferenzen in Gruppen und Organisationen zu kombinieren, lässt sich dieser Ansatz dennoch nicht vom MBTI-Instrumentarium ableiten, da es auf einem bimodalen Zwangswahlverfahren beruht.

Wir müssen uns vor Augen halten, dass diese Art der Forschung ihre Ursprünge im angelsächsischen oder, genauer, im nordamerikanischen Denken hat, auch wenn sie inzwischen weltweite Verbreitung gefunden hat. Wenn wir anfangen, andere Typen der Logik wie Yin-Yang oder den Taoismus einzubeziehen, merken wir bald, dass es restriktiv war, die Profilierung auf bimodale Dimensionen zu gründen. Wenden wir nun dieses Denken und die neue Logik auf die Myers-Briggs-Skalen an. Beachten Sie jedoch, dass wir MBTI nur verwenden, um unsere Vorstellungen zum multidimensionalen Denken zu veranschaulichen, und nicht versuchen, MBTI per se zu kritisieren.

Um die Präferenz für »Denken« oder »Fühlen« zu testen, wird folgende Frage gestellt:

Wenn ich eine Entscheidung treffe, ist es nach meinem Dafürhalten am wichtigsten:

    a. Die Meinungen anderer zu erkunden.

    b. Entschieden zu sein.

Mit mehreren solcher Fragen versuchen wir also den Einzelnen auf der Skala einzuordnen, wie in Abbildung 7.2 dargestellt.

Abbildung 7.2   Lineare Skala Denken–Fühlen

Die Antwort der Probanden auf diese Frage gibt Aufschluss darüber, wann die beherrschende Kultur, in der sie angewandt wird, Entschlossenheit oder Konsultiertwerden vorzieht (wie im ursprünglichen Modus, für den MBTI erdacht wurde). Aber was geschieht, wenn man in einer multikulturellen Umgebung Menschen mit unterschiedlichen Ansichten findet? Der entschlossene Führer wird verzweifeln angesichts der Tatsache, dass viele sich für einen Konsens aussprechen. Der sensible Führer wird umgekehrt keinen Erfolg haben, weil es ihm offenbar an Entschlossenheit fehlt. Wir stehen also vor einem Dilemma zwischen den scheinbar entgegengesetzten Ausrichtungen von Denken *oder* Fühlen.

Wir wollen die Optionen ausweiten, um eine Methode einzubeziehen, mit der die Neigung des Einzelnen zur Aussöhnung dieses Dilemmas eingeschätzt wird:

Wenn ich eine Entscheidung treffe, ist es nach meinem Dafürhalten am wichtigsten:

    c. Durch ständiges Testen der Meinungen anderer Entschlossenheit zu zeigen.

    d. Die Meinungen anderer dadurch zu testen, dass ich Entschlossenheit zeige.

Wer mit »c« antwortet, beginnt in der »Denken«-Ecke, erklärt aber das »Fühlen« anderer. Er hat die Gegensätze erfolgreich ausgesöhnt. Bei diesem Prozess muss man von einer Achse aus starten und sich in Spiralen nach rechts oben drehen (die Position 10,10 in der Abbildung 7.3), wo der Einzelne dann beide Komponenten integriert hat.

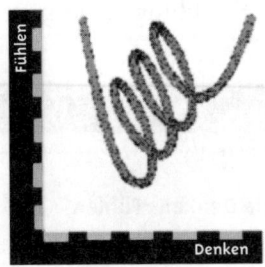

Abbildung 7.3   Aussöhnung vom Denken her

Wer mit »d« antwortet, beginnt umgekehrt beim »Fühlen«, bewegt sich aber in Spiralen zum »Denken« und integriert wieder die beiden scheinbar entgegengesetzten Ausrichtungen (Abbildung 7.4).

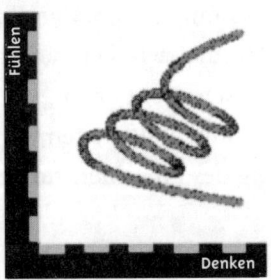

Abbildung 7.4   Aussöhnung vom Fühlen her

In unserem erweiterten Urmodell von MBTI, das wir ITI (Integrierter Typenindikator) nennen, verwenden wir unsere eigenen Fragen, die den beiden entgegengesetzten Extremwerten für jedes einander zugeordnete Paar entsprechen. Wir fügen jedoch auch die beiden zusätzlichen Wahlmöglichkeiten an, die die rechts- und linksläufige Aussöhnung zwischen diesen Extremen darstellen (vgl. Abbildung 7.5).

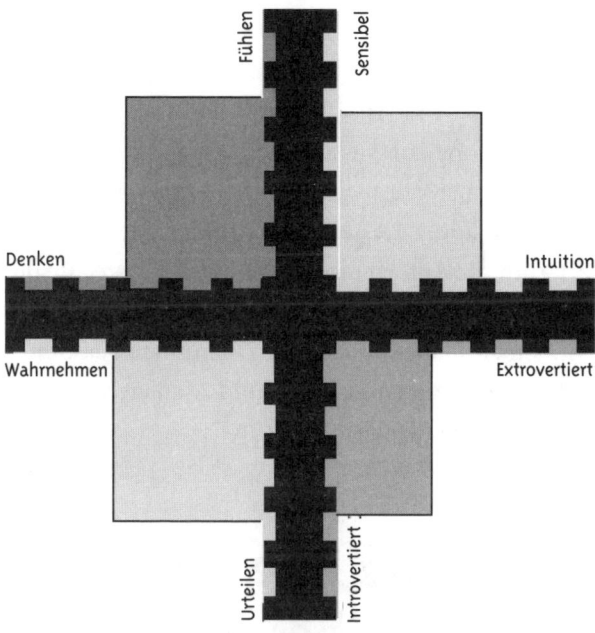

Abbildung 7.5   **Das Integrierte-Typenindikator-Profil**

Durch Kombinieren der Antworten aus einer Reihe von Fragen in diesem erweiterten Format können wir ein Profil berechnen, das angibt, in welchem Maß ein Individuum die extremen Dimensionen zu integrieren sucht.

Jede Variable wird von 0 bis 10 skaliert, indem die Antworten auf diese erweiterten Fragen kombiniert werden. Ein typisches ITI-Profil könnte dann so aussehen: $I^9e^3N^6s^2T^9f^1P^8j^7$, im Gegensatz zum normaleren Profil, das einfach **INTP** heißen könnte.

Die Gesamtneigung zur Aussöhnung ist dann gleich:

$$[(\text{Introvertiert} \times \text{Extrovertiert}) + (\text{Fühlen} \times \text{Intuition}) + (\text{Denken} \times \text{Fühlen}) + (\text{Urteilen} \times \text{Wahrnehmen})]/4 = \%$$

das heißt, $[(9 \times 3) + (6 \times 2) + (9 \times 1) + (8 \times 7)]/4 = 26\%$.

Die Bedeutung unseres ITI-Ansatzes liegt darin, dass er uns ermöglicht, die individuelle Neigung zur Aussöhnung von Dilemmata zu bestimmen, wie es in diesem Buch erörtert wird. In der Praxis verwenden wir unseren eigenen ILAP (InterCultural Assessment Profiler), der auf unserer eigenen Arbeit basiert, statt die Autorität oder die Eigentumsrechte des MBTI anzugreifen. Wie in Kapitel 10 erläutert, beruht auch ILAP auf Auswahlfragen, die Optionen enthalten, welche die Dilemmata aussöhnen – und das kann internationalen Führungskräften und Managern als Grundlage für die Personalbeschaffung dienen.

Dilemmata internationaler Personalbeschaffung

Viele Organisationen haben Bewertungszentren eingerichtet, um die Bewerberauswahl zu erleichtern. Zunehmend werden allgemeine Verhaltensweisen überprüft, die den Kernwerten Vertrauen, Ehrlichkeit und Integrität entsprechen. Keine einfache Befragung und kein psychologischer Test können das aufdecken. Ziel des Bewertungszentrums ist es, mithilfe objektiver Kriterien und einer standardisierten Verhaltensbeurteilung die Erfolgsaussichten eines Bewerbers für eine bestimmte Stellung genauer vorauszusagen. Zum Einsatz kommen funktionsbezogene Simulationen, Befragungen und psychologische Tests. Auf diese Weise hat das Bewertungszentrum eines der grundlegenden Dilemmata der Personalpolitik, nämlich die Objektivierung subjektiven Verhaltens, ausgesöhnt, indem es verschiedene Standpunkte zu einem schlüssigen Ganzen zusammenfügt.

Doch mit jedem gelösten Dilemma entstehen neue Spannungsfelder. Bei unserer Beratungsarbeit haben wir festgestellt, dass unsere Klienten bei der Auswahl künftiger international tätiger Manager immer wieder vor folgenden Herausforderungen stehen.

Gültigkeit der in Tests gemessenen Kriterien

Wie bereits erwähnt, basieren zu viele Instrumente auf angelsächsischem oder amerikanischem Denken und Forschen. Wir haben jedoch festgestellt, dass Westler diese Tests offenbar häufig anders beantworten als Nichtwestler, weil die Bedeutung in den verschiedenen Kulturen unterschiedlich ausgelegt wird. In einer asiatischen Kultur z. B., wo Empathie als selbstverständlich gilt, wird diese Eigenschaft bei Verkäufern offenbar nicht immer geschätzt.

Eben deshalb haben wir den Integrierten Typenindikator (ITI) gefordert und unseren eigenen ILAP (Intercultural Leadership Assessment Profiler) entwickelt. Weil unsere Datenbank Antworten aus über 50 Ländern enthält, können wir länderspezifische sowie funktionale und andere Unterschiede erklären.

Beziehung zwischen Verhalten und Effektivität

Die Bedeutung von Fallstudien und Simulationen ist anerkannt, doch es tauchen immer wieder Probleme auf, wenn man mit einer multikulturellen Gruppe von Bewerbern für eine internationale Tätigkeit zu tun hat. In den Kulturen sind bei ähnlichen Jobs offenbar nicht alle spezifischen Verhaltensweisen gleich wirksam. Betrachten wir ein gutes Beispiel.

Wir waren in die Auswahl für einen internationalen HR-Job in einem international tätigen, großen Pharmaunternehmen einbezogen. Bei einer Simulation erwies sich ein Nordamerikaner als ein ernsthafter Kandidat. Mehrmals leitete er Gruppendiskussionen mit Intelligenz und Witz; wir konnten keine Schwachstellen in seinem stellenbezogenen Wissen oder seinen Kommunikationsfähigkeiten finden. Bis zum Mittagessen war er unter den fünf Bewerbern der Kandidat Nummer eins. Während des Abendessens bemerkten wir plötzlich, dass der chinesische Bewerber seine Zurückhaltung aufgab. Die zwanglosere vertraute Zusammenkunft gewann durch eine Reihe von Gesprächen an Leben, bei denen er einige unerwartete Meinungen und Einsichten von sich gab, die er zum Teil in den Sitzungen am Nachmittag erworben hatte und die ihm am Ende die begehrte Stelle einbrachten. Die westlichen Prüfer waren von diesem Verhaltensumschwung völlig verblüfft.

Das kann an drei möglichen Missverständnissen liegen:

- Um erfolgreich zu arbeiten, bedarf es in unterschiedlichen Kulturen oft unterschiedlicher Verhaltensweisen.
- Dasselbe Verhalten muss zwischen Kulturen unterschiedlich interpretiert werden.
- Simulationen und andere Verhaltenstests werden in den einzelnen Kulturen oft unterschiedlich erlebt und auf ganz verschiedene Arten durchgeführt.

Die Mitarbeiter von Bewertungszentren müssen sich dieser Dinge bewusst sein.

Beziehung zwischen Prüfer und Bewerber

Die Auswahl und Interpretation von Wesenszügen und Verhaltensweisen, die durch Tests und Simulationen gewonnen werden, ist kulturell gefärbt. Um dieses Problem weitestgehend auszuschalten, müssen Prüfer geschult werden, mögliche kulturelle Einflüsse zu berücksichtigen und zu deuten. Bei der Betrachtung der menschlichen Realität kommt die Intersubjektivität der unerreichbaren Objektivität am nächsten. So genannte Objektivität macht aus dem Bewertungszentrum ein Mordzentrum.

Kulturschock für im Ausland tätige Mitarbeiter

Neuere Untersuchungen haben ergeben, dass mindestens 80 Prozent der gescheiterten Verlegungen des Wohnsitzes ins Ausland familiäre Gründe hatten. Wir haben herausgefunden, dass das begriffliche System der Aussöhnung den im Ausland tätigen Mitarbeitern hilft, die Spannungen anzugehen, denen sie in ihrer Zielkultur und auch durch das Dilemma Familie–Arbeit ausgesetzt sind, sodass sich ihre Erfahrungen zufrieden stellend gestalten und somit auch ihre Arbeit. Das bereichert ihr Leben und sie warten nicht mehr sehnsüchtig auf den Tag, an dem ihr Auslandseinsatz beendet ist.

Dilemmata beim Coachen

Es überrascht vielleicht nicht, dass Topmanager sich immer häufiger nach einer Schulter sehnen, an der sie sich ausweinen können. Gerade in schwierigen Zeiten lernt man seine wahren Freunde kennen. Aber gerade wenn es an der Spitze einsam ist, kann die Hilfe eines persönlichen Coachs eine wirksame Stütze sein und berufliche Härten mildern. Kein Wunder also, dass das Coachen von Managern zu einer Wachstumsbranche geworden ist. Heute sind in den USA 12 000 Coachs tätig, verglichen mit nur 2000 in den 1960er-Jahren. Steven Berglas, Psychiater an der Harvard Medical School, meinte jüngst in einem Artikel der *Harvard Business Review,* dass die Zahl der Coachs in den nächsten fünf Jahren auf 50 000 steigen werde. Es ist interessant, dass Unternehmen die Vorzüge des Coachens erkennen und auch bereit sind, Spitzenhonorare für diesen Service zu zahlen. Leider ruft das auch immer wieder Scharlatane auf den Plan, die sich an diesen Trend anhängen, sodass Berichte über Reinfälle die positiveren Beiträge dieser anspruchsvollen Arbeit überlagern können.

Zunächst müssen wir das Wesen dieser Tätigkeit bestimmen. In seinem Buch *Coaching Across Cultures* beschreibt Rosinski Coachen als »eine Kunst, das Potenzial Einzelner oder einer Gruppe aufzuspüren, um bedeutsame und wichtige Ziele zu erreichen«. Dabei stoßen gute Coachs auf eine Reihe von Spannungen und bieten ihren Klienten professionelle Hilfe dabei an, diese auszugleichen. Scharlatane können dagegen nur die Wahl zwischen Extremen anbieten.

Welches sind die großen Dilemmata auf dem Feld des Coachens? Wie bei jeder Hilfe von außen entsteht sofort eine Spannung zwischen dem Coachen im Bereich des Externen (Verhalten) oder des Internen (Werte und Annahmen). Der Coach von heute wird in die Rolle von jemandem gedrängt, der sein Verhalten schnell ändern muss. Darauf weist Berglas hin, wenn er sagt, dass das Coachen von Spitzenmanagern seinem Wesen nach von der modernen Jagd nach einfachen Antworten lebt. Geschäftsleute generell, und Amerikaner im Besonderen, suchen ständig nach neuen Wegen, sich möglichst schnell und schmerzlos zu ändern, und die Führungscoachs sind angetreten, die Lücke zu füllen, und bieten eine Art Sofortalternative.

Der Topmanager, der sich coachen lässt, hat vielleicht Probleme wegen seines übersteigerten Selbstbewusstseins oder steht unter Druck, etwas hinsichtlich der Effektivität seines Teams unternehmen zu müssen. Wir wissen von Verhaltenspsychologen, dass es zu simplifizierend ist, nur die Art und Weise des Funktionierens bei den Führungspersonen ändern zu wollen. Der Coach muss unterscheiden zwischen »dem Problemführer« und »dem Führer, der ein Problem hat«. Das erklärt, warum es kontraproduktiv ist, die Probleme ausschließlich als Verhaltensfragen anzugehen. Führungspersonen mit psychologischen Problemen hätten dagegen von der Couch mehr als vom Coach.

Diese Unterscheidung ist auch auf das interkulturelle Coachen übertragbar. Wie oft erklären Kulturcoachs, ganz leicht die richtigen Ratschläge über korrektes Verhalten geben zu können – etwa: In Italien muss man Begeisterung zeigen, in Japan Diplomatie und bei Kundenbesuchen muss man einen grauen Anzug tragen. Diese Verhaltenstipps richten keinen Schaden an, sind aber, wie unsere Untersuchungen zeigen, völlig unzureichend und ohne Einsicht in die tieferen Werte, die sie ausdrücken. Es ist so, als würde man versuchen, gleich beim ersten Stelldichein den großen Max zu spielen – man wird schnell durchschaut.

Ein weiteres Problem beim Coachen ist, ob der Coach aus dem Unternehmen kommt oder von außerhalb. Natürlich ist der interne Mentor eine altbekannte Rolle für ältere Mitarbeiter, die dank ihrer Erfahrung und des Ansehens, das sie genießen, ein Vorbild für ihre jüngeren Kollegen sein können. Auf der anderen Seite haben wir den völligen Außenseiter, der keine firmeninternen Rücksichten nehmen muss, aber das Risiko hat, die unterschwelligen Entwicklungen im Unternehmen nicht mitzubekommen. Der erfolgreiche Coach weiß, wie neue Wege zu beschreiten sind, die sich aus den analysierenden Einblicken in die Organisation ergeben, jedoch mit dem nötigen Abstand.

Ein dritter Problempunkt ergibt sich aus der Spannung zwischen dem gecoachten Manager und dem Unternehmen, das die Rechnung zahlt. Das ist eine sehr heikle Frage, die viel zu häufig übersehen wird. Wenn der Coach unter dem Einfluss derjenigen steht, die sein Honorar bezahlen, ist er ganz einfach ein Angestellter, der verlängerte Arm des Arbeitgebers. Den Einzelnen andererseits beim Coachen zu weit zu treiben ist kurzsichtig und kontraproduktiv. Lee Hecht Harrison, einer der größten Vermittler von Coachs am Markt, hat dieses Dilemma erkannt. Nach seinem Leitprinzip erhält das Individuum beim Coachen maximale Zuwendung, jedoch im Rahmen der großen Ziele und Wünsche des Unternehmens.

Das Dilemma zwischen individueller und Gruppenbetreuung existiert auch beim Coachen. Der persönliche Coach hat die Aufgabe, dem Einzelnen zu einer besseren Rolle im Team zu verhelfen, von dem dieser ein Teil ist. Ein Teamcoach soll dagegen das Team anregen, Einzelnen zu außergewöhnlichen Leistungen zu verhelfen, eine in Asien und im Mannschaftssport gängige Praxis.

Ein weiteres Dilemma besteht zwischen dem »rational-distanzierten« und dem »emotional-engagierten« Vorgehen. Wenn man Sporttrainer beobachtet, etwa Arsène Wenger bei Arsenal London, bemerkt man, dass sie sich häufig Notizen machen. Wenger gilt tatsächlich als wandelndes Fußballlexikon, weil er schon so viele Spiele analysiert hat. Er ist das krasse Gegenteil zu Alex Ferguson von Manchester United, der dafür bekannt ist, seinen Gefühlen freien Lauf zu lassen, was so weit gehen kann, dass er Spielern auch schon einmal Schuhe an den Kopf wirft. Die meisten erfolgreichen Trainer bringen Distanz und Engagement jedoch auf einen Nenner. Sie unterscheiden sich lediglich durch unterschiedliche Ausgangspunkte.

Die vielleicht optimale Aussöhnung ist die zwischen Spielen und Coachen. Der Spieler-Trainer ist eine exzellente Vereinigung von beidem, solche Leute sind jedoch selten. Ruud Gullit hatte in England großen Erfolg, bis er der Belastung körperlich nicht mehr gewachsen war. Leider büßte er damit auch seinen Kampfgeist ein. Johan Cruijff war als Spieler ein sehr wichtiger Coach; seine Erfolge sind bekannt.

Als Unternehmenschef sollte man auch dem Coachen der eigenen Mitarbeiter und Kollegen etwas Aufmerksamkeit widmen. Man sollte nicht warten, bis man aus dem Ruhestand zurückgerufen wird, um die Rolle eines Emeritus zu spielen.

Bewertung und Entlohnung

Die Balanced Scorecard

Um dem finanziellen Übergewicht der meisten Leistungsbewertungen entgegenzuwirken, entwickelten Robert Kaplan und David Norton die viel beachtete Balanced Scorecard.

Danach sollen wir die Organisation aus vier Perspektiven betrachten und Kennzahlen entwickeln, Daten sammeln und sie unter jeder dieser Perspektiven analysieren:

- Die Lern- und Wachstumsperspektive umfasst Mitarbeitertraining und Unternehmens-(Kultur-)Standpunkte in Bezug auf individuelle und unternehmerische Selbstverbesserung.
- Die Unternehmensprozessperspektive – diese Kennzahlen müssen sorgsam von denen entwickelt werden, die diese Prozesse am besten kennen.
- Die Kundenperspektive beruht auf der zunehmenden Erkenntnis, wie

wichtig die Beachtung des Kunden und die Kundenzufriedenheit in jeder Branche sind.

– Die Finanzperspektive beibehalten, aber nicht so weit, dass die Gewichtung finanzieller Fragen zu einer »unausgewogenen« Situation hinsichtlich anderer Perspektiven führt.

Die (geplante) Integrated Scorecard

So wie wir Prototypen anderer Instrumente entwickelt haben, würden wir versuchen, die Ideen von Kaplan und Norton zu einer integrierten Scorecard auszubauen. Die Hauptschwierigkeit besteht darin, die beiden großen kulturellen Dilemmata der ursprünglichen Scorecard auszusöhnen, d. h. das Dilemma zwischen Vergangenheits- (Finanz-) und Zukunftsperspektive (Lernen und Wachstum) sowie das zwischen interner (Unternehmensprozess) und externer Perspektive (Kunden).

Folgt man der Logik, die dieses Buch durchzieht, besteht die beste Unterstützung der Vision und Strategie der Organisation in der Beantwortung der Frage, wie die finanzielle Leistung der Vergangenheit mit dem zukünftigen Wachstum wenn schon nicht in Übereinstimmung gebracht, so doch mit ihm ausgesöhnt werden kann. Ein Beispiel könnte sein, dass bestimmte finanzielle Überschüsse für die Lernbudgets des nächsten Jahres reserviert werden. Wir arbeiteten mit der finnischen Organisation Partek (SISU) zusammen, die das regelmäßig schafft.

Aussöhnung ist mehr als Ausgleich. Die (geplante) integrierte Scorecard kann zu einer gesteigerten synergetischen Wertschöpfung aus Leistungen beitragen und bedeutet nicht einfach nur die mathematische Addition der vier Bestandteile.

Erweiterung der Ideen Van Lenneps und Mullers zu den Bewertungseigenschaften

Jahrelang haben Shell und Mars das von Muller und Van Lennep entwickelte System der »Basic Appraisal Quality« (Grundlegende Bewertungseigenschaft) verwendet. Im Zuge seiner Promotion forschte Muller bei

Shell nach den Kriterien, die den Mitarbeitern halfen, in der Hierarchie aufzusteigen. Er fand einige Führungseigenschaften und wählte die fünf beständigsten aus. Jährlich wurde das Leistungsvermögen der Beschäftigten anhand dieser fünf Kriterien überprüft. Das System ist heute besser unter dem Namen HAIRL-System bekannt:

– Hubschrauber-Eigenschaft (die Kraft, sowohl Einzelheiten als auch das Ganze zu umfassen).
– Analytische Kraft (die Kraft, das Problem zu zerlegen).
– Imagination (die Kraft, ein Gefühl der Kreativität zu nutzen).
– Realitätssinn (die Kraft, mit beiden Beinen auf der Erde zu stehen).
– Leistungsfähige Führung (die Kraft, Menschengruppen effektiv zu führen).

Diese Kriterien wurden eindeutig festgelegt und mindestens einmal im Jahr angewandt, um das Potenzial von Hochschulabgängern zu bewerten und ihr gegenwärtiges geschätztes Potenzial (CEP) in Begriffen der Arbeitsebene auszudrücken, die sie mit etwa 50 Jahren erreichen würden. Es ist leicht zu erkennen, dass diese Fähigkeiten kulturell bedingt sind. Untersuchungen (Trompenaars und Hampden-Turner, 1997) Ende der 1980er-Jahre bestätigten das, und es wurden auch nationale Unterschiede erforscht. Aber mithilfe der multivarianten Analyse, die partielle Korrelationen benutzt, stellten wir fest, dass nur drei von fünf Kategorien signifikant mit CEP korrelierten. Es überraschte nicht sehr, dass »Realitätssinn« und »analytische Kraft« positiv mit CEP korrelierten. Die Hochschulabgänger arbeiteten in einem F & E-Umfeld. Überraschend war jedoch, dass »Imagination« negativ mit den Möglichkeiten der Hochschulabgänger korrelierte. Es bedarf noch vieler Untersuchungen, um ein neues System einzuführen, das 25 Jahre bewährte Praxis ersetzt.

Es ist immer leicht, die Stärken und Schwächen eines Systems aufzuzeigen und wie es die beherrschende Organisationskultur stützt (oder im Widerspruch zu ihr steht). Aber sobald die Analyse die Schwächen einer bestimmten Gruppe von Kriterien herausgearbeitet hat, denn das ist ein Abbild einer gewissen Kultur, stellt sich die Frage, ob man neue Kriterien finden kann, die mithelfen können, die Organisation in die gewünschte Richtung zu verändern.

Angenommen also, wir sollten das tun, wie können wir dann den kulturellen Faktor bei der Beurteilung von Menschen auf ein Minimum reduzieren?

Wir ersetzen die fünf einzelnen linearen Faktoren durch die gleichen fünf Kriterien, jedoch im Vergleich mit ihrem Gegenteil. Für den ersten Teil, der ursprünglich auf »analytischer Kraft« beruhte, würden wir »synthetische Kraft« einsetzen. Es wurde ein Auswertungssystem konzipiert, das sich auf einen revidierten CEP-Index bezog, damit diese Fähigkeit zum Umgang mit Gegensätzen dargestellt werden konnte.

Nach der alten Logik wurde angenommen, je höher die Entwicklung, desto talentierter der Einzelne. Wir wollen nichts gegen diese Aussage einwenden; es ist eine notwendige Eigenschaft, aber keine hinreichende. Nichts spricht gegen die Kraft, ein größeres Ganzes analytisch in kleinere Teile zu zerlegen. In vielen komplexen Situationen ist das eine sehr effiziente Methode. Wenn man die kleinere Einheit jedoch einmal erreicht hat, muss sie wieder zurück in das größere Ganze gebracht werden, das seinerseits seine Eigenschaft ändert. Nach diesem letzten Schritt laufen wir Gefahr, uns in immer kleineren Einzelheiten zu verzetteln, die auf Kosten des größeren Zusammenhangs analysiert werden. Der pathologische Befund der analytischen Kraft ist der abstürzende Hubschrauber.

Auf die gleiche Art wurden die anderen ursprünglichen linearen Faktoren durch das entsprechende zugeordnete Paar ersetzt. Die Hubschraubereigenschaft z. B. wurde beredt definiert als »Sicht auf die Probleme von einer höheren Warte bei gleichzeitiger Beachtung relevanter Einzelheiten. Sie erkennt ihre möglichen Verbindungen zu anderen Teilen der Umgebung innerhalb wie außerhalb der Organisation. Sie liefert eine ausführliche Lösung, die diese weiteren Verbindungen vollauf berücksichtigt, und ist für wirtschaftliche, soziale, politische und technische Umfelder aufgeschlossen.« Großartig, nicht wahr? Das hilft Ihnen, den Wald trotz der Bäume zu sehen, Höhe zu gewinnen und zu landen (vgl. Abbildung 7.6).

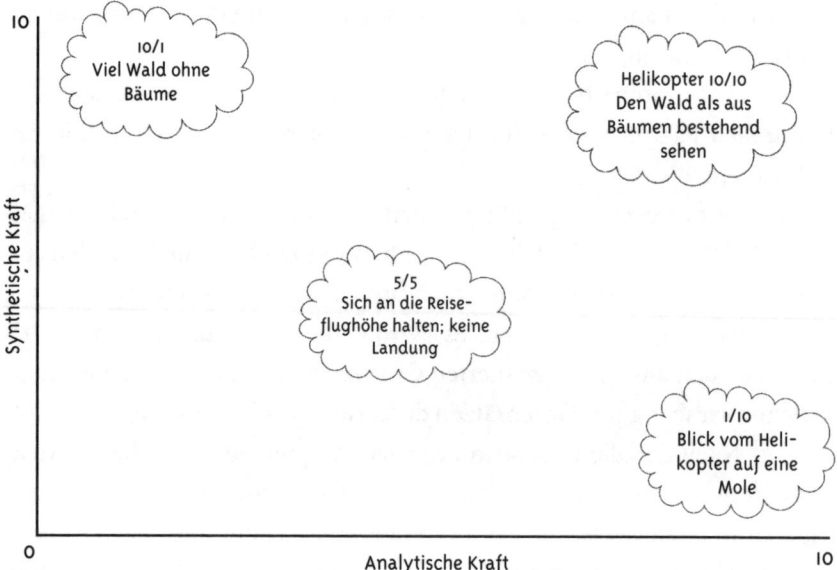

Abbildung 7.6 Vom Reduktionismus zum ganzheitlichen Verständnis

Der letzte Index war das Kreuzprodukt aus der Fähigkeit zu kombinieren und den zusätzlichen Punkten der analytischen und synthetischen Eigenschaften.

Interkulturelle Entlohnungen

Vergütungssysteme sind alles andere als simple Finanzinstrumente und haben als solche einen größeren Einfluss, als die meisten Manager vermutlich meinen. Außerdem hat der Zusammenhang zwischen den Mitteln und Zwecken solcher Systeme (wie das Prinzip Entgelt für Leistung) in den Kulturen unterschiedliche Folgen, weil den Bestandteilen eine unterschiedliche Bedeutung zugeschrieben wird.

Aus Gründen der Einfachheit können wir auf Wilsons Kategorien von Vergütungsprogrammen zurückgreifen:

- regelmäßige Zahlungen wie Löhne und Gehälter.
- Leistungslohn wie Prämien und andere variable Zahlungen mit Bezug zur Leistung des Betreffenden.
- Leistungen, die finanzielle Sicherheit oder entsprechende Dienstleistungen gewähren sollen.
- Anerkennungsprogramme wie Zertifikate, öffentliche Belobigung oder Beförderung.

Bei diesen Entlohnungen kann man zwischen Bar- und bargeldlosen Vergütungen einerseits sowie zwischen individuellen Entlohnungen und solchen für alle Beschäftigen wählen. Eine Kombination innerhalb dieser Zwei-mal-zwei-Matrix kann erklären, wie die Unternehmen versucht haben, das Vergütungsprogramm zu wählen, das ihrem Wunsch nach einer Förderung ihrer Strategien und Werte am ehesten entspricht.

Beispiele für Entlohnungssysteme	Barentlohnungen	Bargeldlose Enlohnungen
Alle/Gruppen	Gruppenprämie	Gesellige Zusammenkünfte der Beschäftigten
Individuell	Jährliche persönliche Prämie	Zugeschriebener Status – Berufsbezeichnung, größeres Büro

Die Personalführung muss also die Dilemmata bedenken, die sich ergeben, weil manche lieber im Team (Kommunitarismus) oder allein (Individualismus) arbeiten und weil die Bedeutung von Barentlohnungen als Anerkennung für Leistungen oder zugeschriebenen Status für sie relativ ist. Und ferner, um das globale und multilokale Dilemma auszusöhnen, vor allem ob das Vergütungssystem weltweit gleich oder an jedem Standort anders ist – oder gar in verschiedenen Abteilungen oder zwischen Funktionen unterschiedlich.

Aus einem unserer größeren Aufträge ergab sich:

- Die erkennbare Motivation aus einer variablen Entlohnung war unter den ranghöheren Mitarbeitern und denen, die erfolgreich waren und in den letzten Jahren Leistungsziele erreichten, deutlich höher. Außerdem wurden Beschäftigte in Verwaltungs- und Betreuungsrollen durch eine variable Entlohnung deutlich stärker motiviert als ihre Kollegen in der Forschung und Entwicklung sowie in der Technik.
- Die Wirksamkeit variabler Vergütungen wurde als abhängig von der Effektivität des Systems ringsum wahrgenommen – etwa von der Gleichheit und Gerechtigkeit der Einstufung, von der einsichtigen Relevanz der Leistungskriterien und davon, wie gut man über das neue Vorgehen informiert wurde. Es ist, als ob man in ein altes Auto einen neuen Motor einbaut, wobei dann alle Teile sehr viel stärker beansprucht werden.
- Beschäftigte in einer überwiegend aufgabenorientierten Unternehmenskultur schätzten eine variable Entlohnung offenbar deutlich mehr als die Mitarbeiter in einer familien- und rollenorientierten Kultur. Das wurde dadurch belegt, dass Personen, die glaubten, ihre Umgebung zu beherrschen, und die stärker selbstbezogen waren, sich durch das System stärker motiviert fühlten als die Fatalisten und teamorientierten Individuen. Auch eine Zukunftsorientierung und eine Präferenz für die Beherrschung der eigenen Emotionen hingen eindeutig mit der Wertschätzung für den neuen vorgeschlagenen Plan eines Entgelts für Leistung zusammen.

Diese Schlüsse überraschen vielleicht nicht und waren möglicherweise auch vorhersehbar. Sie waren jedoch der Ursprung vieler Dilemmata, als versucht wurde, eine transeuropäische Politik zu entwickeln. Wie geht man mit Funktionen in der Herstellung um, wenn man nicht daran glaubt, dass sie in der Lage ist, die eigene Produktion zu steuern? Oder mit eher rollenorientierten Kulturen in Deutschland und familienorientierten Kulturen in Frankreich, Italien und Spanien, die offenbar stärker durch andere Entlohnungen motiviert werden, wie z. B. durch ständiges Lernen, Loyalität oder berufliche Aussichten (durch die man Ansehen akkumulieren und so einen zugeschriebenen Status erlangen kann)?

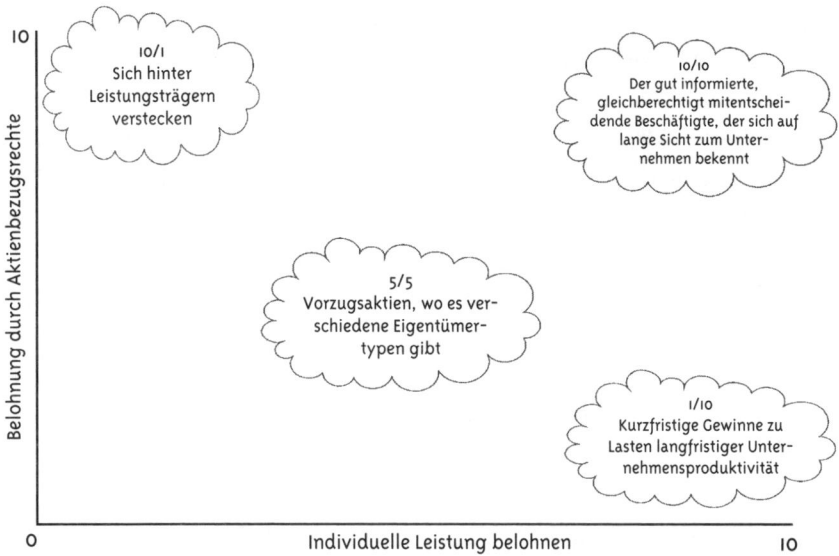

Abbildung 7.7 Das Pfund in der Tasche

Doch die Segnungen dieser Pläne stellen sich nicht von selbst ein. Es gibt immer mehr typische Beispiele, die zeigen, dass der Erfolg eines Aktienplans wesentlich vom kulturellen Kontext abhängt, in dem er angewandt wird. Die kulturellen Dilemmata individuell–Gruppe, kurz- und langfristig, richtungweisend–partizipativ sowie innerer und äußerer Kontrollort können in einer integrierten Kultur ausgesöhnt werden.

Der Aktienbezugsrechtsplan für alle Mitarbeiter von Cisco ist ein gutes Beispiel. Die Unternehmensführung betont, dass das Programm allein noch keine Eigentümerkultur schafft; es ist lediglich ein Ausdruck dieser Kultur. Die Unternehmenskultur von Cisco spricht Teams an, deren einzelne Mitglieder befugt sind, wichtige Entscheidungen zu treffen, die kurzfristiges Handeln mit langfristigen Strategien verbinden. Im Übrigen können Mitarbeiter nicht durch Optionen motiviert werden, wenn sie sie nicht verstehen, und das Unternehmen betreibt aus diesem Grund ein Schulungsprogramm. Und es gibt kein kulturelles Umfeld, in dem das nicht wirkt (Abbildung 7.7).

Es ist verblüffend, wie viele Untersuchungen ergeben haben, dass Geld nicht motiviert. Aber Etzioni hat schon im 19. Jahrhundert darüber geschrieben, als er erklärte, dass es drei Arten gebe, Menschen zu beherrschen: durch Gewalt, durch Geld und durch normative Kontrollen, und dass nur die dritte Art motiviere. Geld macht sogar unzufrieden. Die Beschäftigten gewöhnen sich rasch an das angenehme Gefühl und wenden sich dem nächsten Gegenstand der Erwartung zu.

Der Internationalisierungsprozess zwingt uns, vieles von der bestehenden Logik des Führungsdenkens anzupassen. Es gibt einige Optionen, die sich nicht so gut bewähren. Man kann ein Entlohnungssystem wählen, das den Teamgeist beflügelt. Die Japaner sind darin Meister, doch es führt häufig zu kollektivem Mittelmaß. Noch schlimmer ist der Kompromiss – die Belohnung des kleinen Teams. Sowohl der Individualist als auch der Teamplayer fühlen sich dann demotiviert. Die klassische Lösung lautet »Koop-bewerb«, was so viel heißt wie kooperieren, um Wettbewerb zu betreiben. Solche Vergütungssysteme zielen darauf ab, dass kreative Individualisten Teams bilden, die mehr leisten, als erwartet wird.

Die notwendigen Rollen eines erfolgreichen Teams

Belbin (1996) beschrieb ein erfolgreiches Team als eine Gruppe von Menschen, die durch vier Phasen einem gemeinsamen Ziel zustreben: formen, stürmen, normieren und vollbringen. In der Realität hängt die Dynamik eines Teams jedoch von den unterschiedlichen Beiträgen der einzelnen Rollen im Team ab. Diese Spannungen, die von den dem Team zur Verfügung stehenden Ressourcen zu den verschiedenen Fähigkeiten und Denkweisen fließen, müssen ausgeglichen werden. Aber mehr noch: Die Beiträge der einzelnen Mitglieder beschränken sich nicht auf deren primäre Rolle im Team, sondern auf Veränderungen und das Schlüpfen in andere Rollen, wenn die Teammitglieder sich bei ihren Bemühungen wechselseitig beeinflussen und kommunizieren. Beim Übergang zwischen den vier Phasen werden die Unterschiede zwischen den Rollen noch deutlicher und der Ausgleich zwischen den verschiedenen Ausrichtungen wird unerlässlich.

Es gibt also ein Spannungspotenzial zwischen jeweils zwei primären Rollen. Wenn sie sich als Dilemma manifestieren und nicht ausgesöhnt werden, bleibt das Team in der Sturmphase. Werden die Dilemmata ausgesöhnt, kann das Team in die höheren Ebenen des »Vollbringungs«-Modus aufsteigen.

Dilemmata werden zwangsläufig zwischen Menschen ausgetragen und es ist die Aufgabe der Personalprofis, im Unternehmen für ein Umfeld zu sorgen, in dem diese Dilemmata ausgesöhnt werden können. Auf der Meta-Ebene besteht die Aufgabe der Personalführung darin, die Spannung zwischen der organisatorischen und der individuellen Perspektive jedes Mitarbeiters auszusöhnen.

Kapitel 8

Interkulturelles Finanz- und Rechnungswesen

In ihrem klassischen Werk bezeichnen May, Mueller und Williams das Rechnungswesen als eine »Sprache«. Wenn das zutrifft, überrascht es nicht, dass der Fluch von Babel auf ihm lastet. Nicht nur die Länder haben ihre eigenen Regeln, auch die Branchen, ja sogar einzelne Unternehmen. Wie auch in den anderen in diesem Buch erörterten Unternehmensbereichen bringt das eine Fülle verschiedener Dilemmata mit sich. Wie wir sehen werden, haben viele Dilemmata ihren Ursprung in Regeln (Universalismus), die nur schwer mit unternehmensspezifischen Bedürfnissen (Partikularismus) auszusöhnen sind, wenn wir es mit unnachgiebigen Instanzen und ausländischen Regierungen zu tun haben.

Das Rechnungswesen existiert, um Vergleiche über einen Zeitraum und zwischen Unternehmen zu ermöglichen, und zwar hauptsächlich zu drei Zwecken. Erstens soll es den Aktionären Informationen liefern, damit sie wissen, wie und wo ihre Einlagen vertreten sind, zweitens ist es für den Markt und drittens dafür da, dass das Management führen kann. Während diese Zwecke unterschiedlich sind, ist die Informationsquelle, wenn auch nicht ihre Darstellung, im Wesentlichen die Gleiche.

Vergleichbarkeit versus Einhaltung

Wir alle wissen, dass die Bilanzierungsgrundsätze dazu benutzt werden können, die Aktivitäten einer Organisation bewusst zu verzerren, was ein Problem darstellt. Im *Money Programme* der BBC wird immer wieder erklärt, dass »Gewinn nur eine Zahl ist, die von den jeweils angewandten Bilanzierungsgrundsätzen abhängt«. Internationale Bilanzierungsrichtlinien bestehen, um Abweichungen zwischen verschiedenen Bilanzen zu reduzieren. Es gibt weitere Richtlinien, die aber eher Konventionen gleichen und nicht zwangsläufig die Kraft lokalen, geschweige denn internationalen Rechts haben. Und natürlich muss ein Weltunternehmen diese Unterschiede zwischen den Grundsätzen des Landes, in dem die Firmenzentrale sitzt, und den Bedingungen seiner Auslandstöchter ausgleichen. Der interne Zwischenabschluss mag, anders als die Finanzkonten, leichter umzuformatieren sein, um eine gemeinsame Basis für das Berichtswesen und die Entscheidungsfindung zu liefern.

Viele Vorschriften erschweren die Vergleichbarkeit. Der International Standard 17 empfiehlt die Kapitalisierung von geleasten Vermögensgegenständen nach dem Grundsatz, dass das Vermögen Vorrang vor der Form hat. Die deutschen Bilanzierungsgrundsätze verlangen, dass der Abschluss nach einer Steuerbemessungsgrundlage erstellt wird, und verbieten diese Behandlung – und erschweren so die Vergleichbarkeit, sofern nicht mehrere Abschlüsse für verschiedene Zwecke erstellt werden. Es besteht also ein grundlegendes Dilemma zwischen der Notwendigkeit zur Einhaltung und dem Maß an De-jure- und De-facto-Harmonisierung (Vergleichbarkeit). Eine Abart dieses Dilemmas liegt darin, dass der Grundsatz der wirtschaftlich angemessenen Darstellung der Einhaltung entgegensteht. In der Europäischen Union wurden viele Richtlinien erlassen, an die sich die einzelnen Länder inzwischen halten müssen. Schwierigkeiten können einmalig auftreten, wenn neue Regeln eingeführt werden (etwa eine Änderung der Liquidität gemäß der Spezifikation einer neuen Liquiditätsmarge, die von der bisherigen Praxis abweicht), oder aber von Dauer sein.

Der Ursprung dieser Probleme liegt in vieler Hinsicht im Begriff der Istkostenrechnung, weil sie verschiedene Auslegungen zulässt. So ist die Aktienbewertung nach der Lifo-Methode (last in, first out) in Europa nicht häufig, weil sie keine Steuervorteile bringt. Wendet man bei Inflation die Lifo-Methode an, sind die Kosten der verkauften Waren höher und der Aktienwert niedriger als bei der Fifo-Methode (first in, first out). Die Aktienkurse steigen dagegen in den USA, wenn die Lifo-Methode angewandt wird, trotz eines kurzfristigen Rückgangs bei den ausgewiesenen Gewinnen. Das geschieht deshalb, weil die Lifo-Methode den Unternehmenswert nicht verringert, sondern dadurch vermehrt, dass sie die Steuerzahlungen mindert, ohne die Wertschöpfung der fundamentalen unternehmerischen Handelsaktivitäten in irgendeiner Weise zu ändern. Einige Untersuchungen lassen vermuten, dass der Markt den Einzelheiten hinter den Bilanzierungsgrundsätzen der veröffentlichten Abschlüsse nicht genug Beachtung schenkt – obwohl es natürlich spezialisierte Analysten gibt, die solche Einzelheiten genau untersuchen, um Aktienhändler und andere Kunden mit Informationen zu versorgen.

Die Frage, ob es möglich ist, einheitliche Bewertungsgrundsätze zu bestimmen, ist schon oft gestellt worden. Demski (1976) hat ausführlich darüber berichtet und kam zu dem Schluss, dass das Rechnungswesen notwendigerweise »partikularistisch« sei. Chambers (1976) erklärte anschließend, wenn Demskis Grundsatz zutreffe, sollten wir auf der Stelle aufhören, so zu tun, als ob das Rechnungswesen geordnet wäre. Demski erwiderte darauf, dass die Bedürfnisse des Benutzers sich unterscheiden und dass jedem Benutzer mit einem unterschiedlichen (partikularistischen) Abschluss am besten gedient sei. Es wird jedoch immer Marktkräfte geben, die, wenn Richtlinien fehlen, Informationen offen legen, und es wird allgemein üblich, rechtliche Beschränkungen gegenüber Beschäftigten durchzusetzen, um Offenlegungen zu verhindern, die einem Konkurrenten Vorteile verschaffen oder den taxierten Unternehmenswert am Markt beeinflussen könnten. Die praktische Seite der Offenlegung wird zu einem großen Teil durch Bilanzierungsrichtlinien bestimmt, die in dem Grundsatz festgehalten sind, dass derjenige, der Finanzabschlüsse liest und benutzt, die elementaren Annahmen kennen sollte, auf denen sie beruhen.

Dieser Ansatz ist jedoch viel zu einfach. Wir müssen Fragen bedenken, die sich herleiten von:

1. objektiver versus subjektiver Darstellung
2. unterschiedlichen Bedeutungen (vor allem in unterschiedlichen Kulturen)
3. politischem Willen in verschiedenen Ländern.

Objektive versus subjektive Darstellung

Bilanzierungsgrundsätze sind die Regeln, derer sich Unternehmen bedienen, um festzulegen, wie sie ihren Abschluss erstellen. Sie beruhen im Allgemeinen auf der Voraussetzung, dass die anzuwendende Verfahrensweise die ist, die am geeignetsten erscheint. Aber für wen am geeignetsten? Ein Bereich für Verbesserungen ist dadurch gegeben, dass die Offenlegung von Bilanzierungsgrundsätzen praktisch nicht weiterhilft und es häufig schwierig ist, genau festzustellen, welche Grundlagen und Annahmen angewandt worden sind. Es gibt oft reichlich Informationen, aber kaum Erklärungen. In vielen Fällen fehlt nicht nur eine klare Richtlinie, sondern auch die einfache Wahl zwischen Alternativen. Aber denken wir daran, dass es in die Verantwortung der Unternehmensführung fällt, die für die Branche optimalen Bilanzierungsgrundsätze zu wählen. Es würde daher nicht überraschen, wenn ein Manager, der ein Darlehen aufnehmen möchte, das eine bestimmte Vertragsklausel erfordert, sich für Bilanzierungsgrundsätze entschließen würde, die es seinem Unternehmen erleichtern, diese Klausel zu erfüllen.

Oft werden veröffentlichte Abschlüsse auf wenigen Seiten zusammengefasst, denen allerdings umfangreiches Informationsmaterial beigegeben ist, das oft unverständlich ist. Selbst wenn die Grundlage, auf der der Abschluss erstellt wurde, offen ersichtlich ist, könnte es doch sein, dass man aus denselben Daten unterschiedliche Schlüsse zieht.

Nehmen wir ein einfaches Beispiel, um das zu verdeutlichen. Wenn nur eine Alternative veröffentlicht wird oder verfügbar ist, denkt der Leser vielleicht nicht daran, dass auch eine andere Darstellung hätte gewählt werden können.

Merke: Genau die gleichen Daten werden benutzt, um zwei ganz verschiedene Geschichten zu erzählen.

Bei einer Übernahme ist geplant, dass die Zentrale dadurch ihre Erlöse gegenüber dem aktuellen Ergebnis verdoppelt, u. a. weil einige

Kunden der neuen Tochter in den Umsatz der Zentrale eingerechnet werden. Der geplante Erlös der übernommenen Tochter wird demzufolge zurückgehen und deren geplanter Gesamterlös wird Prognosen zufolge auf die Hälfte des aktuellen Ergebnisses fallen. Wie Abbildung 8.1 zeigt, erhofft man sich von dem Erwerb insgesamt einen Durchschnittsgewinn von 25 Prozent.

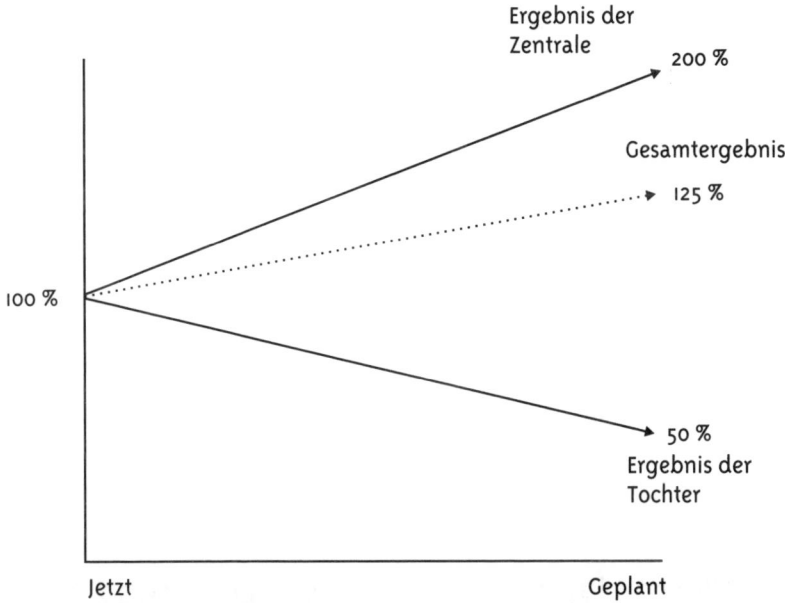

Abbildung 8.1   Planung einer erfolgreichen Übernahme

Ein Jahr darauf erklärt der ehemalige CEO des übernommenen Unternehmens, dass die Übernahme kein Erfolg war. Er könnte (mit denselben Zahlen) so argumentieren: Das Mutterunternehmen mag seine Erlöse von 50 Prozent vor einem Jahr auf den jetzigen Stand erhöht haben, aber wie die Abbildung 8.2 zeigt, wird das dadurch relativiert, dass das Tochterunternehmen die Hälfte seiner Erlöse eingebüßt hat, sodass das Ergebnis der Übernahme insgesamt einen Rückgang um 25 Prozent bedeutete, von 125 Prozent des aktuellen Gesamtniveaus vor einem Jahr auf 100 Prozent heute.

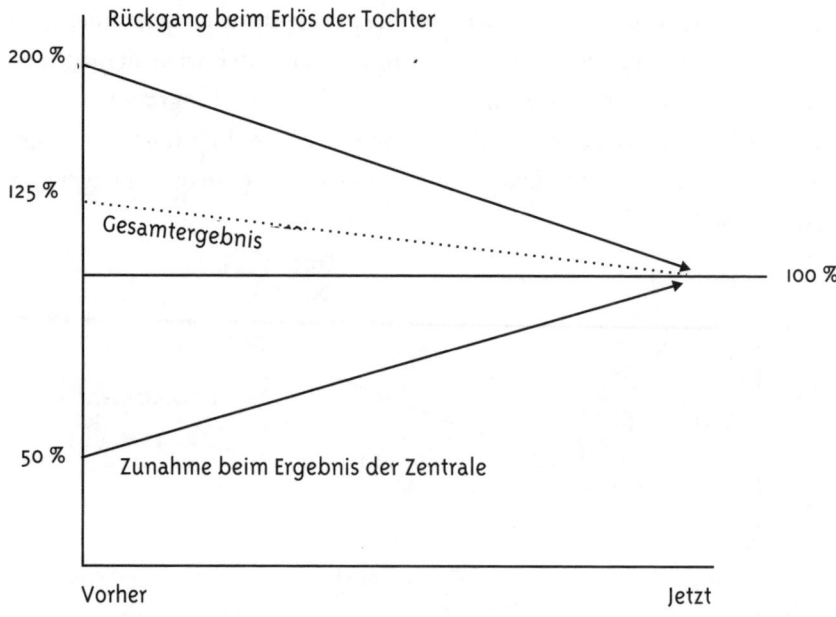

200 % Rückgang beim Erlös der Tochter

125 %

Gesamtergebnis

100 %

50 % Zunahme beim Ergebnis der Zentrale

Vorher   Jetzt

Abbildung 8.2   Rückblick auf die erfolglose Übernahme

Unterschiedliche Bedeutungen

Solomons (1986) bemerkt zu den Vorzügen der Objektivität ganz sachlich, dass Abschlüsse neutral sein sollten, nicht gefühlsbetont. Auch wenn jede Information sich auf das menschliche Verhalten auswirkt, sollten die Buchhalter doch danach trachten, sie neutral zu gestalten. Das hätte zur Folge, dass verschiedene Buchhalter identische Abschlüsse erstellen müssten, aber wir wissen, dass es dazu nicht kommen wird.

Altman (1968) hat in seinem klassischen Werk über die Vorhersage von Bankrotten nichts zur Frage von Übernahmen gesagt. Als z. B. Baring's 1995 in Schwierigkeiten geriet, bemühte sich die Bank von England fieberhaft darum, den Verkauf des Finanzinstituts an einen von sechs internationalen Giganten zu forcieren, der die Verluste verkraften und den

Namen erhalten konnte. Zumindest in der Bankenbranche der Vereinigten Staaten können finanzielle Versäumnisse auch eine Übernahme nach sich ziehen. Eine Übernahme kann aber auch das Ergebnis finanziellen Erfolgs sein.

Politischer Wille

Einige Länder arbeiten offenbar mit verschiedenen Bilanzierungsphilosophien, um ihrer Wirtschaft oder beherrschenden politischen Parteien zu helfen. Das kann von Regierungen, die nicht gegen Drogenbosse vorgehen, bis zu Staaten reichen, die lediglich verschiedene Besteuerungsebenen haben. Wenn man früher sein Unternehmen auf der Isle of Sark registrieren ließ, um Körperschaftsteuer zu sparen, gab es dafür den gängigen Ausdruck »Sark Lark« (Sark-Jux)

Je kooperationsunwilliger ein Land im Kampf gegen Wertpapierbetrug ist, desto attraktiver wird es als Schauplatz für alle, die sich über das Wertpapierrecht hinwegzusetzen suchen, und für die Erlöse aus diesen illegalen Transaktionen. Der Internationale Währungsfonds (IWF) ist, bilateral und über internationale Organisationen, darum bemüht, »kooperationsunwillige« Länder dazu zu bewegen, sich der internationalen Gemeinschaft zur Durchsetzung der Fondsanliegen anzuschließen. Dank dieses internationalen Drucks haben die letzten Jahre einige Änderungen im einen oder anderen Steuerparadies gebracht.

Wer nennt wen unmoralisch?

Sobald wir uns auf internationalem Terrain bewegen, müssen wir daran denken, dass andere Kulturen einem Ereignis eventuell eine andere Bedeutung beimessen. Vergleichen Sie folgende Vorkommnisse, die uns beide von Kunden geschildert wurden.

Ein amerikanisches Telefonunternehmen lieferte eine Telefonanlage an eine regionale staatliche Stelle in Nigeria.

Ein Lokalpolitiker forderte ein »Beratungshonorar«, um den Vertragsabschluss zu »beschleunigen«.

Das amerikanische Unternehmen hatte Zusatzkosten in Höhe von 20 000 US-Dollar.

Ein US-Unternehmen kaufte bei einer Bergwerksgesellschaft in Nigeria eine große Lieferung Rohstoffe. Man einigte sich auf die Zahlungsbedingungen: Das amerikanische Unternehmen würde die Rechnung des nigerianischen Lieferanten binnen 30 Tagen prüfen und abzeichnen, die Zahlung sollte sofort im nächsten Zahlungszyklus erfolgen.

Die Rechnung traf zusammen mit der Sendung am 1. Februar in den USA ein. Aber weil der Februar nur 28 Tage hat, erreichte die abgezeichnete Rechnung die EDV-Abteilung nicht rechtzeitig, damit die Zahlung noch im nächsten Zyklus, also bis Ende März, hätte erfolgen können. Die Amerikaner wiesen darauf hin, dass sie sich buchstabengetreu an die Zahlungsvereinbarungen gehalten hätten.

Der nigerianische Lieferant hatte wegen der Verzögerung zusätzliche Zinskosten von 20 000 US-Dollar.

Michel Camdessus, von Januar 1987 bis Februar 2000 Managing Director des Internationalen Währungsfonds, war einer der Vorreiter dieser Globalisierung der Finanzmärkte. Auch wenn die Märkte ein hohes Maß an technischer Perfektion erreicht haben, hat die gewaltige Geldmenge sie doch anfällig für heftige Kapitalschwankungen gemacht, und zwar auf Grund einiger Mängel wie schwacher Kreditinstitute, mangelnder Transparenz bei den Kapitalbewegungen und eines Umfeldes, in dem die Regulierung und Überwachung der Finanzinstitute weltweit einfach nicht Schritt gehalten haben mit der Entwicklung der Märkte.

Das hat seinerseits die Empfängerländer und Schwellenmärkte anfälliger für periodische Krisen und Ansteckungsgefahren gemacht. Was die Entwicklung angeht, können zweitens noch nicht genug Länder ausreichend – oder überhaupt nicht – von den enormen Möglichkeiten profitieren, die die Globalisierung bietet. Eine Lösung des ersten Problems, die die Berechenbarkeit der Kapitalströme in einer stärker integrierten Weltwirtschaft verbessern würde, würde die Chancen für eine nachhaltige Entwicklung in der Welt steigern, auch wenn das allein natürlich nicht reicht. Das macht deutlich, wie wichtig die Reform des internationalen Finanzsystems ist, und beleuchtet auch einen speziellen Aspekt, die Gesundheit des Finanzsektors.

Camdessus erklärte ferner (am 28. September 1999 vor dem Board of Governors des IWF in Washington): »Das gesunde internationale Finanzsystem, das wir alle uns wünschen, muss gesunde und widerstandsfähige nationale Finanzsysteme überall auf der Welt umfassen, geregelt und überwacht nach international einheitlichen, transparenten Standards und einem entsprechenden Verhaltenskodex. Der Aufbau eines Umfelds für stetige Kapitalströme erfordert auch, dass die Länder, die diese Ströme anziehen wollen, das Vertrauen der Investoren rechtfertigen, indem sie gesunde, gut geführte Volkswirtschaften etablieren, die auf einer transparenten Politik basieren.«

Ist Universalismus die einzige Antwort?

In einem Vermerk und einer Bekräftigung dieser Grundsätze erklärten die Führer der größten Industrieländer, die G7, unzweideutig ihre Unterstützung für nachhaltige Reformen des internationalen Währungs- und Finanzsystems. Diese Haltung kommt auch in den Vorschlägen der G22 zum Ausdruck, einer Gruppierung von Industriestaaten und Schwellenmarktländern, die sich besonders mit Vorschlägen zur internationalen Währungsreform befassen. Zu den wichtigsten Punkten einer solchen Reform müssten unbedingt gehören:

- international anerkannte und konsequente Standards und Verhaltenskodizes auf der Grundlage besonders guter Erfahrungen
- transparentes Verhalten aller Marktteilnehmer
- gestärkte nationale Finanzsysteme
- ordnungsgemäße Eröffnung von Kapitalkonten
- ein privater Sektor, der sowohl die Risiken als auch die Gegenleistungen der Schwellenmärkte akzeptiert und an der Vorbeugung und Lösung von Krisen mitarbeitet.

Selbst wenn alle Regierungen sich verpflichten würden, sich anzunähern und dem nachzukommen, wäre die Aufgabe gigantisch. Veränderungen auf grundlegender Ebene wären erforderlich. In einigen Ländern gibt es Bestimmungen, die von Tochtergesellschaften einen Jahresabschluss zu einem ganz bestimmten Zeitpunkt verlangen, was jährliche Vergleiche erschwert. Amerikanische Unternehmen müssen z. B. ihren Jahresabschluss zum 31. Dezember eines jeden Jahres erstellen. Bei vielen britischen Unternehmen endet das Geschäftsjahr im April.

Es gehört nicht zur Aufgabe von Behörden oder Regierungen, anderen Ländern ihr imperialistisches Diktat aufzuzwingen. Notwendig ist vielmehr, durch Überwachen der Ausnahmen und Durchführungsschwierigkeiten die Bilanzierungsrichtlinien ständig zu verbessern, um sich mit der Notwendigkeit eines Standardsystems anzufreunden, das länderübergreifend eine gemeinsame Sprache, die den mannigfaltigen Bedürfnissen entspricht, bereitstellt.

Führungsorientiertes Rechnungswesen

Das führungsorientierte Rechnungswesen war, wie einige andere Bereiche der Unternehmenskontrolle, mehrere Jahrzehnte relativ beständig. In letzter Zeit hat das Management die Notwendigkeit neuer Systeme erkannt, die das Streben nach »Weltklasse« befördern und den anderen Änderungen wie TQM (Total Quality Management) und BPR (Business Process Reengineering) entsprechen. Roselender (1995) forderte ein »relevantes führungsorientiertes Rechnungswesen«, das die für einen Wettbewerbsvorteil erforderlichen Informationen liefern kann.

In vielen Fällen hatte jedoch das Überleben Vorrang, vom nachhaltigen Wachstum gar nicht zu reden. Schon vor der Balanced Scorecard hatten Kaplan und Johnson (1997) die Notwendigkeit völlig neuer Systeme für führungsorientiertes Rechnungswesen gesehen. Wir können die Probleme, die sie erkannten, zu einer Reihe von Dilemmata zusammenfassen.

- Messen der Leistung Einzelner (bottom-up) versus Messen der Leistung der Organisation (top-down). Dieses Dilemma kann sich als der große Stolperstein zum Verhindern von Veränderungen erweisen, wenn es nicht ausgesöhnt wird.
- Zurückblicken auf das, was geschehen ist, versus Vorausblicken auf die Ergebnisse des nächsten Jahres. Bei der Planung wird zu wenig vom Zero-Base-Budgeting (Null-Basis-Budgetierung, bei der so getan wird, als würde das Unternehmen erst jetzt gegründet) ausgegangen. Statt sich auf das zu konzentrieren, »was warum geschehen ist«, muss die

Aufmerksamkeit dem gelten, »was wir lernen und welche positiven Aktionen wir durchführen können«.
- Kurzfristiger Umgang mit Cashflow versus längerfristigere strategische Bedürfnisse.
- Externer Druck von Finanzinstituten, kurzfristige Gewinne zu melden, versus interne Notwendigkeiten zu langfristiger Anlagebewertung. Langfristige Planung kollabiert durch den Einsatz von Verfahren wie DCF (diskontierter Cash flow) oft bei kurzfristigem Denken. In Japan werden solche Methoden sehr viel seltener angewandt als in den USA oder Europa.
- Die Zeit, die die Buchhaltung braucht, um die Einhaltung dessen zu erreichen, was gesetzliche Vorschriften, Aktionärskräfte und Interessen von Institutionen fordern, versus Erzeugen und Überwachen entscheidender Informationsströme.

Interessant ist, dass in Frankreich das *Tableau de Bord* vergleichsweise innovativ ist, wo es um die Einbeziehung von Leistungs- und Überwachungsmaßnahmen geht, die über die traditionelle *mèthod (PRWI) des sections homogènes* hinausgehen.

Bei der traditionellen Kostenrechnung geht man von der Existenz eines Zusammenhangs zwischen Gemeinkosten-Verrechnungsfaktor (der z. B. für die direkten Lohnstunden verwendet wird) und dem Auftreten von Gemeinkosten aus. In der Realität sind jedoch viele Gemeinkosten nicht linear von den Produktions- oder Arbeitsstunden abhängig. So kann also der Umfang an Aktivitäten und Kosten, der der Einkaufsabteilung für das Produkt A zugewiesen wird (ein kostengünstiges Massenprodukt), ähnlich dem für das Produkt B sein (ein Produkt mit geringen Umsätzen, jedoch mit einer höheren Bruttospanne). Es ist also der Umfang der Aktivitäten, der die Kosten bestimmt, nicht die Produktionsmenge. Trotzdem verwenden die meisten Organisationen noch immer diese Übergangs-Vollkostenrechnungssysteme für die Bewertung der internen Wertschöpfung. Als Folge können betriebsinterne Entscheidungen auf einer scheinbar rationalen Grundlage getroffen werden, die jedoch in Wirklichkeit auf einer falschen Logik beruht, weil die Daten auf dem externen Markt dem entgegenstehen. Mit dem Vormarsch der Technologie wandelt sich die Arbeit jedoch vom »Machen« (einen Gegenstand auf einer Drehbank herstellen) zum »Kontrollieren« (eine numerisch gesteuerte Werkzeugmaschine aufstellen und überwachen, die die Herstellung durchführt). Außerdem verlagern sich die indirekten Kosten in unserer immer oligopolistischer werdenden Welt weiter zu den Verkaufs- und Marketingaktivitäten.

Neuere Methoden des führungsorientierten Rechnungswesens

Auch wenn die Kostenrechnung nie eine exakte Wissenschaft war, sind die herkömmlichen Modelle der heutigen Wirtschaftspraxis doch nicht mehr gewachsen. Wir müssen deshalb fragen, welche Dilemmata sich bei der Suche nach neuen Methoden und ihrer Anwendung ergeben.

Wir müssen uns mit Fragen beschäftigen, die sich aus den Rechnungslegungsmethoden selbst ergeben, aber auch mit Fragen der Durchführung und Anwendung. Diese neuen Methoden sind nicht unabhängig von maßgeblichen Führungsstrategien wie TQM, Benchmarking, BPR und der Balanced Scorecard.

Im Großen und Ganzen können wir der neuen Generation folgende Methoden zurechnen:

- *Activity-Based Cost Management (ABCM),* die Steuerung von Geschäftsprozessen unter dem Gesichtspunkt der Prozesskostenrechnungsmethode. Es umfasst die Analyse der Betriebsausgaben durch Hinweis auf die besonderen Aktivitäten, die erforderlich sind, um ein Produkt oder eine Dienstleistung in einen bestimmten Zustand oder eine Position zu bekommen. Das Ziel ist selbstverständlich, ständig den Wert der Aktionen, der durch die Aktivitäten erzielt wird, sowie den erzielten Gewinn zu steigern. Wir könnten ABCM als eine spezifische Funktion betrachten, während BPR das übergeordnete diffuse Gegenteil ist.

– *Throughput Accounting (TA)*. Diese Analyse umfasst das ständige Synchronisieren und Anpassen des Herstellungs- oder Dienstleistungsprozesses bei relativen Engpässen sowie die Konzentration auf Ressourcenkapazität, Zeit und Wertschöpfung.
– *Strategisches führungsorientiertes Rechnungswesen (SMA)*. Diese Methode stellt ab auf die Wertsteigerung gegenüber den Wettbewerbern und auf die längerfristige Investitionsbewertung, außerdem auf die Betriebskapitalnutzung.

Diese Methoden setzen sich bei vielen Organisationen allmählich durch, wenngleich die herkömmlichen Verfahren noch überwiegen. Allgemein sind diese neuen Methoden in den USA verbreiteter als in Europa. Die Lohneinzelkostenerfassung ist in Japan noch immer beliebt und wurde im Westen als ein Anreiz für das Management interpretiert, die Arbeitskosten zu überwachen und zu minimieren. Aus Sicht der einzelnen Beschäftigten ergibt sich für sie die Notwendigkeit, ihre Rolle in der Organisation bei abnehmender Arbeitsplatzsicherheit zu rechtfertigen, wofür die traditionelle Budgetkontrolle ein solches Instrument bereitstellen könnte.

Beispiele für Dilemmata aus dem führungsorientierten Rechnungswesen

In jedem Standardlehrbuch über Betriebsführung wird beschwörend darauf hingewiesen, dass die Entscheidungsfindung sich auf die Entscheidungstheorie stützen sollte – d. h., dass Entscheidungen der Betriebsführung auf einer logischen, analytischen Grundlage fußen sollten und dass aus dem führungsorientierten Rechnungswesen Daten herangezogen werden sollten, um alternative Handlungsverläufe zu bewerten. In der Praxis allerdings kommen die Geschäftsentscheidungen nicht durch einen solchen objektiven analytischen Prozess zu Stande. Der traditionelle Entscheidungsansatz scheitert daran, wie Manager ihre kulturellen Vorurteile in die Interpretation der Daten einfließen lassen. Die verschiedenen Manager in einer Gruppe handeln nicht konsequent, sodass man durch Aussöhnung zum Konsens kommen muss. Ein und dieselbe Entscheidung erfolgt nicht jedes Mal unter den gleichen Umständen oder auf Grund der gleichen Basisdaten. Selbst wo Manager meinen, objektiv zu sein, können sie einer Information eine bestimmte Bedeutung beimessen, die ihre Sicht subjektiv, schlimmstenfalls sogar ethnozentrisch machen kann. Die wirklichen Probleme werden immer komplexer, sodass die Bewertung von Handlungsabläufen, die eine Alternative zu Abrechnungsbewertungsverfahren darstellen, zu Dilemmata führt, bei denen die eindeutigen Alternativen entweder gleich attraktiv oder gleich unattraktiv sind.

Handlungsautorität versus Besitzer von Wissen

Wenn man die neueren Methoden (ABCM etc.) einführen will, ergibt sich das häufig auftretende Dilemma zwischen den Personen, die am meisten über die bestehenden Systeme und darüber wissen, welche Verbesserungen erforderlich sind, und den Managern, die zu Entscheidungen und Änderungen ermächtigt sind. Kommunikation, Engagement, Schulung und Abbau von Angst sind a priori notwendig, um dieses Dilemma auszusöhnen.

Integration versus Alleingang

Viele sind der Meinung, man sollte die ABCM-Systeme nicht als eine Erweiterung der Finanzsysteme sehen, sondern als ein Gesamtbetriebssystem und nicht nur als Abrechnungslösung. Der Alleingangsansatz hat den Vorteil, dass er wahrscheinlich besser zu handhaben ist, er liefert jedoch nicht die möglichen Vorzüge eines ganzheitlichen oder gesamtsystematischen Ansatzes.

Zusammenarbeit zwischen Abteilungen versus Autonomieverlust

Befürworter von ABCM meinen, dass es besser sei, von traditionellen Kostenstellen oder Abteilungsausgaben zu Kostenpools überzugehen. Im letzteren Fall treiben dieselben Kosteneinflussgrößen, auch wenn sie von den Abteilungen übernommen werden, alle Aktivitäten an. Ein Autonomieverlust wird jedoch eventuell von einigen Abteilungsleitern als eine De-facto-Kündigung gedeutet, da sie die Verantwortung für ihre eigenen Abteilungsbudgets verlieren.

Deckungsbeitragsrechnung versus Fixkostendeckung

Mit dem Throughput Accounting (TA) können wir die Werte der TA-Verhältniszahlen für Teilprodukte oder einzelne Dienstleistungen berechnen. Jeder dieser Werte unter 1 entspricht einem Produkt oder einer Dienstleistung, deren Nettoerlös unter den Gesamtkosten liegt. Das Dilemma besteht in der Notwendigkeit, diese Lage dadurch zu korrigieren, dass man entweder den Preis erhöht oder die Kosten senkt. Dabei wird jedoch die Rolle des Beitrags zur Gesamtkostendeckung übersehen. Wenn jedoch nur danach entschieden wird, dass jedes Produkt oder jede Dienstleistung einen positiven Kostenbeitrag erbringt, reicht die Summe aller Beiträge unter Umständen nicht aus, die gesamten Fixkosten des Betriebs zu decken. Letzteres war die Ursache für das Scheitern vieler Betriebe der Verpackungsindustrie in den 1980er-Jahren, die auf Grund des scharfen Wettbewerbs zur Lieferung jedes Produkts bereit waren, das einen Kostenbeitrag leistete.

Das Eltern-Dilemma: »zu viel« versus »zu wenig« Kontrolle

Alle oben angeführten Fälle können als Ausdruck des Kontrollproblems angesehen werden, das den Kern des führungsorientierten Rechnungswesens ausmacht. Das Eltern-Dilemma ergibt sich aus der Spannung zwischen zu wenig und zu viel Kontrolle. Die Aussöhnung beginnt damit, dass man die Elemente bestimmt, die kontrolliert werden können, und sie von denen trennt, die nicht zu kontrollieren sind (oder bei denen es sich aus Kostengründen nicht lohnt). Die vorhandenen Systeme sollten so konzipiert sein, dass sie die Unternehmensführung ständig über diese Variablen auf dem Laufenden halten, auf die man reagieren und die man nutzen kann.

Es ist interessant anzumerken, dass die Buchhalter im Arbeitsalltag einen Begriff benutzen, der unserer »Aussöhnung« entspricht, nämlich »Abstimmung«. Das bedeutet im Allgemeinen, sich zwei Datenquellen anzusehen, etwa die Kosten des gleichen Artikels auf Grund einer Rechnung und zweitens auf Grund eines Sachkontos Einkauf, die aber offenbar im Widerstreit (oder anders) sind, und dann Buchungsfehler zu suchen, um sie auf den gleichen Wert zu bringen. Buchhalter sollten daher bereits ein »eingebautes« Gespür dafür haben, betriebliche Dilemmata auszugleichen. Ihr Problem, wenn sie denn eines haben, besteht darin, dass sie ihre Arbeit für eine Wissenschaft halten und nicht für eine Führungsaufgabe, weil sie der Meinung sind, Unterschiede müssten auf null gebracht werden, statt sie freudig zu begrüßen.

Kapitel 9

Die Suche nach einem neuen Paradigma internationaler Führung

m letzten Jahrzehnt ist das Phänomen der Führung sowohl in der wissenschaftlichen Literatur als auch in der beruflichen Praxis stärker in Erscheinung getreten. Der Versuch, die Persönlichkeit herausragender Führungsgestalten zu erfassen, hat zahlreiche Forscher herausgefordert. Solche Modelle, Erklärungen und Systeme nützen in der jetzigen Zeit jedoch gar nichts. Die Unternehmensführer sind nach den jüngsten Finanzskandalen offenbar vom Sockel gestürzt, vor allem in den USA. Aus diesem und einigen anderen Gründen ist klar, dass wir ein neues Führungsparadigma brauchen.

Wir bieten, gestützt auf unsere Forschung und Beratung, ein System, das auf der Aussöhnung von Dilemmata beruht. Dieser begriffliche Ansatz dient als stabiles Gerüst, die Führung im 21. Jahrhundert inter- und intrakulturell zu erklären. Doch zunächst müssen wir etablierte Führungstheorien betrachten und herausarbeiten, warum sie uns auf dem globalen Markt von heute nichts mehr nützen.

Im letzten Jahrhundert wurden einige Theorien entwickelt, die sich gut in die drei folgenden Kategorien unterteilen lassen.

Als Erstes haben wir die *Eigenschaftstheorie,* die untersucht, ob eine Beziehung zwischen den persönlichen Eigenschaften der Führungsperson, von physischen und sozialen bis zu psychischen Merkmalen, und dem Erfolg besteht, mit dem der Betreffende seine Aufgabe erfüllt. Es war u. a. Bennis, der behauptete, eine Beziehung gefunden zu haben zwischen dem Erfolg und den Eigenschaften von Führungspersonen wie logisches Denken (Ideen in einfache Form bringen), Beharrlichkeit (aus Fehlern lernen und gegen den Strom schwimmen), Ermächtigen (anderen Personen Möglichkeiten einräumen und sie begeistern) und Selbstbeherrschung (unter starkem Druck arbeiten und Einschüchterungen widerstehen).

Die Kritik an dieser Theorie entzündet sich besonders an dem geringen Zusammenhang zwischen Erfolg und persönlichen Eigenschaften. Außerdem wird des Öfteren angemerkt, dass solche Ansätze kontextuelle Faktoren wie Branchen oder unterschiedliche Kulturen nicht berücksichtigen. Es erscheint auch unwahrscheinlich, dass man körperliche Eigenschaften wie Größe, Geschlecht und Hautfarbe herausbilden kann. All das war Wasser auf die Mühlen derer, die behaupten, dass Führungspersönlichkeiten nicht gemacht, sondern geboren werden. Im Übrigen ist es bei vielen dieser Eigenschaften offenbar vom kulturellen Umfeld abhängig, wie erfolgreich sie sind. Es ist beispielsweise unwahrscheinlich, dass die Wesenszüge eines guten amerikanischen Führers in Japan oder Frankreich die gleiche Wirkung haben könnten.

Ein zweiter traditioneller Gedankengang ist als *Verhaltenstheorie* bekannt. Dieser Ansatz stützt sich weniger auf die persönlichen Eigenschaften der Führungspersonen, dafür stärker auf deren Verhalten, insbesondere das Verhalten, das die Leistung und Motivation der Beschäftigten beeinflusst. Hier steht offensichtlich der Führungsstil im Mittelpunkt des Interesses. Das Hauptaugenmerk gilt dem Verhalten der Führungspersonen gegenüber Untergebenen sowie der Art, wie Führungsaufgaben und -funktionen wahrgenommen werden. Die klassische Untersuchung der Ohio State University aus den 1940er- und 1950er-Jahren kam zu dem Schluss, dass es einen Anleitungsstil gibt – für den leistungsorientiertes Verhalten durch klare Überwachung, Ergebnisorientierung und Rollenklärung entsteht –, außerdem einen »partizipativeren« abwägenden Stil, bei dem die Führungspersonen ihr Verhalten auf die Zusammenarbeit und Zufriedenheit bei der Arbeit ausrichten.

Dieses Modell konzentriert sich stark auf die Arbeit von Forschern wie Tannenbaum und Schmidt (1973) sowie von Blake und Mouton (1964), die zwischen autokratischem und demokratischem oder partizipativem Stil bzw. zwischen aufgabenspezifischem und personenorientiertem Führungsstil unterschieden. Die Schwäche dieser Methode liegt darin, dass sie keine Notiz von der komplexen Welt der Beziehungen zwischen beiden Stilen nimmt. Außerdem berücksichtigt die Verhaltenstheorie den Kontext (z. B. die Kultur) nicht, der nach unseren Forschungsergebnissen wichtig ist.

Es überrascht daher nicht, dass die dritte Strömung die *Situationstheorie* vertritt. Wenn bestimmte Verhaltensaspekte – und Merkmalsansätze – in Verbindung mit einem bestimmten Kontext oder einer bestimmten Situation gebracht werden, ergibt sich daraus eine neue und viel versprechende Erklärung der Effektivität von Führung. Die so genannten Kontingenztheorien von Fiedler (1967), House (1971) und Vroom & Yeton (1973) zeigen, dass Umweltvariable für die Effektivität der Führung bedeutsam sind. Der »einzig richtige Weg« ist für immer verschüttet. Alles ist voneinander abhängig.

So stellt Fiedler beispielsweise die Hypothese auf, dass Führungsverhalten mit den »günstigen Bedingungen einer Situation« wechselwirkt, um die Effektivität zu bestimmen. Er kommt zu dem Schluss, dass eine konzentrierte, aufgabenorientierte Führung sowohl in extrem berechenbaren als auch in kaum vorhersehbaren Situationen besser ist, während die personenorientierte Führung sich in einer durchschnittlich schwierigen Situation besser bewährt. Vroom und andere unterscheiden einen autokratischen, einen beratenden und einen Gruppen-Führungsstil, bei dem die Wahl von der Art des Problems, den vorhandenen Informationen und der erforderlichen Qualität der Entscheidung abhängen muss.

Obwohl diese drei Führungssysteme viele Situationen beschreiben, wird doch erstaunlich wenig Aufmerksamkeit auf den kulturellen Kontext verwandt, in welchem die Führung ausgeübt wird. Tatsächlich werden die Dilemmata, vor denen Führungspersonen in der Welt von heute stehen, kaum berücksichtigt oder erwähnt. Unsere Untersuchungen haben ergeben, dass die wichtigste Eigenschaft einer Führungsperson darin besteht, die äußersten Enden eines Dilemmas auf einer höheren Ebene auszusöhnen. Sowohl Eigenschafts- als auch Verhaltenstheorie geraten bei Dilemmata ins Stocken, sobald sie auf kulturell ausgerichtete Besonderheiten stoßen und darauf, wie sie zu überwinden sind, vor allem in einer immer globaler werdenden Welt. Eine situative Führung würde in unterschiedlichen kulturellen Umfeldern unterschiedliche Verhaltensweisen bevorzugen. Aber wie würden Führungspersonen dann in einem multikulturellen Umfeld erfolgreich agieren?

Wir brauchen demnach eine neue Führungstheorie, um herauszubilden, wie Führungspersonen mit Wertedilemmata umgehen. Wir können aus unseren Untersuchungsergebnissen ableiten, dass erfolgreiche Führungspersonen in der gegenwärtigen Phase sich schnell ändernder Situationen und multikultureller Umfelder einen personenorientierten Stil pflegen müssen, wenn sie ihren Aufgaben gerecht werden wollen. Führungspersonen müssen partizipativ sein, damit sie auf einer höheren Ebene autokratische Entscheidungen fällen können. Sie müssen logisch denken mit einer Logik, die sich aus einer unlogischen Intuition nährt. Führungspersonen müssen schließlich sehr aufgeschlossen für die jeweilige Situation sein, damit sie ungeachtet der Situation konsequent entscheiden können. Nur dann kann man erkennen, ob jemand zum Führen geboren ist oder gemacht wurde. Wie wir noch sehen werden, verlangt das eine neue Haltung.

Eine neue Theorie für internationale Führung

Warum stellen sich Führungspersonen Dilemmata?

Jede Organisation braucht Stabilität und Wachstum, lang- und kurzfristige Entscheidungen, Tradition und Innovation, Planung und Laissez-faire, Ordnung und Freiheit. Die Herausforderung für Führungspersonen besteht darin, diese Gegensätze zu vereinen, nicht ein Extrem auf Kosten eines anderen auszuwählen. Als Führungsperson muss man anregen und zuhören. Man muss selbst entscheiden, aber auch delegieren, und man muss die eigene Organisation um lokale Verantwortungsbereiche zentralisieren. Man muss am Ball bleiben und ihn trotzdem laufen lassen. Als Profi muss man sein Metier beherrschen, aber auch gleichzeitig absolut eins sein mit der Mission der gesamten Organisation. Man muss seine hervorragenden analytischen Fähigkeiten einsetzen, um diese Beiträge in einen größeren Zusammenhang zu stellen. Es wird erwartet, dass man Prioritäten hat und sie akribisch abarbeitet, während gleichzeitig Parallelverarbeitung en vogue ist. Man muss eine brillante Strategie entwickeln und gleichzeitig Antworten auf alle Fragen haben, falls die Strategie ihr Ziel nicht erreicht. Wen wundert es, dass es so viele Definitionen von erfolgreicher Führung gibt?

Unser System ist als eine Metatheorie der Führung angelegt, die über die Kultur hinausgeht und auf der Logik beruht, die sich wie ein roter Faden durch dieses Buch zieht. Wir haben festgestellt, dass die Fähigkeit, Dilemmata auszusöhnen, das wichtigste Unterscheidungsmerkmal zwischen einer erfolgreichen und einer weniger erfolgreichen Führungsperson ist – und dass dies auch den grundlegenden Forschungsergebnissen entspricht (Trompenaars und Hampden-Turner, 2001). Führungspersonen »managen Kultur«, indem sie sich fortwährend mit Dilemmata beschäftigen. Das bedeutet auch, dass zunehmend die Kultur die Organisation führt. Die Führung legt fest, was eine Organisation als hervorragend ansieht, und schafft ein geeignetes Umfeld, in dem die Belegschaftskultur mit den Erfordernissen der Organisation ausgesöhnt wird. Die Organisation und ihre Beschäftigten können demzufolge gar nicht anders, als Hervorragendes zu leisten.

Die Integrationstheorie

Die Bedeutung der integrierten Vorgehensweise liegt darin, dass sie uns ermöglicht, die Neigung des Einzelnen zur Aussöhnung von Dilemmata zu bestimmen. Dies ist ein direkter Maßstab für Führung. Wir bezeichnen diese Neigung zur Aussöhnung von Dilemmata als »transkulturelle Kompetenz«, die über jede Einzelkultur hinausgeht, in der sie eventuell gemessen wird, und so ein solides, verallgemeinerbares Modell für jede Organisation oder nationale Kultur liefert. Wir behaupten, dass das Wesentliche der Führung die Aussöhnung ist.

Unser Ansatz, der auf einem System wie dem Integrierten Typenindikator (vgl. Kapitel 7) beruht, ist anders, weil ihm das begriffliche System zu Grunde liegt, dass, während die Manager an diesem oder jenem Einzelziel arbeiten, erfolgreiche Führungspersonen sich mit den Dilemmata scheinbar »gegensätzlicher« Ziele beschäftigen, die sie fortwährend auszusöhnen suchen. Angesichts der Bedeutung der Aussöhnung von Gegensätzen überrascht es uns, dass bisher noch kein Instrumentarium entwickelt (veröffentlicht) worden ist, das dieses misst.

Den veröffentlichten Führungsmodellen fehlt sehr oft jede einheitliche logische Grundlage oder ein elementarer Vorabplan, der ein erfolgreiches Führungsverhalten voraussagt. Diese Modelle verfolgen offenbar das gleiche Ziel, unterscheiden sich aber im Vorgehen, da sie versuchen, das bestehende Wissen darüber, was eine erfolgreiche Führungsperson ausmacht, in seinen Kernaussagen darzustellen. Auf Grund der angewandten Methodologie sind es jedoch lediglich Verschreibungslisten, den Zutaten eines Rezepts vergleichbar (man kann nur erahnen, was für ein Gericht dabei herauskommt), und es gibt weder eine logische Grundlage noch ein einheitliches Thema, welches das ganzheitliche Erlebnis des Mahles bestimmt, das schließlich auf den Tisch kommt.

Das bereitet den transkulturellen Führungspersonen von heute einiges Kopfzerbrechen. Welchem Paradigma sollen sie sich anpassen? Für welche Bedeutungen sollen sie eintreten, für die eigenen oder für die der fremden Kultur? Da der Großteil unserer Managementtheorien aus dem amerikanischen oder englischsprachigen Raum kommt, besteht die echte Gefahr des Ethnozentrismus. Wir wissen z. B. nicht, wie die angeführten Auflistungen außerhalb der USA ankommen oder wie verschieden Führungskonzepte sein können? Verlangen unterschiedliche Kulturen auch unterschiedliche Stile? Können wir mit einiger Berechtigung erwarten, dass andere Kulturen einer Führung von außen folgen?

Die Schwierigkeiten bei der Führungsanalyse bestanden zum Teil darin, dass es ohne ein anerkanntes Modell darüber, was erfolgreiche Führungspersonen tun, schwer ist, den Wert dieser Teilnehmerbeobachtung zu beurteilen. Für den interpretierenden Beobachter sind viele der besten Verhaltensweisen von Führungspersonen oft unerklärlich und auch nicht Gegenstand der Wissenschaft. Die Beobachtungen sind schwer zu verschlüsseln, zu klassifizieren und nachzuvollziehen. Können wir uns sicher sein, dass es auch bei anderen funktionieren würde?

Dilemmata von Führungspersonen in globalisierenden Organisationen

Hochschulausbildung und zu viel Schulung lassen die neue Generation potenzieller Führungskräfte und Manager im Stich. Dieser Ansatz baut nach wie vor auf die alte kartesianische Logik und Wissenschaftsmethode, wo Probleme als geschlossene Systeme definiert werden und die einzigen ausgewählten Variablen die sind, die gemessen und überprüft werden können. Alles, was wir dann noch zu tun haben, ist anscheinend, alternierende Handlungsverläufe zu bewerten und den Verlauf auszuwählen, der die geringsten Kosten oder die größte Spanne verspricht.

Wir von Trompenaars Hampden-Turner haben jedoch vier Hauptvorschläge aus unseren Untersuchungen abgeleitet, die für die Zukunft globalisierender Organisationen von Bedeutung sind:

1. Wissen und Verständnis sind in Unternehmenskulturen gespeichert, insbesondere in den zwischenmenschlichen Beziehungen.

2. »Strategie« besteht nicht aus einem einzigen unfehlbaren Gesamtplan oder einer »Großstrategie«, sondern aus Hunderten von Versuchen und zaghaften Initiativen.

3. Lernen findet statt, wenn wir die weniger erfolgreichen Versuche aussondern und die erfolgreicheren verstärken und untersuchen, indem wir beständig die Rückmeldungen von Aktivitäten überwachen. Eine erfolgreiche Absicherung ist ein nicht endendes Erkunden dessen, was den Kunden hilft und sich bezahlt macht.

4. Change Management beruht mehr auf der Hinzufügung von Werten als darauf, die Werte einer alten Situation hinter sich zu lassen.

Alle Kulturen und Unternehmen haben beim Lösen von Dilemmata Gewohnheiten entwickelt, z. B. gleichzeitig sowohl gut zentralisiert als auch weitgehend dezentralisiert zu sein. Die Führungsperson hat demnach die Aufgabe, diese offenkundigen Gegensätze anzunähern. Der Erfolg eines Unternehmens hängt dann (unter anderem) von der Autonomie seiner Teile und davon ab, wie gut die aus dieser Autonomie hervorgehenden Informationen zentralisiert und koordiniert worden sind.

Wenn die Führung die Informationen nicht sinnvoll zentralisiert, können vereinzelte Betriebe durchaus völlig unabhängig sein. Wenn die verschiedenen Geschäftsbereiche nicht auf Grund lokaler Informationen frei handeln können, dann fügt die Zentrale nicht Werte hinzu, sondern zieht Werte ab. Jedes Netz rechtfertigt sich nur dadurch, dass es die Werte dezentralisierten Handelns und zentralisierter Informationen feinabstimmt und dann an die verschiedenen Einheiten zurückmeldet.

Trompenaars Hampden-Turner (THT) hat in den letzten Jahren nicht einfach nur versucht, seinen Kunden dabei zu helfen, sich kultureller Unterschiede dadurch bewusst zu werden, dass sie diese Unterschiede in Balkendiagramme eintrugen. Wir haben unsere Datenerfassung und -analyse sowie die Profilierungsmethoden erweitert, um die Dilemmata zu erfassen, die auftreten, wenn man die Unterschiede zwischen den Kulturen und deren Wertorientierungen achtet.

Die Unternehmensführer nahmen diese online simulierten »Befragungen« mit großer Begeisterung auf. Die Fragen sind mehr in einem halbstrukturierten Format mit offenen Antwortmöglichkeiten als im Multiple-Choise-Format formuliert. Hier können Führungskräfte endlich einmal (oft anonym) die wirklichen Sorgen und Nöte ansprechen, die sie haben, wenn sie sich mit den tatsächlichen Problemen, den Spannungen zwischen konkurrierenden Prioritäten, den Anforderungen und Werten auseinander setzen müssen.

Die neue Datenbank von THT mit diesen Antworten bietet wichtige Einblicke, ist aber inzwischen so umfangreich, dass eine rigorosere

Analysemethode erforderlich wurde, um die Flut dieser äußerst wertvollen Antworten zu bewältigen.

Das Ziel war, die häufig vorkommenden Dilemmata auszusondern und herauszufiltern, welche Fragen wirklich wichtig und von Belang für den modernen Firmenmanager sind. Die Daten durchliefen das ganze Spektrum der analytischen Software: zunächst die eher traditionelle KWIC-Analyse (Keywords in Context), dann die umfassenden sprachanalytischen Methoden, die das Modell eines mehrschichtigen, unüberwachten neuronalen Netzes nach Kohonen ergaben.

Die Ergebnisse dieser Analyse decken sich mit Erfahrungen und Rückmeldungen aus Konferenzen, Workshops und Beratungsaufträgen und sind so geartet, dass das breite Themenspektrum in mehrere Kategorien gebündelt werden kann. Besonders interessant ist, wie häufig die Führungspersonen ihre Probleme als extreme Entscheidungen darstellten – »Sollen wir A oder B nehmen?«, wobei A und B entweder gleich attraktiv oder gleich unattraktiv sind und sich zudem ausschließen. Das sind normalerweise Fragen, wie »Sollen wir unseren jungen Technikexperten schicken, um den Kunden zu beeindrucken, oder unsere ranghöchsten Mitarbeiter, obwohl sie wenig von der angebotenen Technik verstehen?« Wenn wir diese extremen Wahlmöglichkeiten oder Handlungsverläufe bewerten, stellen wir fest, dass sie entweder gleich attraktiv oder gleich unattraktiv sind, sich aber offenbar immer ausschließen.

Einer unserer Forscher fand heraus, dass die Bedeutung der Dilemmata in Korrelation stand mit der Höhe der Senioritäts-/Führungsebene (Smeaton-Webb, 2003). Rangniedrigere Manager konnten Dilemmata demnach nicht so gut erkennen. Sie gaben z. B. häufig Positives und Negatives an (»Sollen wir das machen oder nicht?«, was kein Dilemma ist). Das ist eine weitere Bekräftigung der Konstruktion, dass Führungspersonen es mit Dilemmata zu tun haben, Manager dagegen mehr mit betrieblichen Entscheidungen. Ein anderer unserer Forscher (Broom, 2003) entdeckte eine Wechselbeziehung zwischen der Fähigkeit, Dilemmata zu erkennen, und der Kennzahl des Integrierten Typenindikators (vgl. Kap. 7). Hier ein Beispiel für die Art von Antwort, die wir bei der WebCue™-Befragung einer Führungskraft erhielten:

Einerseits...	Andererseits...
Das Unternehmen ist für die gemeinsame Nutzung globaler Informationen, um einheitliche Vorhersagen, Erwartungen und Pläne für wahrscheinliche Ergebnisse mit vergleichbarer Leistung zu erhalten.	Das Unternehmen hat die Verkaufsorganisationen dezentralisiert und ermächtigt, die Informationen mit den lokalen Bedingungen feinabzustimmen.

Diese WebCue™-Technologie ist für die Teilnehmer weder zeitaufwändig noch übermäßig anspruchsvoll; sie kann anonym durchgeführt werden und liefert in kürzester Zeit ein sehr detailliertes Bild der Probleme des Kunden. Mit Listen- und Stringsoftware kann man die Vorverarbeitung relativ leicht so weit automatisieren, dass gebündelte Dilemmata von einem Assistenten/Berater überprüft werden können.

Diese Eingabe erzeugt so genannte Roh-Dilemmata. Sie werden mithilfe des siebendimensionalen Kulturmodells kategorisiert, ergeben ein Bezugssystem und ermöglichen uns, eine Reihe (mit zumeist vier bis acht) »Grunddilemmata« zu erstellen. Normalerweise setzen wir jedes Grund-dilemma mit einer Unternehmensfunktion wie Personal, Strategie, Orga-nisationsstruktur etc. gleich. Auf diese Weise können wir unser Feedback an den Kunden anhand funktionaler Bereichsdilemmata und Wertsysteme strukturieren. Seit Anfang 2001 nutzt Trompenaars Hampden-Turner diese Technologie intensiv, was zur Erfassung von über 5000 Dilemmata aus einem vielschichtigen Kundensample führte. Und nach wie vor wächst diese Datenbank rapide an.

Hier ein typisches Beispiel für ein neueres Kundenprojekt.

Dilemma	%
Interessen der globalen Organisation versus Interessen der lokalen Tochter	25
Kosten versus Investitionen	11
Einzelabteilung/-person versus Gesamtorganisation/Einheit	10
Kurzfristige versus langfristige Fixierung	8
Interne Organisation versus externe Fixierung auf Umfeld	7
Konzentration auf spezifische Fragen versus Optionsbreite	3
Sonstige	13

Nicht-Dilemmata	%
Mangel an Führung/Management (Klagen über Management)	10
Mangel an Integrität/Achtung (Klagen über Stakeholder)	8
Sonstige	5

Hier die Dilemmata nach Unternehmensfunktion:

Dilemma/Unternehmensfunktion	Strategie	Führung	Wissensmanagement	Personal	Betriebsprozessse	Organisation/Struktur
Globale Organisationsinteressen versus Interessen der lokalen Tochter	36%	20%	16%	8%	4%	24%
Kosten versus Investitionen	63%	18%	9%	9%	–	–
Einzelabteilung/-person versus Gesamtorganisation/Einheit	10%	–	10%	30%	30%	20%
Kurzfristige versus langfristige Fixierung	75%	25%	–	–	–	–
Interne Organisation versus externe Fixierung auf das Umfeld	28%	29%	14%	–	–	29%
Konzentration auf spezifische Fragen versus Optionsbreite	67%	–	–	–	–	33%

In vielen Fällen bestimmen wir den Einsatz web-basierter Daten mittels einer ausgewählten Stichprobe aus Direktbefragungen, und als ein Ergebnis dieser Aktivität können wir jetzt jene allgemeinen Dilemmata berücksichtigen, vor denen Führungspersonen regelmäßig stehen.

Typische »goldene« Führungsdilemmata

Durch das Bündeln der häufig vorkommenden Dilemmata in unserer Datenbank beobachten wir die folgenden allgemeinen – man könnte sagen »goldenen« – Dilemmata, da sie als auf viele Organisationen anwendbar befunden und von vielen Führungspersonen genannt wurden.

1. Globale Organisationsinteressen versus Interessen der lokalen Tochter
2. Kosten versus Investitionen
3. Einzelabteilung/-person versus Gesamtorganisation/Einheit
4. Kurzfristige versus langfristige Fixierung
5. Interne Organisation versus externe Konzentration auf das Umfeld
6. Konzentration auf spezifische Fragen versus Optionsbreite
7. Führung versus Management

Nehmen wir ein Beispiel – das zweite der obigen Dilemmata, Kosten versus Investitionen, und wie wir Führungskräften aus dieser Organisation helfen können, dieses spezielle Dilemma auszusöhnen. Dabei folgen wir einer Reihe methodologischer Schritte, die Arbeitsblattwerkzeuge und -raster benutzen. Hier ein Beispiel, wie wir diesen Schritten folgen könnten.

In der Diskussion loten wir das Dilemma bis an seine Grenzen aus und bitten den Kunden, Folgendes zu bedenken:

Einerseits...	Andererseits...
Wir leisten unserer Organisation den besten Dienst, wenn wir eine schlanke und »knauserige« Organisation erreichen und die Kosten senken, wo immer wir können.	Wir leisten unserer Organisation den besten Dienst, wenn wir im richtigen Bereich investieren, um langfristigen Erfolg zu erzielen.

1. *Welche dieser Prioritäten ist für Sie persönlich befriedigender?*
2. *Beurteilt nach dem, wie angemessen sie ist und wem sie zugute kommt, welche ist für Ihre Organisation wichtiger?*

Nehmen wir Abbildung 9.1. Angenommen, Sie könnten 0–10 Punkte für die Priorität A vergeben, »Bedeutung der Kostensenkung«, *und 0–10 Punkte für die Priorität Z,* »Bedeutung von Investitionen«. *Wo würden Sie Ihre Organisation im Moment einordnen? (Kreuzen Sie dieses Feld an.) In welche Richtung sollte sich Ihre Organisation bewegen? (Markieren Sie dieses Feld mit O.)*

3. *Welche organisatorischen Maßnahmen kann das Unternehmen ergreifen, um näher an die 10–10-Position heranzukommen?*
4. *Welche individuellen Schritte können Sie als Profi unternehmen, um näher an die 10–10-Position heranzukommen?*
5. *Vergleichen Sie die Antworten, die die einzelnen (zusammengeschlossenen) Gruppenmitglieder auf die obigen Fragen gegeben haben.*

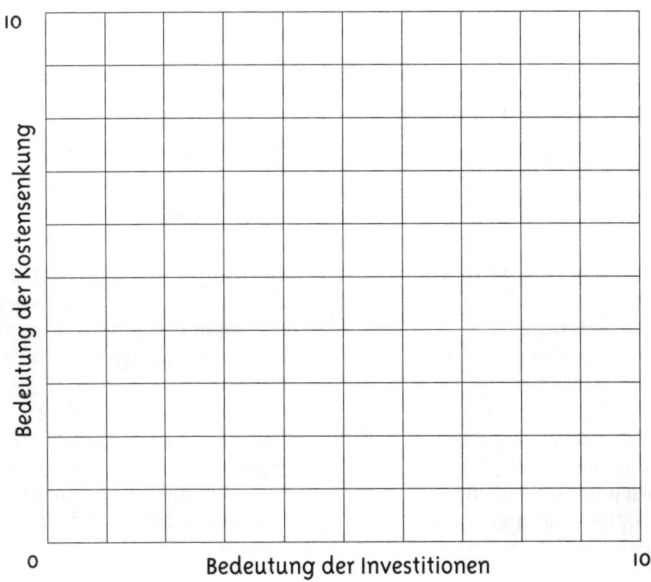

Abbildung 9.1   Das Dilemmagitter der Prioritäten

Typische »goldene« Führungsdilemmata

Führungsdilemmata, die Werte betreffen

Dieser Bereich beschäftigt sich mit den Werten, die bei organisatorischen Allianzen, Fusionen und Übernahmen sowie strategischen Allianzen integriert werden müssen. Welche Dilemmata entstehen also in einer grenzüberschreitenden Allianz? Die Hauptdilemmata, die wir bei Fusionen und Übernahmen (und strategischen Allianzen) vorgefunden haben, sind diese:

1. Kernwerte versus lokale Werte
2. Zentralisation von Systemen versus Dezentralisation von Prozessen
3. Integration von Aufgaben versus Differenzierung von Aufgaben
4. Kurzfristige versus langfristige Beachtung des Integrationsprozesses
5. Shareholder Value versus Stakeholder Value

Die wichtigste gesellschaftliche Rolle des Unternehmens in der freien Marktwirtschaft wird unterschiedlich gesehen; werfen wir noch einmal einen Blick auf das Dilemma 2:

Einerseits...	Andererseits...
Wichtigster Prozess unseres Unternehmens ist die Integration von Waren, Dienstleistungen und Prozessen, um für unsere Kunden den höchsten Wert zu schaffen. Das Unternehmen trägt bei zur Harmonisierung verschiedener Firmenbereiche, um Synergien zu schaffen.	Der Hauptzweck des Unternehmens ist, genügend differenzierte Aktivitäten zu gestatten, damit man sich spezialisieren und nah am Kunden sein kann. Das Unternehmen trägt bei zur Vertiefung des Geschäfts, um Spezialisierungen zu schaffen, die den Kunden den besten Dienst bieten.

1. *Welche dieser Vorgehensweisen bevorzugen Sie persönlich?*
2. *Welche Vorgehensweise überwiegt in Ihrer Organisation in: (a) Asien, (b) Europa, (c) Amerika?*

Nehmen wir Abbildung 9.2. Angenommen, Sie könnten 0–10 Punkte für die Ansicht A, »Integration«, vergeben, und 0–10 Punkte für die Ansicht Z, »Differenzierung«. Wo in dem Gitter würden Sie Ihre Organisation gegenwärtig einordnen? (Machen Sie ein X in dieses Feld.) In welche Richtung sollte sich Ihre Organisation bewegen? (Machen Sie dort ein O.)

3. *Welche organisatorischen Maßnahmen kann das Unternehmen ergreifen, um näher an die 10–10-Position heranzukommen?*
4. *Welche individuellen Schritte können Sie als Profi unternehmen, um näher an die 10–10-Position heranzukommen?*
5. *Vergleichen Sie die Antworten, die die einzelnen (zusammengeschlossenen) Gruppenmitglieder auf die obigen Fragen gegeben haben.*

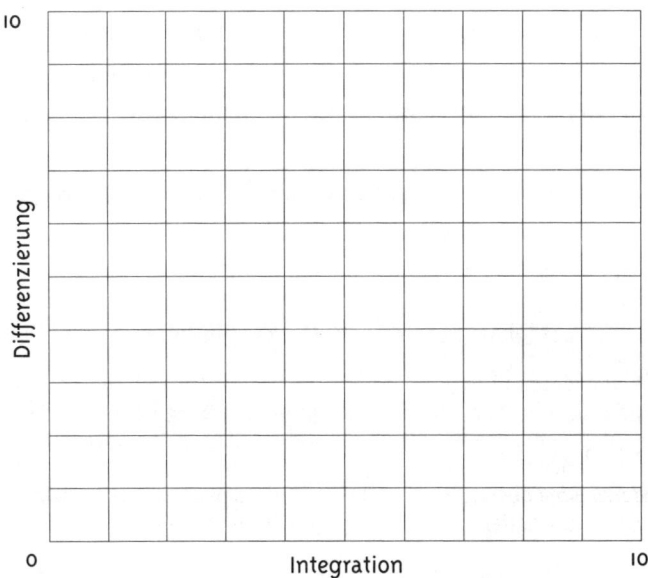

Abbildung 9.2 Gitter Integration–Differenzierung

Führungsdilemmata, die Werte betreffen

Die obige Logik kann auf alle hier beschriebenen goldenen Dilemmata ausgedehnt werden, aber auch auf jedes andere Dilemma.

Führungsdilemmata in Funktionsbereichen

Wie in den vorangegangenen Kapiteln bereits erwähnt, hat die zunehmende Internationalisierung der Wirtschaft viele funktionale Disziplinen veranlasst, ihre eigentliche Bestimmung neu zu definieren und zu überdenken. Die Personalmanager z. B. stehen andauernd vor neuen Dilemmata. Sie erkennen mehr und mehr die Beschränkungen der angelsächsischen Ansätze, die in Nordwesteuropa und den USA entwickelt wurden. Ähnlich wird den Marketingmanagern zunehmend bewusst, dass der Ausgang des Kampfes zwischen global und lokal über ihr eigenes Fortleben entscheidet. Betrachten wir abschließend Aspekte der Dienstleistungsfunktion und einer Knowledge-Management-Kultur. Auch hier treten zahlreiche Dilemmata auf, etwa zwischen interner und externer Fixierung, implizitem oder stillschweigendem und explizitem oder systematisiertem Wissen.

Die hauptsächlichen allgemeinen Dilemmata, die nach unseren Erkenntnissen mit spezifischen Funktionsbereichen verbunden sind, sind folgende:

1. Globale versus lokale Kunden und Markenpolitik
2. F&E versus Marketing
3. Zentralisation von Personalsystemen versus Dezentralisation von Personalprozessen
4. Implizites oder stillschweigendes versus explizites oder systematisiertes Wissen
5. Spezifische Dienstleistungskultur versus ganzheitliche Integration der Dienstleistungskultur

Werfen wir hier einen Blick auf F & E versus Marketing.

Es gibt unterschiedliche Ansichten darüber, wie eine Organisation am effektivsten sein kann. Für einige besteht die beste Erfolgsgarantie darin, die Kerntechnologien der Organisation zu puschen, während andere sich eher auf die Zugkräfte des Marktes konzentrieren würden.

Einerseits...	Andererseits...
Der grundlegende Prozess ist, die Kerntechnologien zu pushen und so zu garantieren, dass ein Vorteil gegenüber Kunden eintritt, weil man ständig verbesserte Produkte hat. Sie schaffen die notwendigen Märkte.	Der grundlegende Prozess ist, sich vom Markt ziehen zu lassen und so sicherzustellen, dass wir nah am Kunden sind und schnell auf seine Bedürfnisse reagieren können. Diese Informationen sorgen für die Produkte, die gebraucht werden.

Wir fordern die teilnehmenden Führungspersonen auf, die gleichen Gitter wie in den beiden obigen Beispielen auszufüllen und über die gleichen grundsätzlichen Fragen nachzudenken – als Mittel, die grundlegenden Fragen hinter den Dilemmata zu ergründen und damit den Weg zur Aussöhnung.

Führungsdilemmata im Zusammenhang mit der Globalisierung

Verschiedene Ansätze zur Aussöhnung zwischen global und lokal in verschiedenen Teilen der Welt dienen als Beispiel. Für die Japaner scheint die einzige Überlebenschance darin zu bestehen, vom hochgradig kontextuellen lokalen Umfeld zur Internationalisierung ihrer Wirtschaft überzugehen. In der Matrixorganisation ist das Wesentliche eines strukturellen Dilemmas – das außerhalb der angelsächsischen Welt kaum Erfolgsaussichten hat – häufig angesprochen worden. Schon zu Beginn der 1980er-Jahre hat André Laurent einen Beitrag verfasst, in dem er untersucht hat, warum die Matrixorganisation in Frankreich gescheitert ist. Aber welche Alternative gibt es?

Diese Hauptdilemmata bei den Globalisierungsprozessen kommen zur Sprache:

1. Management »von Angesicht zu Angesicht« versus Management aus der Distanz
2. Global versus lokal
3. Geschäftsbereich versus gemeinsame Verantwortung in der Matrix
4. Globale Politik versus lokale beste Praktiken
5. Nur eine Definition von Integrität weltweit versus lokale Interpretationen

Darüber, was eine gute Führung ausmacht, gibt es unterschiedliche Ansichten. Untersuchen wir also das Dilemma zwischen Management »von Angesicht zu Angesicht« und Management aus der Distanz und Just-in-time.

Einerseits...	Andererseits...
Man führt am besten, wenn die direkte Berichterstattung nah bei der Führung ist und man positive und negative Fragen persönlich besprechen kann. Nichts ist für eine effektive Kommunikation wichtiger, als nah beieinander zu sein.	Man führt am besten, wenn die direkte Berichterstattung von fern erfolgt und alle Medien nutzt wie E-Mail, Telefon und Videokonferenzen, um die Kommunikation auf einem optimalen Niveau zu halten.

Führungsdilemmata durch Vielfalt

Das Thema Vielfalt ist immer wichtiger geworden, und es wird deutlich, dass wir weltweit anders an die Vielfalt herangehen müssen. Die strittigen Fragen sind jedoch die gleichen.

Die verschiedenen Rollen der Frau kommen häufig zur Sprache. Eine Frage lautet, warum Frauen im Geschäftsleben den Kompromiss vorziehen, während sie privat erfolgreicher aussöhnen als die Männer, indem sie häufiger nach kreativen Lösungen suchen, als es in der monolithischen Wirtschaftswelt üblich ist.

Hier die Hauptdilemmata, die in Programmen zur Förderung der Vielfalt auftauchen:

1. Vergleich der Geschlechter versus unterschiedliche Rollen
2. Ansatz globaler Vielfalt versus lokal angepasstes Vorgehen
3. Vielfalt der Werte versus Einschluss
4. Konvergenz versus Divergenz
5. Chancengleichheit versus kulturelle Vielfalt

Es gibt unterschiedliche Meinungen darüber, wie wichtig es ist, Chancengleichheit in einer Organisation zu haben, oder wie wichtig es ist, eine größere Vielfalt an Werten und Kulturen zu haben; deshalb werfen wir einen Blick auf dieses Dilemma.

Einerseits...	Andererseits...
Ein Unternehmen ist dann am erfolgreichsten, wenn es ein ausgeglichenes Betätigungsfeld mit Chancengleichheit gibt. So kommen die Fähigsten durch fairen Wettbewerb an die Spitze, ungeachtet ihrer Herkunft.	Ein Unternehmen ist dann am erfolgreichsten, wenn es mit der Vielfalt besonderer Menschen und Kulturen rechnen kann. So können viele besondere Werte und außergewöhnliche Fähigkeiten gebündelt werden, um Produkte und Prozesse aufzuwerten.

Führungsdilemmata aus Corporate Identity, Kultur und Wandel

In den Kapiteln 4 und 5 haben wir darüber berichtet, wie oft der kulturelle Hintergrund im wirtschaftlichen und wissenschaftlichen Diskurs vernachlässigt wird. Wie und warum ist das angelsächsische Modell in der Literatur über das Change Management so dominant? Liegt es daran, dass es mit der Aufgabenorientierung und der Grundidee beginnt, das Alte so schnell wie möglich zu vergessen? Das könnte in Großbritannien und den USA funktionieren. Die Rolle der Kernwerte bringt auch Dilemmata in diesem Bereich hervor. Kann eine internationale oder mehrspartige Organisation gemeinsame Kernwerte haben? Was in einem Land oder einer Sparte geschätzt wird, ist in einem/einer anderen vielleicht gänzlich unerwünscht. Und Kernwerte sollten nicht zu abstrakten Aussagen verkommen, für die nur Lippenbekenntnisse abgegeben werden.

Wie bereits erläutert, muss man die Wirkung der Unternehmenskultur einbeziehen, wenn man eine Organisation ändern möchte. Möglicherweise möchten Sie zusammen mit einer neuen Vision neue Ziele setzen und jeden rausschmeißen, der nicht an diese Vision glaubt. Wie geht man mit einem kulturellen Umfeld um, das nicht an diese Logik glaubt?

Hier die hauptsächlichen Führungsdilemmata auf dem Gebiet der Identität:

1. Wandel versus Beständigkeit
2. Eine einzige Identität durch Kernwerte versus viele Identitäten wegen der Vertrautheit der betrieblichen Prozesse
3. Bottom-up-Werte versus Top-down-Werte
4. Werte in der Anwendung versus Werte, für die man eintritt

Es gibt unterschiedliche Ansichten darüber, was eine gute Führung ausmacht; hier werfen wir einen Blick auf Bottom-up- und Top-down-Werte.

Einerseits...	Andererseits...
Man führt, wenn direkte Berichte mit den großen und weniger erfolgreichen Ideen kommen und Sie sie fördern, um sie zu einzufordernden Gegenständen zu machen.	Man führt, wenn direkte Berichte das ansprechen, was zu tun ist, und sie ein Gespür für die Richtung geben.

Führungsdilemmata bei der Menschenführung und HR

Die Personalfrage insgesamt wurde in Kapitel 7 abgehandelt, aber wir können jetzt die hauptsächlichen Führungsdilemmata wie folgt zusammenfassen:

1. Objektive versus subjektive Beobachtung/Bewertung
2. Teamarbeit und Loyalität gegenüber Entscheidungen des Managements versus Ausdruck abweichender persönlicher Überzeugungen
3. Priorität der Personalentwicklung versus Produktivität
4. Balanced Scorecard (BSC) als Entwicklungsinstrument versus BSC als Bewertungsinstrument
5. Entwicklung als Profi versus Entwicklung als Generalist
6. Bedeutung kommerziellen Erfolgs versus Bedeutung der Notwendigkeit, Menschen zu beraten und zu führen
7. Risiken eingehen versus Fehlschlägen ausweichen
8. Individuelle Verantwortlichkeit versus Teamverantwortung
9. Aufgabenorientierung versus Personenorientierung
10. Unternehmertum versus Kontrolle/Verantwortlichkeit
11. Flexibilität versus Effizienz
12. Beraten versus führen
13. Wettbewerb versus Kooperation als fundamentalerer Lernprozess

An dieser Stelle wollen wir Teamarbeit und Loyalität gegenüber den Entscheidungen des Managements versus das Äußern abweichender persönlicher Überzeugungen untersuchen. Auch hier gehen die Meinungen darüber, was eine gute Führung ausmacht, auseinander.

Einerseits...	Andererseits...
Man führt, wenn direkte Berichte geschickt und diskret jene Entscheidungen unterstützen und umsetzen, die die Firma getroffen hat, und sich für gemeinsame Maßnahmen und Strategien stark machen.	Man führt, wenn direkte Berichte persönliche abweichende Überzeugungen ausdrücken und versuchen, gemeinsame Maßnahmen durch ihren Einfluss zu ändern, in der Hoffnung, dass kommende Ereignisse ihr Urteil bestätigen.

Die Haltungsänderung

Aber das ist natürlich nicht alles. Es wäre ein Fehler anzunehmen, dass Fragen der Betriebsebene geschlossene, lösbare Probleme mit sich bringen und nur die globalen Herausforderungen für Führungskräfte typischerweise offene Probleme sind, die sich als Dilemmata manifestieren. Die wichtige Lehre aus unserer Zusammenfassung der Dilemmata lautet, dass man alle echten Führungsprobleme am besten als offene Probleme betrachtet und als Dilemmata darstellt. Künftige Führungspersonen und Manager werden daher profitieren, wenn sie ihre Haltung ändern und ihre Herausforderungen als offene Probleme sehen und sie als Dilemmata ausdrücken. Dann können sie mit der Suche nach einer Aussöhnung der Dilemmata beginnen, die die Integration der scheinbar integritätsfeindlichen Werte mit sich bringt. Das führt dazu, dass von Anbeginn ein breiteres Interessenspektrum einbezogen wird, das sonst erst später erscheinen würde.

Wir haben darzulegen versucht, dass bestehende Führungstheorien – Eigenschafts-, Verhaltens- und Situationstheorien – nicht die großen Dilemmata lösen, vor denen Führungspersonen heute stehen. Die Eigenschaftstheorie reklamiert einen »einzigen besten Bestand an Eigenschaften« für die Führungskräfte und lässt die Kultur außer Acht, in der sie sich betätigen müssen. Die Verhaltenstheorie behauptet, dass es verschiedene Führungsstile gibt wie z. B. den »aufgaben-« und den »personenorientierten«. Die Schwachstelle dieses Ansatzes ist, dass man kaum zu den komplexen Beziehungen zwischen beiden Stilen vordringt und auch hier der kulturelle Zusammenhang nicht berücksichtigt wird. Die Situationstheorie führt zwar den kulturellen Kontext als eine wichtige Seite der Effektivität der Führung ein, versäumt jedoch, einen entscheidenden Aspekt zu klären, nämlich wie eine Führungsperson in einem multikulturellen Umfeld erfolgreich sein kann. Wir glauben, dass unsere Integrationstheorie Licht auf die meisten dunklen Stellen der bestehenden Führungstheorien wirft. Wir haben den begrifflichen und empirischen Beweis geliefert, dass man sich auf die Aussöhnungsfähigkeit der Führungspersonen konzentrieren muss.

Kapitel 10

Die ausgesöhnte Organisation

Abschließend wollen wir einige unserer Erfahrungen und Vorgehensweisen zusammenfassen in dem Versuch, die Logik der Aussöhnung von Dilemmata im Herzen einer Organisation zu verankern.

Funktioniert es in der Praxis?

Kurt Lewin (1946) wird der berühmte Ausspruch »Es gibt nichts Prakti-
scheres als eine gute Theorie« zugeschrieben, den wir ergänzen würden
durch »Es gibt nichts der professionellen Praxis Vergleichbares, um eine
gute Theorie zu entwickeln«.

Die elementare Herausforderung besteht darin festzustellen, ob
wir eine Organisation schaffen können, in der man über das einfache Erfassen und Aussöhnen bestehender Dilemmata hinausgehen kann. Wir
haben als Autoren und Berater zusammen mit unserem Team in den letzten zehn Jahren mehr als 5000 Workshops abgehalten. Wir haben es fertig
gebracht, durch Befragen wichtiger Akteure und mithilfe von WebCue™
Dilemmata zu erfassen, und haben die in den vorigen Kapiteln beschriebenen Ergebnisse erzielt. Wie bei allen Interventionen, die im Gewand
des »Trainings« daherkommen, besteht die Gefahr, dass die Teilnehmer
zwar begeistert beim Workshop mitmachen, unsere Methodologie dann
aber anschließend nicht nachhaltig und konsequent nutzen. Es ist notwendig, die Methodologie in der Organisation zu verankern, um konkreten und anhaltenden Vorteil aus ihr zu ziehen. Wir haben deshalb Wege
gesucht und erschlossen, auf denen eine Organisation und ihre Führungs-

kräfte über die Aussöhnung von Dilemmata als bloßem Zwischengang hinausgehen und sie zum elementaren Bestandteil der Organisation machen können.

Eine Organisation sollte mit einer vielseitigen Belegschaft die integrierte Aussöhnung anstreben; nur dann steigert sie die Vielfalt dessen, was sie weiß. Organisationen sollten sich davor hüten, die Aussöhnung als Selbstzweck zu feiern und in ihr einen ausgelassenen Karnevalszug zu sehen. Sie hat zweifelsohne ihre amüsanten und informativen Seiten, kann aber auch mit millionenteuren Missverständnissen aufwarten und muss nüchtern geprüft werden. Es ist sehr viel leichter, die Aussöhnung zu feiern, als auf Menschen zuzugehen, die finster dreinschauen. Das harte Stück Arbeit beginnt jetzt!

Trotz warnender Worte und dem Hinweis auf mögliche Gefahren und Schwierigkeiten gibt es aber auch gute Nachrichten. So muss man sich als Erstes klar darüber werden, warum man die Integrität aufs Spiel setzt und welches die vermutlichen Vorteile sind.

Integrierte oder ausgesöhnte Vielfalt ist aus folgenden Gründen ein Wettbewerbsvorteil:

1. Ein Unternehmen, das die eigene innere Aussöhnung weit gehend mit der äußeren Aussöhnung seiner Kunden abstimmen kann, stellt mehr Menschen länger zufrieden und hat daher Erfolg.

2. Alle Unternehmen versuchen ihre Regeln so »universell« wie möglich zu gestalten, um möglichst viele Menschen zufrieden zu stellen, doch nur die Unternehmen, die Kontakt zu einer größeren Anzahl von Standorten haben, können ermessen, wie universell ihre Lösungen wirklich sind.

3. Kreativität, Innovationen, ja sogar Verbesserungen können aus Vergleichen von besseren mit schlechteren Praktiken hervorgehen. Das wirklich globale Unternehmen hat mehr »ferne Anknüpfungspunkte«, aus denen es schöpfen kann, und vielfältigere Praktiken, aus denen es die besten auswählen kann. Es hat das größte Aufgebot an potenziellen Lösungen für die größte Zahl unterschiedlicher Situationen.

4. Der wirkliche Gewinn bei der Aussöhnung kommt aus der Aussöhnung der Ideen und Werte. Jemand, der einer Minderheitsgruppe

angehört und völlig mit den Überzeugungen der Mehrheitskultur übereinstimmt, wird Ihnen nichts Neues erzählen. Ein weißer protestantischer Amerikaner europäischer Abstammung mit originellen Ideen strapaziert vielleicht Ihre Geduld. Glücklicherweise kommen die meisten von denen, die anders aussehen, zu dem Schluss, dass sie vielleicht auch anders sind. Viele Arten der Aussöhnung tragen somit zum Neuen bei.

Unser Ansatz ist, dass wir einer Organisation dabei helfen, ein Dokument über die Firmenpolitik zu erstellen, in dem die Aussöhnung alle Funktionen des Unternehmens durchdringt, damit eine Gesamtphilosophie entsteht. Alles ist umsonst, wenn Sie die Aussöhnung lediglich zu einer Zuständigkeit der Personalabteilung machen oder wenn sie eine bloße Ankündigung bleibt. Die Aussöhnung und andere Funktionen zu zergliedern meint, dass es Ihre Aufgabe ist, nicht deren. Nicht sie müssen die verschiedensten Leute einbeziehen, das tun Sie.

Wir müssen die Aussöhnung in die Strategie einweben, in die Unternehmensethik, in Kunden- und Marktbeziehungen, in die Personalbeschaffung und Berufsplanung, in die Schulung sowie in persönliche Maßnahmen und Aktivitäten. Die Einbeziehung der Aussöhnung muss direkt in den Stoff des Unternehmens eingewoben werden. Jede Abteilung muss ihre Herausforderungen kennen und wissen, wie man ihnen begegnen sollte. Das wird einige Entwürfe und Beratungen erfordern, aber bei der Lösung des Problems helfen, von dem Sie andernfalls hören – dass Manager »an der Front« offenbar weder wissen, was Aussöhnung für sie bedeutet, noch was sie damit anfangen sollen. Wir müssen wegen der Aussöhnung nicht sentimental werden. Sie ist ein Abgrund, über den wir mit aller Kraft zu springen lernen müssen. Gefeiert werden kann erst, wenn wir die andere Seite erreichen. Unser eigener Ansatz zur Aussöhnung ist sich der Herausforderung und der erforderlichen Reaktionen bewusster – und auch der Schmerzen, die erlitten werden müssen, wenn die Vorteile realisiert werden sollen. Die Konfrontation mit der Aussöhnung ist ein notwendiges Risiko für ein Unternehmen mit globalen Dimensionen, aber die millionenteuren Missverständnisse müssen geprüft werden, ausgiebig und streng, damit man sie nicht wiederholt oder, besser noch, damit man aus den Fehlern anderer lernt.

Ansätze zur Verankerung
der Aussöhnung

Unser Forschungs- und Beratungsmaterial belegt, dass der Prozess der Verankerung erfolgt, wenn man die erfolgreicheren Unternehmenseinheiten richtig erkennt, ob nun die Strategie top-down oder bottom-up oder mithilfe der Kunden daherkommt. Wir lernen von dem und geben dem eine Form, was sich als das Beste erweist. Einzelne, Gruppen und Unternehmenseinheiten schaffen es selten, völlig außerhalb ihrer aktiven Arbeitsumgebung optimal vom Wert der Aussöhnung zu profitieren.

Im Übrigen gelingt die Verankerung der neuen Denkweise dann am besten, wenn sie mit aktuellen betrieblichen Vorgängen und Aktionen kombiniert wird. Das ständige Wechselspiel zwischen diesen Elementen sorgt dann für dauerhaften Wandel, wenn man sich an aktuellen Unternehmensprioritäten und -initiativen orientiert, die mit strukturierter Selbstentdeckung und -reflexion gekoppelt sind.

Wir beginnen oft mit einer Bestandsaufnahme aktueller Fragen und Initiativen, diskutieren die Eingangspunkte und vergeben Prioritäten, um sicherzustellen, dass einige vergleichsweise einfache Wertschöpfungsprojekte vielleicht noch in die bereits geplanten Aktivitäten aufgenommen werden. Sie sollen die bestehenden Pläne möglichst wenig stören. Dann können wir zu einigen ambitionierteren Projekten übergehen, deren Abschluss Zeit erfordern würde und für die zwangsläufig auch einige Umstrukturierungen und Parallelentwicklungen notwendig wären.

Um die ausgesöhnte Organisation zu schaffen, können wir einen Drei-Phasen-Prozess bestimmen:

- Phase 1: *Diagnose der Führungsstrategie und wichtiger Fragen*
- Phase 2: *Übertragung und Verankerung durch Arbeitssitzungen*
- Phase 3: *Übertragung und Integration von Lernschleifen*

Normalerweise sollte sich das im Lauf der Zeit bezahlt machen…

Phase 1	Phase 2	Phase 3
2 Monate	1 Monat	fortlaufend
Vorbereitung und Start	**Übertragung und Verankerung durch Arbeitssitzungen**	**Übertragung und Integration von Lernschleifen**
• Forschung und Prüfung • Führungsgremium befragen • Förderer und wichtige Akteure befragen • Programmentwürfe • Materialentwürfe • WebCue™-»Befragungen« • Planung und Terminierung	• Spannungen und Dilemmata für Zielgruppen bestätigen • zweitägige Arbeitssitzungen über Aussöhnung • Methodologietransfer-Klassen • LifeLine-Schulung von Mithelfern	• ThroughWise™ • Sitzungen Schlüsselinitiativen • Sammlungen, Feedback, Bewertung • Wettbewerbsmessung • Continued LifeLine-Schulung von Helfern • Planung des nächsten Schritts

Abbildung 10.1   Der Drei-Phasen-Prozess

Phase 1: Führungsstrategie und wichtige Fragen beurteilen

Der beste Weg, den wir fanden, um mit der Verankerung des Gedankens an die Aussöhnung von Dilemmata in einer Organisation zu beginnen, besteht darin, mit dem ranghöchsten Verbündeten anzufangen, den man auftreiben kann, also am besten dem CEO, COO, Divisionschef oder anderen wichtigen Strategen. Diese müssen die Aussöhnung von Dilemmata zunächst gar nicht nötig haben oder zu ihr bekehrt werden, sondern nur akzeptieren, dass sie ihrer Führung Glanz verleiht und eine logische Grundlage für sie liefert.

Diese Führungsperson muss auch keine ausformulierte Strategie haben. Es könnte sogar hilfreicher sein, wenn schwierige Fragen und Herausforderungen anstehen, die geklärt werden müssen, Probleme, die gelöst, Antworten, die gefunden werden müssen. Das sind Fragen oder Dilemmata, vor denen die gesamte Branche steht. Wenn die betroffene Organisation schneller zu Lösungen kommt als ihre Wettbewerber, wird sie Bestand haben.

Wir befürworten oft, strategische Fragen zu bestimmen und zu erfassen, sind bei der Arbeit zur Beilegung der Probleme behilflich und erstellen den gemeinsamen Aktionsplan. Diese Anfangsphase ist durch zwei Grundprinzipien gekennzeichnet. Erstens hat sie das Wesen eines Eingriffs, nämlich die Fragen zu erkennen, zu erfassen und abzuarbeiten. Zweitens ist es auch eine Möglichkeit, die aussöhnende Art des Denkens einzuführen, und das mit den Führungskräften, die sich für die Lösung ihrer Probleme einsetzen. Das hilft, sich die Unterstützung dieser Führungskräfte von Anfang an zu sichern und ihr Engagement für die Verankerung des Prozesses in der Zukunft zu gewinnen.

Nach diesen ersten Direktbefragungen checken wir die Ergebnisse durch unser interaktives Online-WebCue™ mit einer größeren Zahl von Führungskräften und leitenden Managern der Organisation gegen.

Direktbefragungen von CEOs und anderen Schlüsselstrategen

Ein Vorteil, ganz oben zu beginnen, besteht darin, dass man seinen Auftrag mithilfe derer erarbeitet, die die Strategie entwerfen, und alles, was man anschließend unternimmt, verspricht unter Umständen Erfolg. Man baut die Kompetenzen aus, die das Ziel und die Strategie des Unternehmens fordern. Alle, die »entwickelt« sind, wissen, warum und was sie mit diesen neuen Fähigkeiten anzufangen haben.

Der Dilemma-Ansatz macht jedem klar, was diese oder jene Politik mit sich bringt. Er spottet auch über jede extreme Ausrichtung. Aussagen von Führungskräften können in unternehmenspolitische Karten umgesetzt werden, auf denen der Fortschritt festgehalten und der Gewinn gemessen werden kann, während man weiter voll handlungsfähig ist.

Der Vorteil des Dilemmaformats besteht darin, dass Führungs-personen Fragen stellen und Probleme benennen können, für die das übrige Team Antworten und Lösungen finden muss. Es wird für Füh-rungspersonen immer unmöglicher, sich in jedem Winkel der Erde auszu-kennen, und man sollte sie auch nicht ermuntern, es zu versuchen. Füh-rungspersonen müssen die Chef-Fragesteller werden, die wissen, welches die Dilemmata sind, aber ihre Leute brauchen, um Lösungen zu finden. Kulturübergreifende Kompetenzen können nicht von oben angeordnet werden, sie müssen erlernt werden durch Irrtum und Korrektur. Es wird zunehmend zur Aufgabe der Unternehmenschefs zu definieren, was he-rausragende Leistungen sind. Den Personal- und anderen Abteilungen ob-liegt es, den Beschäftigten zu helfen, dorthin zu kommen. Echter Respekt zwischen Führungspersonen und Mitarbeitern besteht dort, wo Erstere über die Schlüsselfragen Bescheid wissen wollen und Letztere – die näher am Kunden sind – die Antworten finden können. Die Grundlage des Dia-logs ist, dass Fragen beantwortet werden müssen, Theorien Daten brau-chen, die sie bestätigen oder verwerfen, und Dilemmata ausgesöhnt wer-den müssen.

Durch unsere Beratungstätigkeit haben wir herausgefunden, dass die Integrationstheorie der Führung bei einer Reihe wichtiger Unterneh-mensprozesse Erfolge vorweisen kann, von der Auswahl über die Team-bildung bis zum Lernen. Auswahlinstrumente müssen abgestimmt sein, damit sie die interkulturelle Kompetenz so »abtasten« können, wie wir das in Kapitel 7 beschrieben haben, als wir die Myers-Briggs-Typenindikato-ren von einem bipolaren zu einem zweidimensionalen Instrument aufge-wertet haben, das messen kann, wie weit die betreffende Führungsperson zur Aussöhnung neigt (vgl. auch Trompenaars und Woolliams, 2002). Wir haben außerdem festgestellt, dass Führungspersonen in der Praxis erfolg-reicher sein können, wenn sie Dilemmata aussöhnen, die in Teams und Lernumfeldern zur Sprache gekommen sind.

Wir haben bereits mehrfach auf unsere Online-»Befragungs«-Tools Web-Cue™ hingewiesen. Wenn wir versuchen, die Dilemma-Thematik in der Organisation zu verankern, benutzen wir diese WebCues™ vor allem, um von unseren Kunden und Teilnehmern drängende Fragen zu erfahren, bevor es in die Workshops geht. Unser Ziel ist, die Teilnehmer direkt betreffende Fragen anzugehen und unsere Befragungen bestätigt zu bekommen. Anschließend analysieren wir die erfassten Daten, um unsere Workshoppräsentationen und -inhalte maßzuschneidern und einen Bericht für Kunden und Teilnehmer zu erstellen.

Die Erfassung umfangreicher Rohdilemmata auf diesem Wege liefert uns eine Fülle von Konstruktionen als Beitrag für die Phase 2. Wir haben vor kurzem die Lemmatisierung und andere linguistische Verfahren eingeführt, um die Bündelung solcher Antworten zu erleichtern.

Phase 2: Übertragung und Verankerung durch Arbeitssitzungen

Nach der Analyse des Materials aus unseren Direktbefragungen und dem WebCue™ holen wir die Meinung der Führungspersonen dazu ein, welche der vorrangigen Dilemmata, von denen es meist mehrere gibt, sie behandeln möchten. Wir haben den interaktiven Workshop, unterstützt durch einen unserer Berater, als Hauptwerkzeug eingesetzt, um den Aussöhnungsprozess in Gang zu bringen. Die durch die Befragungen eruierten und durch WebCue™ bestätigten vorrangigen Fragen sind damit bereit für die Aufarbeitung.

Von der Theorie zur Praxis

Wir haben wiederholt unsere zentrale Prämisse angeführt, dass die Neigung zur Aussöhnung scheinbar inkompatibler Werte die Schlüsselkompetenz ist, die man besitzen muss, um in der Welt von heute eine erfolgreiche Führungspersönlichkeit zu sein. Das ist zwar eine schöne Aussage, aber können wir Führungspersonen und Organisationen, die von ihnen geführt werden, beibringen, sich diese integrative Haltung anzueignen und sie zu nutzen?

Wir beginnen normalerweise mit Gruppen von 20 bis 30 »international mobilen« Managern, bei denen die in der früheren diagnostischen Phase gesammelten Dilemmata auftreten. Sie haben vorab auch unseren ILAP (Inter-Cultural Leadership Assessment Profiler) Onlinefragebogen ausgefüllt. Wir händigen ihnen ihr persönliches Profil aus, damit ihre eigenen Werte im Rahmen der Methodologie erklärt werden können. Es ist von größter Bedeutung, dass sie wissen, welchen Beitrag jeder von ihnen für ihr Verhältnis zu verschiedenen Werten leistet.

Wir nutzen die ersten Sitzungen der Workshops, die Teilnehmer im Erkennen, Formulieren und Aussöhnen der Dilemmata zu fördern. Wir legen Wert darauf, über grundlegende Einsatzinstruktionen hinauszugehen, damit jedes Team uns erzählt, auf welche Dilemmata es an seinem Arbeitsplatz gestoßen ist, und dann die Beilegung der eigenen Probleme in Angriff nimmt. Normalerweise erstellen die in kleinen Teams arbeitenden Teilnehmer dabei Pläne mit sieben bis zehn Dilemmata, die typisch für die Kultur und Subkulturen der Organisation sind.

Wie bei jeder Aufgabe einer Arbeitsgemeinschaft in einem Entwicklungsworkshop besteht die Gefahr, dass die Qualität des Denkens und der Analyse durch die Lesbarkeit der Handschrift und die zeichnerischen Fähigkeiten desjenigen beeinträchtigt wird, der am Flipchart schreibt. Wir haben das Softwaretool THT GroupCue (GroupWare) entwickelt, damit jede Gruppe ihre Dilemmata, Eigenschaften und Aktionspunkte mithilfe softwaregeführter Schablonen strukturieren kann. Diese Eingabedaten werden dann automatisch in eine knappe PowerPoint-Präsentation des Dilemmas umgewandelt, sodass jede Gruppe sie den anderen Teilnehmern mit einem Videoprojektor vorführen kann. Das hat den wichtigen zusätzlichen Vorteil, dass uns am Ende eine Datenbank mit einer Fülle von Dilemmamaterial in computerlesbarer Form zur Verfügung steht statt eines Stapels von Flipcharts, die wir mit uns herumschleppen müssten. Schon bald zeichnen sich erste Muster ab.

Nach mehreren derartigen Workshops für dieselbe Organisation wiederholen sich bestimmte Muster und es wird möglich, Dilemmata genau festzulegen, die in verschiedenen Teilen der Welt auftreten. In diesem Stadium wird viel deutlicher sichtbar, wo Gefahren lauern und wo Gelegenheiten. Es ist wichtig, dass keine Führungsschulung irgendeiner Art in einer Sackgasse endet oder nebenbei erledigt wird, sondern einen echten Beitrag zum Endergebnis leistet. Man kann mehrere Initiativen ergreifen, um den Erfolg zu sichern, indem man dieser Entwicklung zu Einfluss verhilft. Besonders wichtig ist, dass Topmanager der Präsentation der Teams am letzten Tag beiwohnen und den besten dieser Teams eine Chance als Fürsprecher der Änderungen bieten, die sie anregen. Idealerweise sollten die Teams sich mit der eigenen Organisation rückberaten, was sie tun können, ohne das Abwehrsystem des Unternehmens auszulösen, da sie ein Teil des Unternehmens sind. Unser web-basiertes ThroughWise™-System, das in diesem Kapitel beschrieben wird, ermöglicht den Teams, auch nach dem Workshop weiterzubestehen, selbst wenn sie räumlich voneinander getrennt sind.

Zu den Zielen dieser Interventionssitzungen gehören u. a.:

- Ein einheitliches Wertsystem schaffen, das auf Aussöhnung gründet und daher gut mit den Wertsystemen auskommt, die bereits existieren.
- Eine enge Verbindung zwischen Schaffung von Wohlstand und Aussöhnung von Werten herstellen. Wert wird eher hinzugefügt als integriert.
- Ein realistisches Verständnis für den Kulturschock und das Ausbilden der emotionalen Muskeln entwickeln, die notwendig sind, um daraus zu lernen. Schätzen Sie ganz kühl ab, wie teuer misslungene kulturelle Engagements werden können.
- Die Fähigkeit entwickeln, in eine Kultur hineinzugehen und ihre Kernannahmen zu erfassen. Man kann das dort festgestellte Verhalten dann

als ein Muster sehen, das in diesen Annahmen verankert ist. (Wir erstellen nie Listen mit Ge- und Verboten.) Man kann dann die Reaktionen auf neue Anforderungen vorwegnehmen.

- Eine andere Kultur achten und sich ihr anpassen, ohne die eigenen Überzeugungen aufzugeben, sondern eher durch Vereinigen der Integritäten beider Seiten.
- Wissen und Erfahrung der ausgewählten Manager nutzen, um das halbe Dutzend wiederkehrender, systemweiter Dilemmata zu entdecken, mit denen der Klient konfrontiert ist, und vielleicht doppelt so vieler regionaler Dilemmata.
- Die stärkstmöglichen Argumente finden für die Einbeziehung verschiedener Personen generell, was sich logischerweise auch auf Minderheiten erstrecken muss, die eine schwere Zeit in den Ländern haben, in denen der Klient ansässig ist.
- Die Unternehmensführung bitten, ausreichend qualifizierten Teams bei Gelegenheit eine Herausforderung vorzusetzen.
- Lernziele messen und bewerten. Es reicht nicht, anderen transkulturelle Kompetenz aufzudrängen, ohne sie zu fragen: »Woher wissen wir, dass wir das schaffen?« Welche Balanced Scorecards sind verfügbar?

Wirksamkeit der Aussöhnungshaltung

Um einige dieser Vorstellungen zu illustrieren, nennen wir jetzt ein paar Beispiele für das Feedback, das wir erhalten haben. Insgesamt gab es beträchtliches Lob für die dilemmazentrierten Workshops, die als »aufklärend«, »fundiert«, »eindrucksvoll« etc. bezeichnet wurden, wenngleich wir festgestellt haben, dass einige Teilnehmer Schwierigkeiten mit der Umsetzung hatten, als sie wieder daheim an ihrem normalen Arbeitsplatz waren. Folgende Anmerkungen waren typisch:

>*Ich persönlich mag die Dilemma-Theorie. Sie ist erfrischend realistisch, bietet alles über das Leben, wie es ist, das nie 100-prozentig richtig oder falsch ist. Die Dilemma-Logik ist sehr nützlich und sollte weite Verbreitung finden, damit auch andere sie nutzen können.«*

>*Ich meine, die Workshops waren gut getimt. Sie schlossen die Leute*

genau in dem Moment auf, wo sie in größeren Zusammenhängen denken mussten, aber jetzt ist die Zeit gekommen, das aufzuarbeiten, was gelernt wurde ... Es ist Zeit, mit dem Lernen aufzuhören und anzufangen, echte Probleme zu lösen. Die Zeit ist gekommen zu handeln, nicht zu studieren. Unser Führungsworkshop war sehr beeindruckend, aber kann er uns, solange das Fenster der Gelegenheit noch geöffnet ist, helfen, das Gelernte durch- und auszuführen?«

Interessanterweise wurden nicht alle Dilemmata als gleich wichtig angesehen.

»Ich habe die eher philosophischen Dilemmata vorgezogen, weil sie großzügig verallgemeinern, während einige, mit denen wir angefangen haben, zu stark vereinfacht haben. Mein Team hat sich für die ›großen‹ Dilemmata entschieden und sich auf diese konzentriert. Jetzt ist es Zeit, sie schrittweise runterzuholen, ich meine nicht die Antworten, sondern die Dilemmata, für die Lösung auf jeder Ebene. Es ist unsere Aufgabe, diese ›großen‹ Dilemmata zu erkennen und unsere Leute auf sie anzusetzen. Das braucht erstklassige Förderung, weil die Leute die Dilemmata durcharbeiten und Antworten für sich selbst finden müssen.«

Sobald sie sich auf den Dilemma-Ansatz festgelegt haben, sind die Teilnehmer begierig, ihn auf echte Problemfälle anzuwenden und Antworten zu fordern, wie diese Rückmeldung zeigt:

»Wir im Unternehmen glauben zunächst an Absprachen und Kompromisse. Sie haben uns überzeugt, dass in der Welt draußen Synergien möglich sind, aber Sie haben uns nicht unsere eigenen Synergien gezeigt. Wo sind sie? Wie finden wir sie? Wir brauchen konkrete Beispiele, die auf unseren Erfahrungen beruhen.«

Setzen wir also praktisch um, was wir predigen!

Wir sind jetzt in der Lage, ein Dilemma zu beschreiben, nicht nur ein Dilemma innerhalb des Unternehmens, auch wenn es dort vorhanden ist, sondern ein Dilemma im Verhältnis zwischen uns und dem Kunden.

Einerseits...	Andererseits...
Wir müssen das »Sorites«-Dilemma vermeiden, die Bezeichnung für eine Klasse paradoxer Argumente, die als ein Ergebnis der Unbestimmtheit an den Grenzen der Anwendbarkeit der betroffenen Aussagen auftreten.	
Die Welt des Wissens	Die Welt der Unternehmen
Die Suche nach einem soliden System	Kann der Kunde das System mit Erfolg anwenden, sodass es von praktischem Nutzen ist?
Wie können wir den Prozess und die Theorie, Dilemmata aufzuspüren, ständig verbessern und rigoroser machen?	Welche konkreten Möglichkeiten gibt es, die Beurteilungen aus den Workshops aus- und durchzuführen?

Als die Workshops vorbei waren, kamen sich die Teilnehmer doch sehr zur ersten Achse dieses Dilemmas hin verschoben vor, wie Abbildung 10.2 zeigt.

Abbildung 10.2   Theorie versus Durchführung

Wir befinden uns etwa bei Position 2/8 des Kulturraums, der durch diese beiden Achsen dargestellt wird, sehr viel weiter auf der Achse »logisches Denken« als auf der Achse »Durchführung«. Natürlich enden viele Trainingsvorhaben so, unabhängig vom Thema. Aber wir waren zumindest darauf vorbereitet, diese Herausforderung zu erkennen, uns ihr zu stellen und etwas zu unternehmen. Das ist gewissermaßen zu erwarten. Man spricht über etwas und versucht dann, es umzusetzen, doch unsere Probanden und Teilnehmer konnten diese zweite Phase kaum erwarten und hatten das Gefühl, unsere Hilfe zu benötigen, um sie erfolgreich zu bestehen. Ein Befragter drückte es so aus:

»Das Wichtige ist, zusammenzukommen und stolz auf die Leistung zu sein, statt über Hindernisse und Enttäuschungen zu jammern. Dieser gemeinschaftliche Stolz zeigt sich allmählich. Die Leute sagen: ›Wir haben es geschafft! Seht her!‹ Doch wir sind noch nicht so weit. Was wir brauchen ist, dieses System weiter voranzubringen, aber es muss ein Aufbruch sein, gespickt mit Beispielen unserer eigenen besten Leistungen. Es muss durch die Arbeit unserer eigenen Leute deutlich gemacht werden.«

Ein quantitatives Element oder Prinzip zufrieden stellen

Viele Organisationssysteme basieren heute auf Zahlen, und wenn diese Zahlen nicht in einen Kontext von Dilemmata eingebettet sind, wirken sie oft zu eindeutig, blähen einzelne Dimensionen noch weiter auf. Zahlen werden gern verwendet, um Systemen eine gewisse Objektivität und einen Leistungsmaßstab zu verleihen, wie immer diese aussehen.

Dies erzählte man uns in einem Finanzinstitut:

»Wir sind oft eine angetriebene Schar und es wird viel darüber geredet und gestritten, was die Zahlen aussagen sollten, und das schmälert natürlich deren Bedeutung. Vielleicht brauchen wir so etwas wie eine Balanced Scorecard.«

»Menschen, die außerhalb der Bereiche Wertschöpfung betreiben, auf die unsere Zahlen fixiert sind, erhalten nicht die Anerkennung, die sie verdienen. Ich persönlich belohne gute Schritte, auch wenn ich sie nicht verlangt oder erwartet habe, aber dazu muss ich ein bisschen an den Zahlen dre-

hen. Ich habe das Recht, qualitative Bewertungen abzugeben, und ich nutze es, um die Willkürlichkeit der Zahlen auszugleichen.«

»Die Zahlen sollen sich addieren, sodass mein eigener Leistungsvertrag die Summe der Leistungen derjenigen ergibt, die mir unterstehen. Ich bin verantwortlich. Ich mache sie verantwortlich. Man muss sich schon vor der ›Tyrannei einzelner Zahlen‹ hüten.«

»Ich komme aus dem Handel und der besteht in ganz klaren Entweder-oder-Entscheidungen, die auf der Stelle getroffen werden und unwiderruflich sind. Sie sind schwarz oder weiß. Wenn man auf den falschen Knopf drückt, kann das Millionen kosten. Nun sind diejenigen, die Erfolg haben mit schnellen Kaufoptionen und großen Einsätzen, nicht gut darauf vorbereitet, beide Seiten einer Sache zu sehen und Konflikte auszugleichen. Sie haben normalerweise große Schwierigkeiten, wenn sie sich umstellen und Menschen unternehmerisch sehen sollen.«

»Unser Führungssystem ist rein quantitativ, mit einigen eingestreuten qualitativen Ermessensspielräumen. Aber ich halte das nicht für befriedigend. Haben wir nicht mal gelernt, dass Quantifizierung auch etwas mit Qualität zu tun hat? Und wenn Qualitäten richtig definiert werden, sollten sie nach begangener Tat keine Einschränkungen erfordern ... können Sie nicht Zahlen und Dilemma-Theorie kombinieren?«

»Unsere Entlohnungsmechanismen wirken nicht richtig. Der Prämienpool sollte nicht nur für quantitative Leistungen da sein, sondern auch für eine bestimmte Arbeitsqualität, die der Klient erkennen und mit der er umgehen können muss.«

Betrachten wir ganz nüchtern, was die Leute uns sagen. Zahlen legen keine Konflikte bei, sie lösen sie aus, und man streitet sich darüber, was sie aussagen sollten, aber nicht tun! Leute, die auf eine unvorhergesehene Art und Weise etwas Bemerkenswertes leisten, stellen fest, dass es keine Möglichkeit gibt, diese Leistung festzuhalten. Die Zahlen werden als tyrannisch empfunden und qualitative Bewertungen verlangen, dass die Leute *»ein bisschen dran drehen«*. Ein anderer Befragter sagte uns, dass Teilnehmer aus Seminaren kommen und trotz eindeutiger Zahlen *»unterschiedlich interpretieren, was diese aussagen«*.

Diese Unterschiede verwässern gemeinsame Überzeugungen und

abgestimmtes Verhalten; trotz ihrer Eindeutigkeit und faktischen Natur vereinen die Zahlen die Menschen demnach nicht in schnellem und entschiedenem Handeln. Das geschieht deshalb, weil die Zahlen bei aller Genauigkeit nur ein Teilbild dessen wiedergeben, was das Unternehmen tun muss. Außerdem besteht eine große Kluft zwischen der multilateralen Art der Dilemma-Theorie und der unilateralen Art der aktuellen Leistungsindizes.

Man kann sich das Dilemma wie in Abbildung 10.3 vorstellen.

Dieser Kunde (ein Finanzinstitut) konnte Leistungssysteme und Möglichkeiten zur Einschätzung des ökonomischen Wertes für das gesamte Unternehmen übernehmen, sodass diese nicht einzelne Maßstäbe darstellen, sondern ausgewogene Ziele, zwischen denen Synergien möglich sind und Aussöhnungen erarbeitet werden können. Zu diesem Zweck müssen wir uns bestimmten Fragen zuwenden, deren Lösung durch unilaterale Messsysteme behindert wird. Wir glauben, diesem Kunden auf verschiedene Arten über die nächste Hürde helfen zu können.

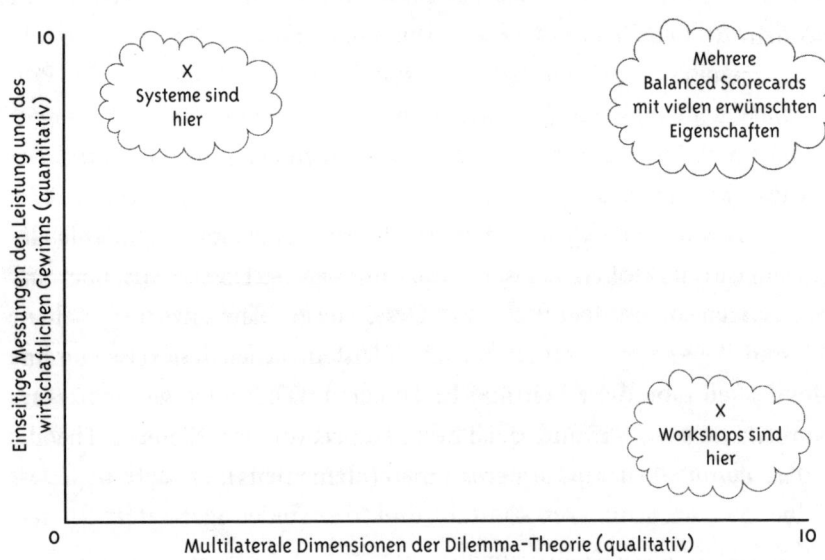

Abbildung 10.3   Einseitige Quantität versus multilaterale Qualität

Die Dilemma-Theorie als Bestätigung »guten Urteilsvermögens« und die Notwendigkeit, Erfolg deutlich zu erklären

Mehrere Teilnehmer wiesen darauf hin, dass die Dilemma-Theorie nichts Neues sei, oder wenn, dann läge das Neue in ihrer Kraft zu erklären, wie wir tatsächlich über Probleme nachdenken.

»Auch auf die Gefahr hin, unhöflich zu sein, denke ich doch, dass das, was Sie sagen, nicht wirklich neu ist, da ich bereits so handle. Es ist sehr schön verpackt und erklärt und macht deutlich, was allgemein als ›gutes Urteilsvermögen‹ oder ›Intuition‹ bezeichnet wird, aber je länger ich zuhöre, desto mehr habe ich das Gefühl, das habe ich schon immer gemacht, allerdings kann ich meine eigenen Entscheidungen jetzt gut erklären.«

Wir räumen ein, dass Dilemma-Theorie eine andere zusammengesetzte Bezeichnung für gesunder Menschenverstand ist, aber es ist auch eine Art, ihn zu verbessern. Doch die stillschweigenden Folgerungen dieser Einsicht sind wichtig. Wenn gutes Urteilsvermögen wirklich eine Form der Aussöhnung von Dilemmata ist, dann sollten wir diese Aussöhnungen überall dort suchen, wo der Klient ungewöhnlich erfolgreich war. Wir können die Dilemma-Theorie tatsächlich dazu benutzen, erfolgreiches Handeln zu verankern, indem wir erklären, warum und wie es zu Stande gekommen ist.

Das Dilemma ist in Abbildung 10.4 dargestellt.

Die Schwierigkeit mit der Intuition und dem guten Urteilsvermögen liegt darin, dass sie ausgeübt werden und dann verschwinden. Wir können dem Betreffenden noch applaudieren, wissen aber nicht, wem wir nacheifern oder welche Lehren wir ziehen sollten. Das konfrontiert uns mit »unerklärlichem Erfolg« (oben links). Das Problem mit ausgesöhnten Dilemmata ist, dass sie mit praktischen Unternehmensfragen zu tun haben können oder nicht. Wenn nicht, haben wir Theorie ohne Praxis (unten rechts). Was wir brauchen, ist Best Practice, von der Dilemma-Theorie erklärt, damit alle daraus lernen können (oben rechts).

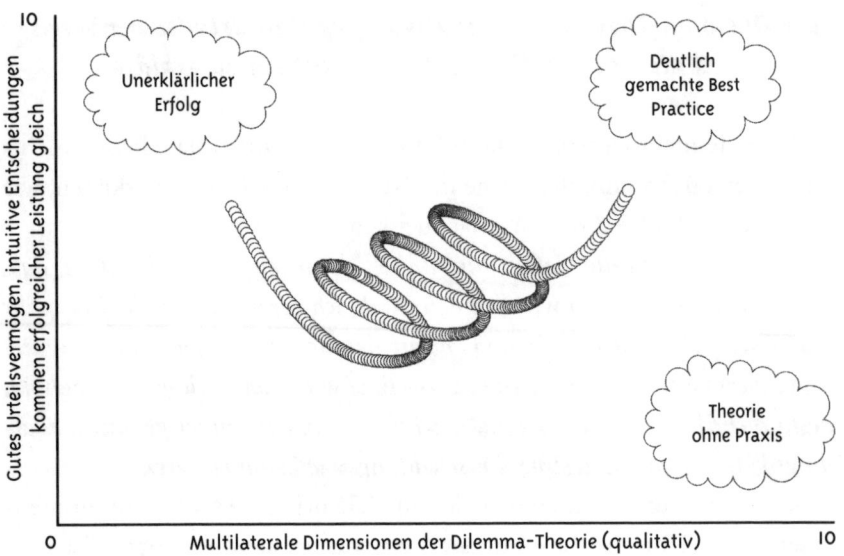

Abbildung 10.4 Rückwirkende Erklärungen für gutes Urteilsvermögen von Führungskräften

Von der Gelegenheit zur Strategie: Die Dilemma-Lösungen der Best Practice verankern

Wir haben oben gesehen, wie wichtig Durch- und Ausführung sind. Die Dilemma-Theorie kann erst in der Organisation Fuß fassen, wenn die Menschen sie angewendet haben. Vielleicht haben sie sie die ganze Zeit angewendet, waren aber einfach nicht in der Lage, die Genauigkeit der eigenen Entscheidungen und den Leitstern ihrer hohen Leistungen zu erläutern... Wenn dem so ist, dann könnte die Dilemma-Theorie selbst eine gute Erklärung für die besten Praktiken enthalten.

»Wir stolpern oft über die Wahrheit«, schrieb Winston Churchill, »doch wir rappeln uns auf und hasten weiter, als ob nichts geschehen wäre.« Der Wert der Dilemma-Theorie besteht darin, dass man mit ihr überprüfen kann, worüber man gestolpert ist. Angenommen, irgendeine Unternehmenseinheit hat in Indonesien einen riesigen Erfolg gehabt, aber warum? Können wir diese Leistung irgendwie erfassen und daraus lernen?

Selbst wenn es nur Intuition war: Lässt sich das wiederholen oder gezielt herausarbeiten?

Als wir Probanden zum relativen Vorsprung des strategischen Denkens gegenüber dem Ergreifen von Gelegenheiten befragten und ob das Teil der Unternehmensstrategie sei oder nicht, entschieden sich fast alle für das Ergreifen von Gelegenheiten. Hier einige Aussagen von Kunden:

»Ich räume ein, dass Gelegenheit versus Strategie für uns ein Dilemma ist und dass wir uns ganz außen am Gelegenheits-Ende des Kontinuums befinden. Wir machen das, was die Kunden haben wollen, und das verändert uns, normalerweise ohne dass jemand es erlaubt. Wir entscheiden uns einfach dafür. Aber es muss ein Muster für unsere Erfolge geben, und herauszufinden, was das ist, welche Werte von unseren besonders erfolgreichen Betrieben ausgesöhnt werden, ist eine Möglichkeit, eine Strategie aus den Erkenntnissen darüber zu entwickeln, worin wir gut sind. Wir können aus der Untersuchung von Erfolgen erfahren, was unsere Kultur am besten kann. Dann können wir unsere Kernkompetenzen erkennen und sie pflegen.«

»Ich glaube, es wäre klug, mit einer ergriffenen Gelegenheit zu beginnen, zu fragen, welche Dilemmata ausgesöhnt wurden, und daraus die strategischen Lehren für die übrige Organisation zu ziehen. Aber ich warne Sie, denn das Kundengeschäft ist höchst komplex. Sie müssten eine Menge Zeit und Energie investieren. Ihre Anregung, Studenten einzusetzen, ist geschickt, denn Sie müssten sich mühsam aneignen, was wir bereits wissen, bevor Sie es mit Ihren Worten erklären könnten.«

»Strategien werden selten dargelegt oder ausgehängt, aber man kann sie aus dem, was die Leute tun (oder getan haben), ableiten. Ich hätte es gern, wenn einige unserer herausragenden Leistungen erklärt würden. Tun Sie das, dann ist das Verankern der Dilemma-Theorie in dieser Organisation nicht so schwer.«

Der Gedanke, sich Erfolgsgeschichten auszusuchen, sie zu veröffentlichen und sie dann durch die Protagonisten selbst vorstellen zu lassen, ist gut. Das macht das Abstrakte konkret und zeigt, dass die Ideen sowohl praktisch als auch relevant sind. Einige der besten Beispiele kommen unserer Meinung nach aus Asien. Unsere eingeschränkte Präsenz in einigen dieser Länder macht die Zusammenarbeit nationaler Büros notwen-

dig und Sie bekommen auf diese Weise einige gute Beispiele für über-
brückende Aussöhnung.

*»Ist es möglich, Strategien und den Inhalt von Leistungsverträgen als
Dilemmata auszudrücken? Wäre das möglich, dann könnte die Aussöhnung
von Dilemmata in unseren Systemen verankert werden. Wir müssen im
Stande sein, Strategien für neue Kundengruppen zu entwerfen, es könnte daher wirklich sehr hilfreich sein, den erfolgreichen Transaktionen die Dilemmata zu entlocken. Ein Leistungsvertrag sollte die Strategie testen, deren Bestandteil er ist.«*

*»Man kann Strategien in Leistungsinitiativen aufteilen, doch diese
Initiativen können mehr sein als die Summe ihrer Teile. Wenn alle unsere
Systeme eine ähnliche Logik und diese mehr oder weniger erfolgreiche Ergeb-
nisse vorzuweisen hätten, dann könnten wir eine Menge über uns lernen.«*

*»Warum leisten wir in einigen Branchen mehr als in anderen, wa-
rum in mittelgroßen Unternehmen mehr als in Großunternehmen, warum
in einigen Ländern mehr als in anderen? Wenn wir ›aus Erfolgen lernen‹ und
die Lehren verallgemeinern könnten, wären wir in einer guten Lage.«*

Einige Befragte rieten uns unverhohlen, von Präsentationen vom
»HR-Typ« und »Trainertyp« abzurücken, weil sie, vielleicht ungerechter-
weise, als nebensächlich für den wirklichen Aufbau persönlicher Beziehungen zu den Kunden angesehen würden. Wir sollten uns auch nicht in
den Vordergrund drängen. Wir sollten vielmehr diejenigen, die erfolgreich
waren, die eigenen Erfolge erläutern lassen und dafür sorgen, dass die Aussöhnung von Dilemmata das erklären kann. Wenn das Lösen von Dilemmata gute Leistungen gut erklären könnte, dann würden die Kunden diese
Logik schnell verinnerlichen. Andernfalls würden sie sich widersetzen.
Hier einige Beispiele in ihren eigenen Worten.

*»Erfolgreiche Dialoge zwischen strategischen Unternehmenseinhei-
ten ergeben sich nicht einfach so. Ich würde jeden bitten, eine Erfolgsgeschichte
zu erzählen und diesen Erfolg dann so zu erklären, dass alle es verstehen.«*

*»Sie sollten die Leute in Ihren Workshops fragen: ›Glaubt ihr daran,
ja oder nein?‹ Wenn der Betreffende ja sagt, sollten Sie denjenigen als einen
Meister und ein Musterbeispiel für die Dilemma-Theorie hinstellen. Das
würde Ihre Theorie umfassend operationalisieren.«*

»Neben einer erfolgreichen Unternehmenseinheit könnte man einen sehr erfolgreichen Leistungsvertrag untersuchen und die Hauptperson fragen, wie sie es angestellt hat. Wenn wir irgendwie gemeinsam denken können, treibt das zum Handeln an und bringt die Tagesordnung voran.«

»Ich hielte es für klug, wenn Sie mit einem unserer Kollegen reden würden, der einer unserer besten ›Denker in puncto Handeln‹ ist und außerdem mitverantwortlich für große Erfolge in Brasilien, Chicago und den Niederlanden. Er würde sicher jede Anstrengung begrüßen, erfolgreiches Handeln darzustellen, einfach um zu zeigen, wo wir Erfolg hatten und warum.«

»Ich denke, oder hoffe, dass ich die Dilemma-Theorie neulich richtig angewandt habe. Ein wiederkehrendes Dilemma ist das zwischen der Notwendigkeit, Kosten zu sparen, und der Notwendigkeit, in das Unternehmen zu investieren, damit es auch in Zukunft wächst. So wie ich es gesehen habe, konnten wir aussöhnen, indem wir in Kosten sparende Prozesse investierten [vgl. Abbildung 10.5].«

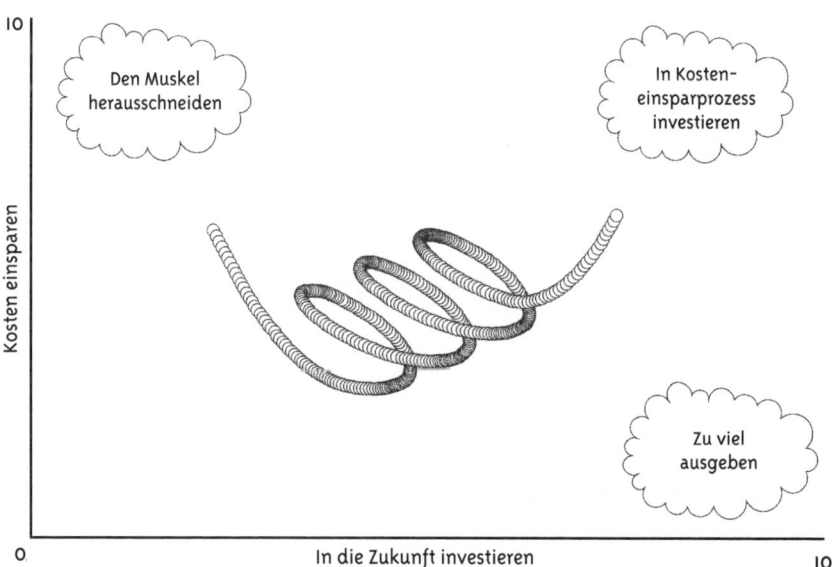

Abbildung 10.5   Kosten oder Wert?

»Ich habe dies 100 Finanzanalysten gezeigt – und raten Sie mal. Unser Aktienkurs stieg in den darauf folgenden Tagen und Wochen. Sie waren wirklich beeindruckt. Wir machten einen Quantensprung und taten etwas für unsere Aktionäre.«

Diese Befragten erklären uns ohne Ausnahme, dass das Unternehmen von der eigens entworfenen Strategie abrückt und sich opportunistischen Initiativen zuwendet, wie in Abbildung 10.6 dargestellt.

Ein Proband mit Verantwortung für Strategie war besonders redselig:

»Der Zweck ist, eine Strategie als Gerüst für die Allokation der Ressourcen zu haben, doch unser Absatz ist überwiegend kundenorientiert und nicht strategisch. Ich bin absolut für die unternehmerische Initiative dezentraler Einheiten, doch diese Personen sollten auf jeden Fall konsequente strategische Zusammenhänge bedenken, damit ihre Suche nach Gelegenheiten methodisch und stichprobenartig ist.«

Er wies weiter darauf hin, dass die Spannung zwischen Strategie und Gelegenheit nie nachlässt:

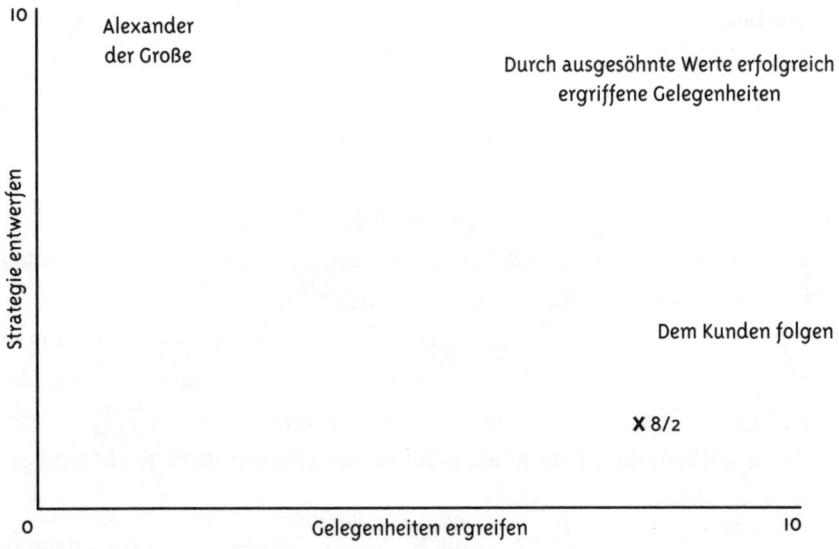

Abbildung 10.6   Strategie versus Opportunismus

»Was mich betrifft, so besteht ein ewiges Dilemma zwischen Strategie und Gelegenheit. Wenn diese Gelegenheit nicht in unserer Strategie enthalten ist, warum dann nicht? Vielleicht ist es am Ende gar keine so gute Gelegenheit, vielleicht sollte sie aber doch in unserer Strategie vorkommen. Diese Spannung ist gesund. Unsere Strategie sollte uns zu Gelegenheiten führen und uns nicht abschirmen. Ich räume ein, dass aus den beständigen Mustern unserer Erfolge strategische Folgerungen hervorgehen sollten.«

Phase 3:
Übertragung und Integration von Lernschleifen

Das Problem bei jeder neuen Logik wie der Dilemma-Logik besteht darin, dass sie nur in kleinen Oasen wirkt, etwa im Klassenzimmer, der Abteilung, der Sektion, dem Team etc. Sobald sie auf die traditionellen Denkweisen des Unternehmens trifft, scheitert sie daran, sich mitzuteilen, wird nicht beachtet und verkümmert schließlich.

Ein altes Sprichwort sagt, dass das, was gemessen wird, belohnt wird, und was belohnt wird, wird getan. Die Beilegung des Dilemmas muss also durch die Art und Weise verstärkt werden, wie die Personalabteilung und letztlich das gesamte Unternehmen strukturiert ist.

Wir können aktuelle oder vergangene Initiativen nicht übergehen und würden deshalb zunächst eine Bestandsaufnahme der bestehenden Werkzeuge, Instrumente, Prozesse und Initiativen vornehmen, also Führungsentwicklung, Programme zur Förderung der Vielfalt, Bewertungen und Verkaufsförderungsprozesse. Danach würden wir deren innere Beständigkeit harmonisieren, um die Aussöhnungslogik zu unterstützen und zu stärken, damit sie in allen Teilen der Organisation gelebt und erhalten wird.

Bei den besonders anspruchsvollen Kunden wird die Aussöhnung zum Kernstück der Strategie, was sehr ambitioniert und aufregend ist. Wie gesagt, eine solche Vision von der Aussöhnung ist nicht »falsch«, aber sie ist trotzdem unvollständig und viele haben kaum eine Vorstellung davon, was sie bedeutet.

Die Gefahr, mit einer anregenden Werbe- oder visionären Kampagne zu beginnen und dann dem Ruf gerecht werden zu wollen, den man sich erworben hat, besteht darin, dass die ganz realen Gefahren der Aussöhnung unterschätzt werden.

Idealerweise sollte es Strategiekarten geben, denen die Führung zugestimmt hat. Es sollte Karten von erworbenen Kompetenzen geben, mit denen die Führung für diese Strategien geschult werden kann. Beurteilungskarten können Übereinstimmungen zwischen Beratern und Beratenen registrieren. Coachingkarten können die Wege der Selbstentdeckung festhalten. Einstellungskarten können die Auswahl von Beschäftigten leiten und Balanced Scorecards können das Unternehmen lenken und die Entwicklung von Personen, Teams, Abteilungen und Unternehmensfunktionen messen.

Diese »Karten« könnten in gedruckter Form, als Software, als Overhead-Folien oder als PowerPoint-Präsentation vervielfältigt werden. Welche Werte Sie verfolgen, entscheiden allein Sie. Vielfalt und Integration sind in der Struktur dieser Karten selbst enthalten – vgl. Abbildung 10.7.

Zu viel Aussöhnung ohne Integration führt zum Turm von Babel. Anheimelnde Integration ohne Aussöhnung führt zum Club der Weißen. Erst wenn wir verschiedene Ideen und Lebensstile aus aller Welt integrieren, bekommen wir eine neuartige Integration (oben rechts).

Teams spielen bei der Entwicklung der Aussöhnung eine sehr wichtige Rolle. Menschen, die zuvor sehr verschieden waren, in den engen Zusammenhalt eines Teams zu bringen verbindet Vertrautheit mit Aussöhnung. Die Probleme, in die diese Teams Einsicht erhalten, weil sie sich kennen und einander vertrauen, können das Auseinanderdriften ganzer Handelskontinente stoppen und den Fusions- und Übernahmeprozess lenken, sodass niemand vor den Kopf gestoßen wird. Teammitglieder verkörpern die Kulturen, aus denen sie kommen, und können daher größere Unterschiede in den Meinungen und Urteilen erklären. Das kann Lösun-

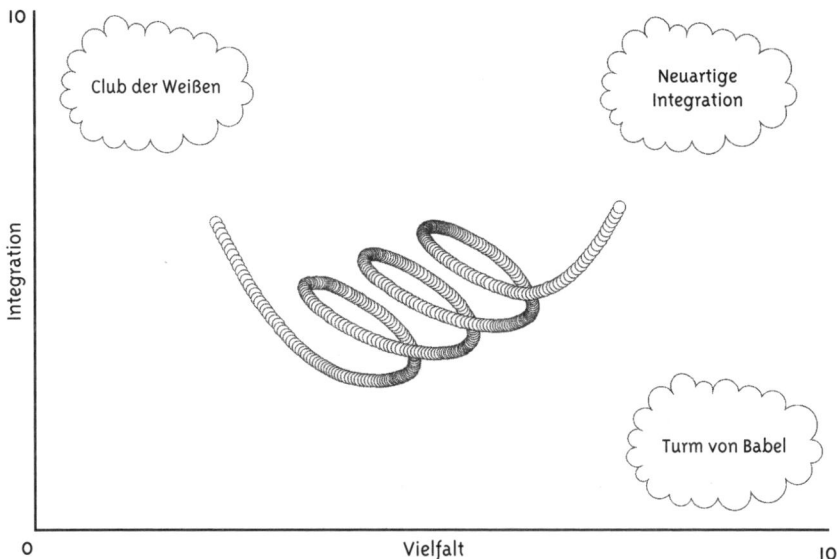

Abbildung 10.7 Neuartige Integration

gen anstoßen, die für alle akzeptabel sind und in der Geborgenheit der Gruppendynamik vorab getestet wurden.

Teams können bei Aussöhnungen der verschiedensten Art helfen. Dazu gehören unter anderem der Blick vom Zentrum versus der Blick von der Peripherie, Top-down versus Bottom-up, neue Ideen versus bestehende Regeln etc. Wenn ein ganzes Team für eine neue Entwicklung eintritt, verleiht ihm das weit mehr Schwung und Überzeugungskraft als die einsame Stimme des Urhebers. Einzelne Mitglieder sind selbstsicher und beharrlich, weil die Kollegen ihnen Zuversicht vermittelt haben.

Teams zu fördern ist eine wichtige Fähigkeit für Führungspersonen. Können sie delegieren und ein Team befähigen, zentrale Belange zu untersuchen und Bericht zu erstatten? Können sie das so, dass zwei Arten, Geld zu vergeuden, vermieden werden? Im ersten Fall ist das Team wirklich eine »Fassade« für das, was die Führungsperson vorhat und was sie ihren Akteuren eingeimpft hat; im zweiten Fall ist das Team so »kreativ«, dass es den eigenen Verantwortungsbereich umschreibt und mit einem

»brillanten« Plan aufkreuzt, der völlig unbrauchbar ist, weil er nicht mit der Organisation abgesprochen wurde.

Ein Team so zu instruieren, dass es wirklich versteht, worum es geht und was die Lösung enthalten muss, ist eine schwierige Kunst. Ein Team muss wirklich autonom sein, aber dennoch auf die ihm gestellte Aufgabe eingehen. Derartige Fertigkeiten können in Workshops geübt werden.

Die Rolle der Humanressourcen beim Aufbau einer ausgesöhnten Organisation

Wir werden oft um Anregungen gebeten, wie man den Entwicklungsprozess des Ausgleichs von Dilemmata in einer Organisation verankern kann, sodass seine internen Systeme, Mitarbeiter zu beurteilen, einzustellen, abzufinden, zu beraten und zu schulen, das Knowledge-Management und die Dokumentation alle in sich schlüssig sind.

Die Gründe hierfür sind bekannt. Alle Prozesse in einem Unternehmen haben eine Grundlage, auch wenn diese im Verborgenen existiert und als selbstverständlich angesehen wird. Eine neue Denkweise in einem Unternehmen mit bestehenden Regeln, Strukturen und Verfahren einzuführen kann dazu führen, dass die neue Logik abgelehnt wird, nicht weil sie falsch ist, sondern weil sie anders ist. Eine solche Ablehnung entspricht der Abstoßung fremden Körpergewebes.

Wenn das fremde Gewebe angenommen werden soll, muss es zu den bestehenden Strukturen passen und an den Systemen, die mit dieser neuen Logik kommunizieren und sie als verträglich und übereinstimmend erkennen, müssen wesentliche Änderungen vorgenommen werden. Das Isolieren und Zusammenfassen einer neuen Logik durch Beschränkung auf ein Untersystem wäre der Anfang vom Ende. Sie wird untergehen, weil sie sich der übergeordneten Organisation nicht wird verständlich machen können.

Die Berechtigung von HR-Innovationen

Im Gegensatz zu stark spezialisierten Funktionen wie F & E, IT oder Finanzen, wo der Respekt ein Ergebnis der selbst gesetzten Grenzen der Mitarbeiter ist, sind die Humanressourcen auf etwas spezialisiert, was wir alle tun müssen – eine Beziehung zu anderen Menschen herstellen. Weil kaum jemand sich auf diesem Gebiet für unterbemittelt hält, auch wenn er es vielleicht ist, befinden sich die HR in der unangenehmen Lage, für sich besondere Kenntnisse in Prozessen zu beanspruchen, die die meisten von uns als gesunden Menschenverstand betrachten.

Jeder von uns hat in seinem Leben gute und schlechte Beziehungen, doch diese Beziehungen werden kaum besser, wenn eine Seite hinsichtlich dessen, was beiden gemein ist, besondere Kenntnisse für sich in Anspruch nimmt. Beziehungen werden durch wechselseitige Anpassungen besser, nicht dadurch, dass einer dem anderen erklärt, wie man besser miteinander verkehrt. Deshalb wird der Anspruch der HR auf wichtige neue Einsichten in das menschliche Miteinander wahrscheinlich mit Skepsis aufgenommen, während die Erklärung einer neuen Software möglicherweise mehr Glauben findet.

Das alles bedeutet nicht, dass die HR nicht erfolgreich Innovationen durchführen könnten, doch es besteht Grund zur Vorsicht und auch Grund, die Hilfe von Führungspersonen und all denen heranzuziehen, die im Ruf sozialer Kompetenz stehen.

Brauchen wir also eigentlich HR? Wir meinen ja, denn die Unternehmen sind zu groß, als dass jeder intuitiv handeln könnte und diese Handlungen nicht erklärt, gemessen oder bewertet würden. Das kann man in einem neu gegründeten Unternehmen machen, wo sich alle duzen, aber nicht in einem Konzern. Wir empfehlen die Dilemma-Theorie weder als todsichere Formel noch als Ersatz für das menschliche Urteil, sondern eher als einen Weg, den Sinn dieser Urteile zu lenken, zu testen, aufzunehmen und zu verstehen, und als Rahmen für gemeinsame Entscheidungen.

Ein Mittel, diese nächste Phase zu ermöglichen, wäre, anschauliche Karten wie diese zu entwerfen:

- Karten, die Strategien darstellen.
- Karten für kulturelle Änderungen.
- Karten für das Organisieren der Vielfalt.
- Karten zum Messen kulturübergreifender Kompetenz.
- Karten für den Aufbau von Führung.

Je klarer einer Organisation ist, was sie zu tun hat, desto eindeutiger ist auch die Liste der Karten, die sie benötigt, und der Lokalisierung der Dilemmata, vor denen sie steht.

Die Unabhängigkeit der Organisation bei der Aussöhnung von Dilemmata wahren

Wenn wir nach jeder beratenden Intervention gemeinsam über die verschiedenen Dilemmata nachdenken müssten, wäre das der Punkt, an dem THT planen würde, eine Organisation zu verlassen. Aber damit unsere Hilfe auch nach Beendigung eines formalen Kontakts (und überhaupt jedes Auftrags) weiterwirkt, haben wir unser web-basiertes System ThroughWise™ entwickelt. Entwickelt vor allem, damit die Teilnehmer

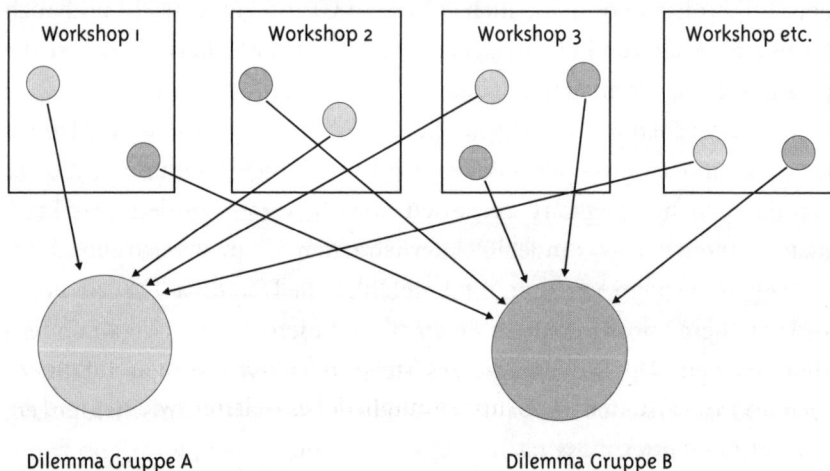

Abbildung 10.8   Gruppeninteraktion zwischen und in den Workshops

nach den Workshops weiter miteinander im Gespräch bleiben; es wurde aber auch realisiert als Werkzeug für die Teilnehmer, damit sie sich innerhalb der und zwischen den Workshops austauschen können.

Wie wir gezeigt haben, werden die eigentlichen Vorzüge der Aussöhnung von Dilemmata für die Umwandlung und Verbesserung der Unternehmenspraxis erst nach den Sitzungen wirklich realisiert, wenn die Teilnehmer in ihre Abteilungen zurückkehren. Damit das Lernen eingesetzt und gefestigt werden kann, bietet die Software ThroughWise™ eine Vernetzung der Teilnehmer, die allgemeine Fragen zu Dilemmata haben (vgl. Abbildung 10.9).

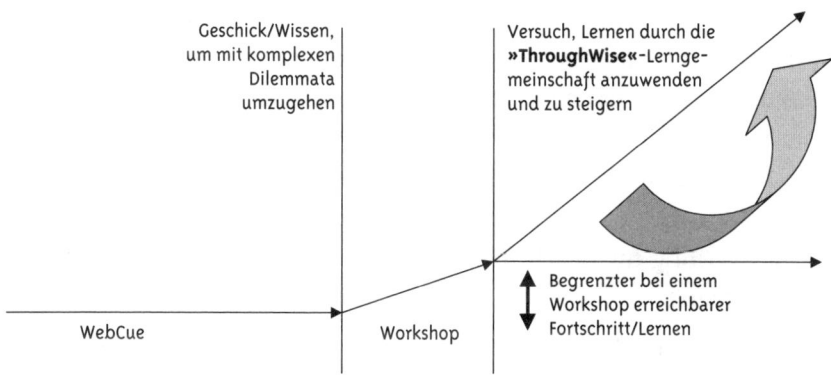

Abbildung 10.9   Sicherstellen, dass das Lernen aus dem Workshop fortgesetzt und angewandt wird

ThroughWise™ ist ein geschlossenes Netzwerk für eine bestimmte Kundengruppe, das einige Tools zur Verfügung stellt, um das Erkennen, Erfassen und Strukturieren von Dilemmata zu erleichtern und so die Bestandteile der Dilemmata und Aktionspunkte für die Aussöhnung zu systematisieren, damit die Gruppenmitglieder es weiterentwickeln und gemeinsam nutzen können.

Der Ansatz sieht demnach vor, so früh wie möglich mit dem Aufbau einer Lerngemeinschaft zu beginnen. Zuerst füttern wir die Dilemma-

Datenbank mit den Ergebnissen der Aussöhnungsübungen aus den letzten Sitzungen.

Wir beziehen die Mitglieder aller Untergruppen sofort in das ThroughWise™-Netzwerk ein. Dieser Vorgang läuft ähnlich wie bei Web-Cue™ ab, ist aber automatisiert. Die Mitglieder anderer Untergruppen können verfolgen, wie sich die Dilemmata, für die sie sich jetzt oder eventuell später interessieren, entwickeln.

Sobald die web-basierte ThroughWise™-Datenbankbeschreibung der Lerngemeinschaft eingerichtet ist, ist das interaktive Diskussionsforum aktiviert. Dieses Diskussionsforum ermöglicht auf Grund seines Aufbaus ein beständiges Kommentieren, außerdem die Formulierung und Aussöhnung von Dilemmata. Die Teilnehmer können Kommentare und Strategien für Schritte zur Aussöhnung von Dilemmata eingeben und über Fortschritte, Hindernisse und Erfolge berichten. Sie können darüber hinaus mittels einer Baumstruktur oder Sucheinrichtung alle Diskussionen und Kommentare verfolgen und sich außerdem für die automatische Übermittlung von E-Mail-Kommentaren anderer Teilnehmer zu Fragen entscheiden, die sie selbst im Forum gestellt haben.

Wichtig für den Erfolg dieser Art von Lerngemeinschaft ist die Unterstützung durch einen engagierten ThroughWise™-Helfer, vor allem in der Anfangsphase. Angesichts der widerstreitenden Anforderungen an die Führungspersonen reicht es nicht aus, eine Lösung anzubieten, die allein darauf basiert, dass nur sie die Kommunikationstechnologie im Netz nutzen. Wir schlagen deshalb des Öfteren vor, dass zwei Helfer – einer von Klientenseite, ein anderer von unserer Beratungsgruppe – gemeinsam diese wichtige Aufgabe wahrnehmen.

Gemeinsam übernehmen sie folgende Zuständigkeiten:

– Die Einführung und Entwicklung der Lerngemeinschaft lenken, vor allem in der Anfangsphase, und so als die »Meister« des Gesamtprojekts fungieren.
– Eine erste Reihe von Dilemmata aufgreifen und formulieren, um eine schnelle Aufnahme durch die Lerngemeinschaft zu gewährleisten, insbesondere unter Einbeziehung der in den vorangegangenen Sitzungen

erkannten Dilemmata, und diese Dilemmata mit Dokumenten und Berichten anderer Klienten verbinden.

– Die Mitglieder von Untergruppen in der Lerngemeinschaft auf Grund gemeinsamer Interessen (Dilemmata) organisieren und mobilisieren und sie auffordern, sich dem Prozess anzuschließen.

– Kommentare und Eingaben von Mitgliedern aus Untergruppen zusammenstellen.

– Den erreichten Fortschritt überwachen und darüber berichten.

Das letzte Dilemma

Wir haben durch unsere Arbeit zahlreiche Dilemmata erkannt und die wichtigen in diesem Buch aufgeführt. Wir haben versucht, die Notwendigkeit der ausgesöhnten Organisation nachzuweisen und zu zeigen, wie sie entwickelt werden kann. Bei wem liegt dann letztendlich die Verantwortung, Dilemmata auszuwählen und auszusöhnen? Sollte man sie aus der Sicht der Organisation angehen oder aus der Sicht der einzelnen Führungsperson? Wenn Sie uns auf unserem Weg gefolgt sind, werden Sie bemerkt haben, dass der vorige Satz das Wort »oder« enthält und – natürlich – ein Dilemma darstellt.

Mit anderen Worten: Wie können wir die Dilemmata der Organisation und die des Einzelnen in der heutigen Arbeitswelt aussöhnen?

Wir geben Ihnen das als Übung auf!

Anmerkungen und Bibliografie

Anmerkungen

Kapitel 2
1. Fons Trompenaars und Charles Hampden-Turner, *21 Leaders for the 21st Century*, Capstone, 2001.
2. Charles Hampden-Turner und Fons Trompenaars, *The Seven Cultures of Capitalism*, Piatkus, 1994.

Kapitel 3
3. »Keeping close to the Customer«, S. 315 in Trompenaars und Hampden-Turner, *21 Leaders for the 21st Century*, Capstone, 2001.

Kapitel 7
4. Richard Donkin, »More than just a job: a brief history of work« in »Mastering People Management«, *Financial Times*, 2001, 15. Okt., S. 4–5.
5. Vgl. Isabel Myers, *Gifts Differing*, CPP Inc., 1995.

Kapitel 8
6. Wegen weiterer Hintergrundinformationen vgl. A. Gordon, »Re-appraising management information flows«, Doktorarbeit, 2002, Anglia University, UK, und J. Davies, »Towards the adjustment of accounts for insurance companies», Doktorarbeit, 1997, University of East London, UK.

Bibliografie

Ackoff, R. L. (1978), *On Purposeful Systems*, Wiley.
Altman, E. I. (1968), »Financial ratios: the predication of corporate failure«, *Journal of Finance*, September, S. 589ff.
Bagwell, L. S. und Bernheim, B. D. (1996), »Veblen effects in conspicuous consumption«, *American Economic Review*, Juni, S. 349–373.
Belbin, R. M. (1996), *Management Teams: Why They Succeed or Fail*, Butterworth-Heinemann.

Bennis, W. (1999), *The Leadership Advantage*, The Leader to Leader Institute (ehemals The Drucker Foundation, New York).

Bennis, W. und Nanus, B. (1985), »From transactional to transformational leadership«, *Organization Dynamics*, Winter, S. 19–31.

Broom, N. (2003), Doktorarbeit, APU University, UK (in Vorbereitung).

Cameron, K. und Quinn, R. (1999), *Diagnosing and Changing Organizational Culture*, Addison-Wesley.

Chambers, R. J. (1976), The possibility of a normative accounting standard«, Accounting Review, Juli.

Cottle, T. (1967), »The circle test: an investigation of perception of temporal relatedness and dominance«, *Journal of Projective Technique and Personality Assessment*, Nr. 31. S. 58–71.

Darke, P., Chattopadhyay, A. und Ashworth. L. (2002), »Going with your gut«, Arbeitspapier, INSEAD.

Deal, T. und Kennedy, A. (1982), *Corporate Cultures: The Rights and Rituals of Corporate Life*, Addison-Wesley.

Deming, W. E. (2000), *Out of the Crisis*, MIT Press.

Demski, J. S. (1976), »General impossibility of normative accounting«, *Accounting Review*, S. 653–656.

Durkheim, E., besprochen in Pickering, W. (1999), *Durkheim and Representations*, Routledge.

Etzioni, A. (1998), *The Essential Communitarian Reader*, Rowman & Littlefield.

Fielder, F. (1967), *A Theory of Leadership Effectiveness*, McGraw-Hill.

Goodstein, R. und Burke, S. (1991), zitiert in French, W., Bell. C. und Zawacki, R. (1994), *Organization Development and Transformation: Managing Effective Change*, 4. Aufl., Irwin.

Greenleaf, R. K. (1996), *On Becoming a Servant-Leader*, Jossey-Bass.

Hall, E. und Hall, M. (1990), *Understanding Cultural Differences*, Intercultural Press.

Hampden-Turner, C. und Trompenaars, F. (1993), *Seven Cultures of Capitalism*, Piatkus.

Hampden-Turner, C. und Trompenaars, F. (2000), *Building Cross-Cultural Competence*, Wiley.

Handy, C. (1978), *The Gods of Management*, Souvenir Press.

Harrison, P. (1972), »Understanding your organization's character«, *Harvard Business Review*, Mai-Juni.

Hord, S. (1999), *Facilitative Leadership*, Southwest Educational Development Laboratory, Austin, Texas.

House, R. (1971), »A path-goal theory of leader effectiveness«, *Administrative Science Quarterly*, Bd. 16, S. 321–339.

Jung, C. G. (1971), Psychologische Typen, Walter, Olten.

Kaplan, R. S. und Norton, D. P. (1991), *Relevance Lost: The Rise and Fall of Management Accounting*, Harvard Business School Press.

Kohler, H. (2000), »The perils of globalisation«, *The Banker*, Bd. 150, i.893, S. 16.

KPMG Corporate Finance Service (1999), KPMG Corporate Finance, Juli: www.KPMG.com.

Lawrence, P. und Lorch, J. (1986), *Organization and Environment*, Harvard Business School Press.

Laurent, A. (1983), »The cultural diversity of Western conceptions of management«, *International Studies of Management and Organization*, XIII(1–2), Frühjahr-Sommer, S. 75–96.

Lewin, K. (1946), »Frontiers in Group Dynamics« [wieder veröffentlicht bei Schultz, D. P. und Schultz, S. E. (2000), *A History of Modern Psychology: Gestalt Psychology*, 7. Aufl., S. 368–370, Harcourt Brace College Publishers].

Mark, M. und Pearson, C. S. (2001), *The Hero and the Outlaw, Building Extraordinary Brands through the Power of Archetypes*, McGraw-Hill.

May, R. G., Mueller, G. G. und Williams T. H. (1976), *A New Introduction to Financial Accounting*, Prentice Hall.

Mooij, M. de (1997), *Global Marketing and Advertising*, Sage.

Pettigrew, A. M. (1985), *The Awakening Giant*, Blackwell.

Pugh, D. S. und Hickson, D. J. (1976), *Organization Structure in its Context: The Aston Programme One*, Lexington Books.

Rapaille, G. C. (2001), *Seven Secrets of Marketing in a Multi-Cultural World*, Executive Excellence Publishing.

Ries, A. und Trout, J. (1989), *Bottom-Up Marketing*, Plume.

Roselender, R. (1995), »Accounting for strategic positioning«, *British Journal of Management*, Bd. 6, S. 45–47.

Rosinski, P. (2003), *Coaching Across Cultures: New Tools for Leveraging National, Corporate and Professional Differences*, Nicholas Brealey.

Rotter, J. B. (1966), »Generalised expectations for internal versus external control of reinforcement«, *Psychological Monograph*, 609, S. 1–28.

Sapir, E. (1929), »The status of linguistics as a science«, *Language*, 5, S. 207–214.

Schein, E. H. (1996), »Culture: the missing concept in organization studies«, *Administrative Science Quarterly*, S. 229–240.

Schein, E. H. (1997), *Organizational Culture and Leadership*, Jossey Bass.

Schutz, A. (1972), *Alfred Schutz on Phenomenology and Social Relations*, Hrsg. Wagner, H. R., University of Chicago Press.

Silvester, J., Anderson, N. und Patterson, F. (1999), »Organizational culture change: an inter-group attributional analysis«, *Journal of Occupational and Organizational Psychology*, März.

Smeaton-Webb, H. (2003), Doktorarbeit, APU University, UK, in Vorbereitung.

Solomon, D. (1986), *Making Accounting Policy: The Quest for Credibility*, Oxford University Press.

Southwest Educational Development Lab (1992), »Facilitative leadership: the imperative for change«, www.sedl.org/change/facilitate/approaches.html.

Stouffer.S. A. und Toby, J. (1951), »Role conflict and personality«, *American Journal of Sociology*, LUI-5, S. 395–406.

Tannenbaum, R. und Schmidt, W. (1973), »How to choose a leadership pattern«, *Harvard Business Review*, Mai-Juni, S. 162–175.

Trice, H. und Beyer, J. (1984), »Studying organizational cultures through rites and ceremonies«, *Academy of Management Review,* 9(4), S. 653–669.

Taylor, F. W. (1998), *The Principles of Scientific Management,* Engineering & Management Press.

Trompenaars, F. (2003), *Did the Pedestrian Die?,* Capstone.

Trompenaars, F. und Hampden-Turner, C. (1997), *Riding the Waves of Culture,* 2. überarbeitete Aufl., McGraw-Hill.

Trompenaars, F. und Hampden-Turner, C. (2001), *21 Leaders for the 21st Century,* Capstone.

Trompenaars, F. und Woolliams, P. (2001), »When Two Worlds Collide«, in *The Financial Times Handbook of Management,* 2. Aufl., FT Publishing.

Trompenaars, F. und Woolliams, P. (2002), »Just typical: avoiding stereotypes in personality testing«, *People Management,* Dezember, S. 3–35.

Usunier, C. (1996), *Marketing Across Cultures,* 2. Aufl., Prentice Hall.

Vink, N. (1996), »The challenge of institutional change«, Doktorarbeit, Royal Tropical Institute, Amsterdam.

Vroom, V. und Yeton, P. (1973), *Leadership and Decision Making,* University of Pittsburgh Press.

Weber, M.: vgl. Kalberg, S. (2001), »The ›spirit‹ of capitalism revisited: on the new translation of Weber's Protestant Ethic (1920)«, *Max Weber Studies,* 2(1), 41–58.

Wilson, T. (2001), »Rewards that work: mastering people management«, *Financial Times,* 5. November.

Woolliams, P. und Dickerson, D. (2001), *Werbung und Verkauf,* European Technical Literature Publishing House GmbH.

Woolliams, P. und Trompenaars, F. (1998), *The Measurement of Meaning,* Early-Brave Publications.

Register

AATM 213 f.
Achtung 13 f., 32 f., 109
Ackoff, Russell 23
Activity Based Cost Management
(ABCM) 289, 291
Aer Lingus 197 f.
Amadeus 249 f.
AMD 60, 124 f.
American Airlines 74
American Express 216
Änderung/Wandel
  Annahmen 160–163
  bestimmen/einordnen 159
  Nutzlosigkeit statischer Firmen-
  umwandlung 164 f.
  Prozess 163
  Scheitern 161 f.
  Szenarien 169, 178–183
    vom Eiffelturm zum Inkubator
    und zurück 177 f.
    vom Eiffelturm zum Lenkflug-
    körper und zurück 171 f.
    vom Inkubator zum Lenkflug-
    körper und zurück 169 f.
    vom Lenkflugkörper zum
    Eiffelturm und zurück 173 f.
    vom Lenkflugkörper zum
    Inkubator und zurück 170 f.
    von der Familie zum Eiffelturm
    und zurück 175 f.
    von der Familie zum Inkubator
    und zurück 174 f.
    von der Familie zum Lenkflug-
    körper und zurück 176 f.
  und Kontinuität 166 f.
  unter kulturellen Archetypen 167–169
  verallgemeinertes System 169–183
  wie, warum, was 163 f.
Applied Materials 47
Aristoteles 24

Aspro 219
Aston-Forschungsgruppe 19
AT & T 207
Aussöhnung 13 f., 109
  Ansätze zur Verankerung 326 f.
  bei der Zeitorientierung 94
  Humanressourcen
    Berechtigung von
    Innovationen 349 f.
    Rolle der 348 f.
    Unabhängigkeit der Organisation
    wahren 348–353
  in der Praxis 323–325
  interne-externe Kontrolle 101 f.
  kulturelle Unterschiede 32 f.
  Prognose Führungsstrategie/
  Probleme 327 f.
    Direktbefragungen 328 f.
    Einsatz von WebCue 330
    Übertragen/Verankern durch
    Arbeitssitzungen 330 f.
    Dilemmatheorie als Bestätigung
    guten Urteilsvermögens 339 f.
    Gelegenheit-Strategie: Best-
    Practice-Lösungen 340–345
    quantitatives Element/Prinzip
    zufrieden stellen 336–338
    von der Theorie zur
    Praxis 331–333
    Wirksamkeit der Aussöhnungs-
    haltung 333–336
    Übertragung/Integration von
    Lernschleifen 345–348
  Werte 59, 62, 74 f., 80–82

Balanced Scorecard 246, 264 f.
Barnes & Noble 75, 209 f.
Bennis, Warren 161
Berglas, Steven 261 f.
Best Practise 340–345

Ulrich Dehner (Hg.)
Erfolgsfaktor Coaching
15 Praxisberichte

256 Seiten, ISBN 3-938017-08-2

Coaching ist ursprünglich ein Begriff aus dem Sport, wo er ein erfolgs-orientiertes Training kennzeichnet. Übertragen auf den Bereich des Management steht er für eine kompetente Unterstützung in Veränderungs-prozessen. Zeitrahmen und Ziel sind dabei klar bestimmt. Coaching ist dann erfolgreich, wenn es den Klienten befähigt, Blockaden in problem-lösendes Handeln zu transformieren.

Das hochkarätige Autorenteam zeigt unterschiedlichste Aspekte für erfolg-reiches Coaching und gibt professionelle Antworten auf Fragen wie: Wann ist Coaching sinnvoll? Was macht einen guten Coach aus? Welchen Nutzen hat der Coachee und welchen das Unternehmen?

Die Autoren arbeiten seit Jahren erfolgreich in verschiedenen Branchen und bieten einen umfassenden und praxisnahen Report rund ums Coaching: Coaching in Unternehmenskrisen, Coaching von Nachwuchs-führungskräften oder für Politiker, Crosskulturelles Coaching, Medien-Coaching.

Ein ergänzender Serviceteil nennt Qualitätskriterien, Adressen, An-laufstellen.

»Ich wünsche allen Menschen, die ihr privates und berufliches Leben aktiv und erfolgreich gestalten wollen, dieses Buch in die Hand zu be-kommen.« *Rolf Schmidt-Holtz*

MURMANN

MURMANN DEBATTE

Tyler Cowen
Weltmarkt der Kulturen
Gewinn und Verlust durch Globalisierung

224 Seiten, ISBN 3-938017-02-3

»You can't stop music at a border.« *Paul Simon*

»McWorld«, »No Logo«, »Attac« – eine globalisierte Welt, die Kulturen ignoriert und gewachsene Werte zerstört, ist zur Standartformel der Kulturkritik geworden. Die Chancen und Möglichkeiten hingegen, die sich durch das Zusammentreffen der Gesellschaften und Kulturen eröffnen, werden entweder ausgeblendet oder unterschätzt.

Der Wirtschaftswissenschaftler Tyler Cowen ist Kulturoptimist. Für ihn bedroht die Verflechtung der Märkte keineswegs automatisch die kulturelle Vielfalt und Identität in den Regionen. Ganz im Gegenteil, Cowen belegt am Beispiel von Hollywood, der haitianischen Kunst, der Musik der Zaire, der Stammeskultur der Inuit und dem Warenangebot der Wal-Mart-Supermärkte in Mexiko, dass die kulturellen Wahlmöglichkeiten für den Einzelnen sogar steigen. Gegen den allgemeinen Trend fordert er den nüchternen Blick auf die Realität neuer, alter Kulturen.

»Der Autor liefert einige der aufschlussreichsten Erklärungen für den vor- und nachteiligen Einfluss der Märkte auf die Kulturen.«

Washington Times

»Cowen wirft einen neuen Blick auf das uralte Vorurteil von der Feindschaft zwischen den Kräften des Marktes und der Kulturen.«

Wall Street Journal

MURMANN

Roger Bootle
Hoffnung auf Wohlstand
Chancen und Risiken der Weltwirtschaft
Mit einem Vorwort von Norbert Walter

504 Seiten, ISBN 3-938017-00-7

Der Fortschrittsglaube der 90er Jahre ist durch Börsen- und Konjunkturflauten ins Wanken geraten. Roger Bootle, einflussreicher Berater der Londoner Finanzszene, bleibt dennoch Optimist. Den Risiken von Deflation, Protektionismus und dem Schreckgespenst der globalen Krise setzt Bootle eine ökonomische und politische Vision entgegen, von deren Umsetzung wir alle profitieren würden.

Der Bestsellerautor (The Death of Inflation) sieht die Wohlstandsspirale dann im Aufwärtsdreh, wenn Humankapital, Technologie und der zügige Abbau der Handelsschranken ineinander greifen – zum Vorteil einer globalen Gesellschaft.

»Hoffnung auf Wohlstand« ist der Gewinner des Independent Publisher Book Awards 2004.

»Jeder, der den Wunsch hat, die Gegenwart zu verstehen, und die Möglichkeiten der Wandlung zu erkennen, sollte dieses Buch lesen!«

Lloyds list

MURMANN